可信云存储安全机制

张寿华　杨文柱　著

科 学 出 版 社

北 京

内 容 简 介

　　本书内容主要来自可信云存储安全领域的最新研究成果，系统阐述了可信云存储安全机制、可信云存储安全关键技术、可信云存储的体系结构，以及可信云存储中的加密存储与访问控制、可搜索加密、完整性证明、可用性保护和数据删除等技术。

　　本书可供可信云存储安全领域的工程人员及高等院校相关专业的师生阅读，也可作为相关领域科研人员的参考用书。

图书在版编目（CIP）数据

可信云存储安全机制 / 张寿华，杨文柱著. — 北京：科学出版社，2019.6

ISBN 978-7-03-061381-3

Ⅰ. ①可… Ⅱ. ①张… ②杨… Ⅲ. ①计算机网络—信息存贮—信息安全—研究 Ⅳ. ①TP393.071

中国版本图书馆 CIP 数据核字（2019）第 105125 号

责任编辑：董素琴　王　哲 / 责任校对：郑金红
责任印制：吴兆东 / 封面设计：迷底书装

科　学　出　版　社 出版
北京东黄城根北街 16 号
邮政编码：100717
http://www.sciencep.com

北京虎彩文化传播有限公司 印刷
科学出版社发行　各地新华书店经销

*

2019 年 6 月第　一　版　开本：720×1 000　1/16
2019 年 6 月第一次印刷　印张：15 1/4
字数：300 000

定价：108.00 元
（如有印装质量问题，我社负责调换）

前　　言

云存储是以云计算为支撑的新兴网络存储技术，是将存储资源放到云上供用户存取的一种新兴存储方案。用户可以在任何时间、任何地方，通过任何可联网的设备连接到云端并方便地存取数据。目前，以亚马逊云服务、谷歌 Drive、百度云和阿里云为业界翘楚，它们为全世界的客户提供云存储解决方案。这极大地降低了移动终端的存储开销，方便了用户数据接入和数据分享。云存储的优势是可以满足信息爆炸时代用户对数据存储的需求，且性价比极高，但随之而来的是云存储环境下的数据安全问题。云存储环境下，数据存储于云端，处于用户不可控域中，也就是用户在云端存储自己的敏感数据时，无法对安全风险进行直接控制，导致了比传统存储系统更多的安全问题。

可信计算是在计算和通信系统中广泛使用的、硬件安全模块支持下的技术，其目的在于提高系统整体的安全性。可信计算经过了十余年的发展，已经在构建基础性安全方面体现了其技术优势。目前大量的笔记本电脑、微软 Windows 操作系统、Linux 操作系统内核、Intel、AMD 等都直接采用或支持可信计算技术。在我国，可信技术更受到了国家的支持，国家密码管理局、全国信息安全标准化技术委员会都组织了可信计算相关标准的制定工作。

如何通过某种技术手段来保护云存储基础设施，确保基础设施在运行过程中按照预期的设计和部署来工作，是云存储必须解决的关键问题。可信计算是解决这一问题的核心技术。本书以可信云存储为主线，对涉及的相关理论、技术、方案等进行详细的介绍，以期为从事可信云计算的业内同行和初学者提供一本较为全面的参考书。

本书是近年来国内外相关研究的简要总结，也是项目组几年来研究成果的归纳。内容深入浅出，既有简明的理论介绍，也提供了丰富的解决方案。本书共分为 7 章，第 1~4 章由张寿华负责撰写，第 5~7 章由杨文柱负责撰写。全书由张寿华负责统稿。第 1 章主要介绍云存储、可信计算的概念，以及二者之间的关系，并给出可信云存储系统设计一般原则。第 2 章主要介绍可信云存储安全相关技术，以及可信云存储平台的体系结构。第 3 章介绍可信云存储中的加密存储与访问控制技术，涉及基于可信平台模块(trusted platform module，TPM)的可信云存储数据加密模型、可信云存储中的可信加密磁盘、属性加密机制、基于属性加密的可信云存储数据访问控制、基于 TPM 的密钥管理等。第 4 章主要介绍可信云存储中的可搜索数据加密，包括对称可搜索加密、公钥可搜索加密等。第 5 章介绍可信云存储中的数据完整性证明，涉及完整性证明模型、可信云存储中的数据完整性证明机制、可信云存储中的动态数据完整性证明机制等。第 6 章介绍可信云存储中的数据可用性保护，主要包括多副本技术、容灾备份技术等。第 7 章介绍可信云存储中的数据删除技术，主要涉及数据销毁和确定性删除。

本书的出版得到了国家科技支撑计划项目子课题"组织机构代码管理服务云平台和安全体系的研究"（2013BAK07B04）的支持，也得到了科学出版社的大力帮助，特此感谢。感谢项目组刘振鹏教授、李昆仑教授、杨晓晖教授等对本书撰写的支持与帮助。

由于作者水平有限，本书难免存在不足之处，恳请广大读者批评指正。

作　者

2019 年 5 月

目　　录

第 1 章　绪　　论

近年来，云存储服务的用户数量出现了迅速的增长，亚马逊云服务、谷歌 Drive、百度云和阿里云等云存储服务应用，为全世界的客户提供云存储解决方案，降低了智能手机等移动终端的存储开销，提供便利的数据接入和数据分享。云存储系统承载了大量的用户隐私敏感性数据。因此，云存储的安全性和隐私性成为制约其未来发展的关键因素。

云存储中的虚拟机技术由于对客户机的高分离性和对资源的高可控性，大大提高了系统的安全性；而可信计算技术更是在硬件层上通过建立一个可信任根，解决系统的可信性和安全性问题，因此紧密结合可信计算和虚拟机技术，可确保云存储环境中用户数据和应用的安全。

1.1　云存储的安全性

云存储技术是在云计算的概念上发展出来的一个新概念，云存储与云计算几乎是同时兴起的，旨在通过互联网为用户提供更加优质的存储服务[1]。云存储用户可以随时随地使用终端设备通过网络连接到云存储数据中心，方便地进行数据存取操作。云存储的优势可以满足信息数据爆炸时代的人类对数据存储的需求，而且云存储能够以十分高的性价比来实现。但是随之而来的是云存储环境下的数据安全问题。云存储环境下，数据存储于云服务端，数据处于用户不可控域中，用户对敏感数据进行存储时，无法对风险进行直接控制，导致了相较于传统存储系统更多的安全问题。

2016 年，多家主流云存储服务商发生宕机事件。3 月 11 日，电商巨头亚马逊官方网站发生宕机事故，时间长达 20 分钟，事故不仅导致亚马逊电子商务主网站无法访问，而且波及了亚马逊的其他服务，其中就包括了全球最强的亚马逊云计算服务以及一些数字内容服务等，对于亚马逊来说这是一个巨大的事故，并且这一事故造成了巨大的经济损失。谷歌 2016 年不但发生宕机事故，而且发生了两次。4 月 11 日，由于两个漏洞的问题，谷歌云也全面陷入了一次 18 分钟的宕机。8 月 8 日，谷歌云存储及文件备份服务器服务终端再次宕机。云存储服务提供商最担心的就是长时间中断。7 月 30 日，微信公众号甚至出现大规模故障，不仅公众号文章无法查看，所有分享到微信朋友圈的文章也都显示网页出错。微信方面官方回应表示，服务器升级，部分用户朋友圈更新出现延迟现象。1 月 18 日，微软 Office 365 出现宕机，且此次宕机只是个开始，在之后的几个月里，微软连续发生宕机事件，部分用户的电子邮件服务其至连续 9 天无法收发邮件，堪称 2016 年最长宕机。宕机的原因在于服务器升级出现问题，云基础设施进行升级的目的是防止未来发生服务中断，而对于微软而言，还没开始便已经结束了。对于一直以技术领先的苹果而言，也曾因服务器问题而导致用户无法享受到正常的服务。6 月 2 日，苹果服务器出现问题，包括应用商店在内的部分服务不能正常使用，直到 6 月 3 日，苹果官方才表示包括 AppStore、iCloud 等在内的所有服务恢复正常。因此，云存储的安全性和隐私性成为制约其未来发展的关键因素。

1.2　可信计算技术

最近十几年可信计算经历了一段高潮发展阶段。可信计算已经在世界范围内取得了丰硕的成果，它由于可以确保系统资源和数据的完整性，所以可以确保计算机系统在一定条件下无恶意代码。可信计算是一种计算机系统安全的共性技术，凡是采用计算机的系统，都需要可信计算技术。

可信计算这个词来源于可信系统，1985 年美国国防部制定了世界上第一个《可信计算机系统评价准则》(trusted computer system evaluation criteria，TCSEC)。在 TCSEC 中第一次提出可信计算机和可信计算基(trusted computing base，TCB)的概念，并把 TCB 作为系统安全的基础。作为补充，TCSEC 又相继提出了可信数据库解释(trusted database interpretation，TDI)和可信网络解释(trusted network interpretation，TNI)。之后的可信计算则是由 IBM、Intel、AMD、HP 和微软等许多业界巨头组成的可信计算组织(trusted computing group，TCG)推动和开发的技术[2]。TCG 提出了可信平台模块(trusted platform module，TPM)的概念，并于 2009 年完成了 TPM 的标准化规范 ISO/IEC 11889。

TCG 提出的 TPM 以核心可信度量根作为起点，在将控制权交给下一个环节前，先通过度量的手段评估下一个环节的安全性，在确定下一个环节可信之后再将控制权转交给下一环节，之后再对下下个环节进行度量，由此建立一条信任链，完成对整个系统的完整性度量工作。这些度量值将保存在 TPM 内部的平台状态寄存器(platform configuration register，PCR)中。这些寄存器的内容只能通过重置或扩展两种操作修改，具备防止重放攻击的特性。验证者可以通过远程证明的方式要求 TPM 对这些 PCR 值进行签名，以便对 TPM 所在平台的安全状态进行验证。此外，TPM 还能将一些安全敏感数据与计算机的状态绑定，即与 PCR 值绑定，从而保证该数据只有在计算机处于特定状态时才能被解封。TPM 通过上述核心安全功能为用户提供从底层系统到上层应用的密码保护和可信证明[3]。

1.3　可信计算与云存储安全

可信计算经过了十余年的发展,已经在构建基础性安全方面体现了其技术优势。目前大量的笔记本电脑、微软 Windows 操作系统、Linux 操作系统内核、Intel、AMD 都直接采用或者支持可信计算技术。在我国,可信技术更受到了国家的支持,国家密码管理局、全国信息安全标准化技术委员会都组织了可信计算相关标准的制定工作。在技术层面,可信计算提出了在系统中构建信任根和信任链的基本思路,将系统的安全性置于一种来自于管理和技术相结合的安全基础上,通过可信度量和可信报告等技术手段实现一种行为序列可预期和环境状态可证明的可信。

如何通过某种技术手段来保护云存储基础设施,确保基础设施本身在运行过程中是按照预期的设计和部署来进行工作的,这一需求恰恰是可信计算能够有效提供的[4]。可信计算技术强调信任度量,度量就是建立于信任根基础上不断地对被度量实体进行完整性校验的过程。TCG 的信任度量是静态的度量,它适合对配置和静态的存储状态进行度量。这也是云存储基础设施安全必须达到的一个要求,即当前运行的云存储基础设施是最初基础设施搭建者所配置的;同时,还需要确保当前云存储基础设施上所运行的部件是最初在搭建平台基础设施过程中所预期部署的那些部件,不存在预期而没有部署、预期而没有加载运行、预期而没有按照某种依赖关系加载运行等状况。这些需求都是可信计算技术能够解决的。

由于云存储是一种开放式资源提供模式,对于云存储服务的使用者而言,其本身会有相当多的个性化数据置于云存储服务中,又由于云存储服务方式是依赖于 Internet 这样的网络的,所以资源的使用者对于其个性化数据资源的载体是不可物理直接接触的,资源使用者将处于一种弱势的地位,其会担心云存储服务的提供者对其个性化数据采取超出规约的处理。这一问题势必会影响云存储被大多数用户所接受,因此需要找到一种方式来平衡用户和服务提供者所处的地位。或者说需要提供给用户一种手段来检测其服务使用的安全性和合理性。

在可信计算中,一种称为远程证明的协议被提出,其核心思想是创建一种可证明的思想,即向远程访问者提供当前平台环境安全可信、符合访问者要求的凭证的思想。这对于云存储是尤其重要的。

云存储需要的是均衡云存储资源提供者和云存储资源访问者之间对资源、数据的控制能力,可信计算平台中,TPM 是一种超越了平台所有者的特殊模块,它与平台所有者的关系是证明性、绑定性的,而不是所有性的。可信平台所提供的度量与证明能力,是一种来源于硬件的度量与证明手段,其已经相对超越了资源所有者的普通权限。可信平台向资源访问者所提供的证明信息可以抵抗资源所有者的伪造,可信计算可以帮助云存储来克服资源提供者与资源请求者之间的不均衡性。同时,远程证明中的证明方不再直接是云存储的构造者，其所提供数据的可信性是由存在其硬件之上的可信安全部件所提供的，数据来自于 PCR 中，其度量过程由平台启动部件和 TPM 等协作完成，每个部件的加载都受到验证，且加载顺序的正确性也由 PCR 的迭代哈希(Hash)运算保证，因此，远程证明与启动度量的方法在云存储环境中将是非常重要的技术手段。

但是，对于云存储而言，可信计算的度量方法又不能够直接使用。因为系统资源提供的上下文环境是系统处于运行态的，而可信计算主要能解决的却是静态信任度量。静态信任链是在整个系统的初期阶段进行度量并建立起来的，对于云存储来说，除了要考虑系统初始启动时的静态可信，还要考虑系统启动后的动态可信。云存储不是频繁启动的个人计算机，因此更应强调动态可信问题。应该指出，基础设施的可信仍然是整个云存储系统可信的基础，只有基础设施本身是可信的，即基础设施的加载过程是可信的，基础设施加载的各个模块是预先可认证的，基础设施加载的模块是能够保障上层其他安全模块的安全与可信性的，才能确保基础设施向外提供的一系列的安全服务和其他系统级别服务是可信的。由于云存储对外提供服务的阶段是在整个基础设施建立之后才形成的，此时早已经过了云存储基础设施静态信任链的建立阶段，因此可信计算中所提出的静态可信度量对于度量云存储服务的可信度不再是一个合适的手段，需要寻找一种非交互式的离线度量机制来实施信任度量。

用户的敏感数据存储也从终端迁移到了超越用户控制范围的云端来存储。因此，旧的用户的风险控制手段也应从终端迁移到云端。用户的信赖对象从终端本地平台转移到了云端的存储平台。信赖对象的改变促使人们思考如何提高云存储的可信性，安全可信成为云存储成败的关键。因此如何构建面向存储服务的可信的云存储成为一个关键问题。

1.4　可信云存储系统设计一般原则

可信云存储系统就是结合使用云存储安全技术和可信技术，保证云数据的安全和可靠的云存储系统。

可信云存储系统的设计者常常会提出一些安全方面的假设，然后根据这些假设建立系统的威胁模型与信任体系，最终设计并实现系统或原型系统。一般来说，可信云存储系统设计时需要考虑如下几个方面。

1)安全假设

在安全领域中，最好的假设是除自己以外的所有实体都不可信。但是在云存储系统中，数据被存放在云端，拥有者对数据丧失了绝对控制权，使得这一假设只存在理论上的可行性。因此可信云存储系统的设计者需要针对不同的应用场景提出相应的安全假设，并以此为前提来保证系统的安全性。

2) 威胁模型和信任体系

设计者基于安全假设相关实体进行分析，由此得出相关实体是否可信，然后将这些实体模型化或体系化，由此得出相应的威胁模型和信任体系。

3) 保证系统安全的关键技术

设计者往往会根据自己系统的应用场景与特征，采取一些相关技术来保证系统的安全性，称为可信云存储系统的关键技术。

4) 系统性能评测

系统的安全与高效是一对矛盾体，在保证系统安全性的同时必然会在一定程度上降低系统效率。在可信云存储系统中，设计者需要对系统的安全与效率进行均衡，使系统能够在适应所需的安全需求的同时，为用户提供可接受的性能。

1.5　本章小结

云存储环境下，数据存储于云服务端，数据处于用户不可控域中，用户对敏感数据进行存储时，无法对风险进行直接控制，导致了相较于传统存储系统更多的安全问题。可信计算是一种新的信息安全技术，它已经成为国际信息安全领域的一个新热潮，并且取得了令人鼓舞的成绩。从可信计算领域的发展趋势来看，将可信计算技术与云存储安全技术相结合为解决云存储安全提供了新的思路，并成为解决云存储安全问题的重要研究方向。本章首先介绍了云存储的安全问题，然后介绍了可信计算技术，分析了利用可信计算技术解决云存储安全的可能性，以及可信云存储系统的设计原则。

参 考 文 献

[1] 张继平. 云存储解析. 北京: 人民邮电出版社, 2013.

[2] 慈林林, 杨明华, 田成平, 等. 可信网络连接与可信云计算. 北京: 科学出版社, 2015.

[3] 代炜琦. 云计算执行环境可信构建关键技术研究. 武汉: 华中科技大学, 2015.

[4] 张焕国, 赵波. 可信计算. 武汉: 武汉大学出版社, 2011.

第 2 章　可信云存储安全

用户对云存储的不信任引发了云存储系统中的安全问题。近年来，随着云存储的推广与普及，虽然有越来越多的人开始使用云存储存放自己的资料，但云存储系统中的安全问题却并没有得到缓解。为了解决云存储系统中的安全问题，国内外的研究者做了大量研究。

可信计算技术通过增强体系结构的安全性来提高计算平台的安全性。从当前本领域研究的发展形式分析，云存储技术与可信计算技术融合以更好地解决云存储中的安全问题将成为一个重要方向。

2.1　可信云存储的安全需求

除传统的身份认证(网络钓鱼、密码泄露等)、底层系统安全(安全传输、弱随机数、侧信道攻击等)、物理安全等安全需求外，可信云存储用户面临的安全需求主要包括数据的安全性、密钥管理分发机制以及如何在数据密文上进行高效操作等功能需求[1]。

1. 数据的安全性

数据安全是可信云存储系统中最重要的安全需求之一，可信云存储系统中数据的安全性可分为存储安全性和传输安全性两部分。每部分又包含机密性、完整性和可用性三个方面。

1)数据的机密性

可信云存储系统中数据的机密性是指无论存储还是传输过程中，只有数据属主和授权用户能够访问数据明文，其他任何用户或云存储服务提供商都无法得到数据明文，从理论上杜绝一切泄露数据的可能性。

2)数据的完整性

可信云存储系统中数据的完整性包含数据存储时和使用时的完整性两部分。数据存储时的完整性是指云存储服务提供商按照用户的要求将数据完整地保存在云端，不能有丝毫的遗失或损坏。数据使用时的完整性是指当用户使用某个数据时，此数据没有被任何人伪造或篡改。

3)数据的可用性

可信云存储的不可控性滋生了可信云存储系统的可用性研究。与以往不同的是可信云存储中所有硬件均非用户所能控制。因此，如何在存储介质不可控的情况下提高数据的可用性是可信云存储系统的安全需求之一。

2. 密钥管理分发机制

一直以来，数据加密存储都是保证数据机密性的主流方法。数据加密需要密钥，可信云存储系统需要提供安全高效的密钥管理分发机制保证数据在存储与共享过程中的机密性。

3. 其他功能需求

由于相同密文在不同密钥或加密机制下生成的密文并不相同，数据加密存储将会影响到可信云存储系统中的一些其他功能。例如，数据搜索、重复数据删除等。可信云存储系统对这些因数据加密而被影响的功能有着新的需求。

2.2　可信云存储安全技术

为了保证可信云存储系统的正确性和高效性，不同系统的设计者往往会根据自己系统的特征，为系统添加一些特定的解决方案。在不同的系统中所使用的解决方案也不尽相同，特别是随着云存储和可信计算的发展与应用，一些在传统安全网络存储系统中所不关注的技术在可信云存储系统中也受到了重视[2-5]。

1. 融入可信计算

随着云存储的不断发展和壮大，人们逐渐认识到单纯使用软件的方法难以解决云存储中所有的安全问题。尝试建立一种以硬件安全芯片为信任根的可信云存储环境成为云存储安全研究的一个方向。可信计算为平台提供了信任链构建以及平台可信证明的机制。然而，云存储安全研究仍处于初级阶段，很多问题有待进一步探索。将可信计算技术融入云存储中可谓是目前云存储安全最重要的研究方向之一。

2. 密钥技术

在目前的可信云存储系统中，数据加密存储是解决机密性问题的主流方法。数据加密时必须用到密钥，在不同系统中，根据密钥的生成粒度不同，需要管理的密钥数量级也不一样。若加密粒度太大，虽然用户可以很方便地管理，却不利于密钥的更新和分发；若加密粒度太小，虽然用户可以进行细粒度的访问权限控制，但密钥管理的开销也会变得非常大。现有的可信云存储系统大都采用了粒度偏小或适中的加密方式，系统将会产生大量密钥。如何安全、高效地生成密钥并对其进行管理与分发是可信云存储系统需要解决的重要问题。

1)密钥的生成机制

密钥生成的关键在于如何减少需要维护的密钥数量和如何高效处理密钥的更新。目前的系统所采用的密钥生成机制主要有以下三种。

(1)随机生成。随机生成密钥是最直接产生对称密钥的方式，Crust 和 Plutus 等系统均采用了这种方式产生对称密钥对数据进行加密，具有良好的私密性和可扩展性，数据内容不容易被破解，但是密钥不能用作其他用途(如数据的完整性校验)，生成的数据密文随机性较强，不利于系统的重复数据删除操作。

(2)数据收敛加密。使用数据明文的某种(或多种)属性生成密钥对数据本身进行加密，使相同数据明文经过加密后，生成的密文也相同的技术称为数据收敛加密技术。Corslet 系统利用收敛加密的思想提出了一种数据自加密的方式，将每个文件块的哈希值与偏移量作为密钥，对文件块本身进行加密。

数据收敛加密的好处主要体现在以下几个方面。

①若密钥的生成方式与数据的哈希值有关，生成的密钥则可以用来校验数据的完整性，从而节省了存储空间。

②修改数据的同时会修改密钥，因此特别适合懒惰权限撤销。

懒惰权限撤销是指在基于共享的可信云存储系统中，若某个用户的访问权限被撤销，系统并不立即更换密钥对数据重新进行加密，而是采用触发的方式，当某个特定的事件发生时才对数据重新加密，例如，使用自加密技术后，若某个用户的访问权限被撤销，系统只需在访问控制信息中删除此用户的相关信息，待下次写操作发生时再对数据重新加密即可。

③相同内容的文件加密后密文依然相同，非常适合在系统中进行重复数据删除操作。

(3)通过特殊计算生成。在一些特定的应用场景中，为了提供一些特殊的功能，有时对文件密钥的生成也有一些特殊的要求，例如，Vanish 系统为了提供可信删除机制，要求密钥能够分成 m 份，用户只需要取得其中 n 份就能够解密文件。通过特殊计算生成的密钥通常是为了实现某个特定的功能，丧失了一定的通用性。

2)密钥的管理机制

目前的可信云存储系统大都采用分层密钥管理方式，其基本思想是将所有的密钥以金字塔形式排列，上层密钥用来加/解密下层密钥。层层加密后，用户只需要管理位于金字塔尖的密钥，其他的密钥均可以放在不可信的环境中，或者以不可信的方式进行分发传递。因此，分层密钥管理方式可以在保证系统安全性的前提下，将大量的密钥交给不可信的实体进行管理，用户及可信实体只需要保存极少量的密钥就可以达到以前的效果，大大提高了用户的方便性。

可信云存储系统大都采用 2～3 层的密钥管理方式。一般来说，无论某个系统将密钥分为多少层，都可以将它看成两层——顶层和其他层。现有系统在管理与分发顶层密钥时大都采用了公钥基础设施(public key infrastructure，PKI)体系中的公私钥算法，或是直接交给一个可信的第三方进行。相对地，其他层密钥可以直接存放在云存储中，合法用户在需要时从云存储中下载即可。

通过分层密钥管理的方式，可信云存储系统中的众多密钥可以被高效地组织起来，在保证数据私密性和完整性的同时，能够大量减少用户在密钥管理方面的开销，提高系统的效率，也有利于用户身份认证、访问授权等功能的安全实现。

3) 密钥的分发机制

可信云存储系统大都具有共享功能，从而有密钥分发的需求。一般来说，可信云存储系统中的密钥有以下三种分发方式。

(1)通过客户端进行分发。通过客户端对密钥进行分发是一种较老的分发方式。服务器在任何情况下都不接触任何形式的密钥，因此安全程度很高。缺点是要求客户端一直在线，一旦数据属主下线，数据的被共享者将因为无法获取密钥而不能访问数据。

(2)以密文形式通过云存储进行分发。密钥经加密后存放在云存储中，被共享者访问数据时需要先从云存储中获取数据密文和加密后的密钥，然后通过某种约定的方式(如公私钥加解密方式)解密出密钥明文，随即再解密出数据明文。这种方式目前是业界中的主流方法，SpiderOak、Wuala 等系统都是采用这种方式进行密钥分发的。优点是充分利用云存储的存储资源，采用了成熟的加/解密技术，并可以随时对密钥进行发放；缺点是过于依赖云存储，同时密钥冗余量太大，存储资源浪费较严重。

(3)通过第三方机构进行分发。密钥分发除了通过客户端和云存储进行之外，还可以通过与客户端和服务器独立的"第三方"进行。FADE 系统和 Corslet 系统使用一个可信的第三方服务器，用来集中管理分发密钥；Vanish 系统通过分布式哈希表(distributed Hash table，DHT)网络进行密钥分发，通过第三方机构的密钥分发方式结合以上两种方式的优点，但对应用场景的依赖较强，因此大都出现在某些特定的应用中。

3. 基于属性的加密方式

在公私钥加密体系中有一种特殊的加密方式：基于属性的加密方式(attribute based encryption，ABE)。基于属性的加密方式以属性作为公钥对用户数据进行加密，用户的私钥也和属性相关，只有当用户私钥具备解密数据的基本属性时，用户才能够解密出数据明文。例如，用户 1 的私钥有 A、B 两个属性，用户 2 的私钥有 A、C 两个属性，若有一份密文解密的基本属性要求为 A 或 B，则用户 1 和用户 2 都可以解密出明文；同样，若密文解密的基本属性要求为 A 和 B，则用户 1 可以解密出明文，而用户 2 无法解密此密文。

基于属性的加密方式是在公钥基础设施体系的基础上发展起来的，它将公钥的粒度细化，使每个公钥都包含多个属性，不同公钥之间可以包含相同的属性。基于属性的加密方式有以下四个特点：①资源提供方仅需要根据属性加密数据，并不需要知道这些属性所属的用户，从而保护了用户的隐私；②只有符合密文属性的用户才能解密出数据明文，保证了数据机密性；③用户密钥的生成与随机多项式或随机数有关，不同用户之间的密钥无法联合，防止了用户的串谋攻击；④该机制支持灵活的访问控制策略，可以实现属性之间的与、或、非和门限操作。

可信云存储系统中，基于属性的加密方式的研究点在于如何在系统中使用新的加密机制提高其服务效率与质量，而不是加密方式本身。基于属性的加密方式的特点使它非常适合于模拟社区之类的应用。但是，目前基于属性的加密方式的时间复杂度很高、系统面向群体的安全需求很少，使这种加密方式在目前的云存储系统中的应用并不广泛。随着可信云存储系统研究的进一步深入、基于属性加密方式时间复杂度的降低，未来的可信云存储系统中一定会广为使用这种新的加密方式。

4. 基于密文的搜索方式

一些云存储系统中添加了数据搜索的机制，使用户可以高效、准确地查找自己所需要的数据资源。在可信云存储系统中，为了保证用户数据的机密性，所有数据都以密文的形式存放在云存储中，由于加密方式和密钥的不同，相同的数据明文加密后所生成的数据密文也不一样，因此无法使用传统的搜索方式进行数据搜索。

为了解决这个问题，近年来一些研究机构提出了可搜索加密(searchable encryption，SE)机制，能够提供基于数据密文的搜索服务。目前可搜索加密机制的研究可分为基于对称加密(symmetry key cryptography based)的 SE 机制和基于公钥加密(public key cryptography based)的 SE 机制两类。

基于对称加密的 SE 机制主要使用一些伪随机函数发生器、伪随机数发生器、哈希算法和对称加密算法构建而成，而基于公钥加密的 SE 机制主要使用双线性映射等工具，将安全性建立在一些难以求解的复杂性问题上。基于对称加密的 SE 机制在搜索语句的灵活性等方面有所欠缺，只能支持较简单的应用场景，但是加/解密的复杂性较低。而基于公钥加密的 SE 机制虽然有着灵活的搜索语句，能够支持较复杂的应用场景，但搜索过程中需要进行群元素之间和双线性对的计算，其开销远高于基于对称加密的 SE 机制。

在可信云存储系统中，基于对称加密的 SE 机制比较适用于客户端负责密钥分发的场景：当数据共享给其他用户时，数据所有者需要根据用户的搜索请求产生相应的搜索凭证，或将对称密钥共享给合法用户，由合法用户在本地产生相应的搜索凭证进行搜索。基于公钥加密的 SE 机制则更加适用于存在可信第三方的应用场景：用户可以通过可信第三方的公钥生成属于可信第三方的数据，若其他用户想要对这些数据进行搜索，只需要向可信的第三方申请搜索凭证即可。目前 SE 机制的难点与发展方向在于如何提高效率且支持灵活查询语句，以及如何保留数据明文中的语义结果。随着可搜索加密机制的逐步完善，可信云存储系统中对数据密文搜索的关联度、准确度以及效率方面将会越来越高，越来越多的可信云存储系统将会选择添加 SE 机制进行搜索。到那时，可信云存储系统的应用范围将更加广泛。

5. 基于密文的重复数据删除技术

在一般的云存储系统中，为了节省存储空间，系统或多或少会采用一些重复数据删除技术来删除系统中的大量重复数据。但是在可信云存储系统中，与数据搜索问题一样，相同内容的明文会被加密成不同的密文，因此也无法根据数据内容对其进行重复数据删除操作。比密文搜索更困难的是，即使将系统设计成服务器可以对重复数据进行识别，由于加密密钥的不同，服务器不能删除其中任意一个版本的数据密文，否则有可能出现合法用户无法解密数据的情况。

目前对数据密文删冗的研究仍然停留在使用特殊的加密方式，相同的内容使用相同的密钥加密成相同的密文阶段，并没有取得实质性的进展。Storer 等[6]提出了一种基于密文的重复数据删除的方法，该方法采用收敛加密技术，使相同的数据明文的加密密钥相同，因此在相同的加密模式下生成的数据密文也相同，就可以使用传统的重复数据删除技术对数据进行删冗操作。除此之外，近年来并无针对相同明文生成不同的密文的问题提出合适的解决办法。

重复数据的删除是可信云存储系统中很重要的部分，但目前的研究成果仅限于采用收敛加密方式，将相同的数据加密成相同的密文才能在云存储中进行数据删冗操作。因此，如何在加密方式一般化的情况下对云存储中的数据进行删冗是可信云存储系统中的一个很有意义的研究课题。

6. 基于密文的数据持有性证明

在可信云存储系统中，用户数据经加密后存放至云存储服务器，但其中许多数据可能用户在存放至服务器后极少访问，如归档存储等。这类应用在云存储系统的使用中占据不小的比例。在这种应用场景下，即使云存储丢失了用户数据，用户也很难察觉到，因此用户有必要每隔一段时间就对自己的数据进行持有性证明检测，以检查自己的数据是否完整地存放在云存储中。

目前的数据持有性证明主要有数据持有性(provable data possession，PDP)证明和可恢复性(proof of retrievability，POR)证明两种方案。PDP 方案通过采用云存储计算数据某部分哈希值等方式来验证云端是否丢失或删除数据。最早提出了远程数据的持有性证明的文献中，通过基于 RSA 的哈希函数计算文件的哈希值，达到持有性证明的目的。在此之后，许多文献各自采用了同态可认证标签、公钥同态线性认证器、校验块循环队列以及代数签名等结构或方式，分别在数据通信量、计算开销、存储空间开销以及安全性与检查次数等方面进行了优化。POR 方案在 PDP 方案的基础上添加了数据恢复机制，使系统在云端丢失数据的情况下仍然有可能恢复数据。最早的 POR 方案通过纠删码提供数据的可恢复机制，之后的工作在持有性证明方面进行了一定的优化，但也大都使用纠删码机制提供数据的可恢复功能。

云存储的不可信使用户有数据是否真的存放在云端的担忧，从而有了数据持有性证明的需求。现有的数据持有性证明在加密效率、存储效率、通信效率、检测概率和精确度以及恢复技术方面仍然有加强的空间。此外，由于不同可信云存储系统的安全模型和信任体系并不相同，新的数据持有性证明应该考虑到不同的威胁模型，提出符合相应要求的持有性证明方案，以彻底消除可信云存储系统中用户数据在存储过程中是否完整的担忧。

7. 数据的可信删除

云存储的可靠性机制在提高数据可靠性的同时为数据的删除带来了安全隐患，数据存储在云存储中，当用户向云存储下达删除指令时，云存储可能会恶意地保留此文件，或者由于技术原因并未删除所有副本。一旦云存储通过某种非法途径获得数据密钥，数据也就面临着被泄露的风险。为了解决这个问题，2005 年 Perlman[7]首次提出了可信删除的机制，通过建立第三方可信机制，以时间或者用户操作作为删除条件，在超过规定的时间后自动删除数据密钥，从而使任何人都无法解密出数据明文。Vanish 系统中提出了一种基于 DHT 网络的数据可信删除机制：用户在发送邮件之前将数据进行加密，然后将加密密钥分成 n 份存放在 DHT 网络中，邮件的接收者只需要拿到 $k(k \leq n)$ 份密钥就能够正常地解密，所有的密钥在超过规定的时间后将自动删除，使得在超过规定的时间后任何人无法恢复数据明文。

FADE 系统提出了一种基于策略的可信删除方式：每个文件都对应一条或多条访问策略，不同的访问策略之间可以通过逻辑"与"和逻辑"或"组成混合策略，只有当文件的访问者符合访问策略的条件时才能解密出数据明文。在具体的实现中，首先随机生成一个对称密钥 K 加密文件，然后为每个访问策略生成一个随机密钥 S_i，并按照混合策略的表达式对对称密钥 K 进行加密。第三方可信的密钥管理服务器为每个 S_i 生成一个公私钥对，客户端使用此公钥加密 S_i 后，将数据密文、对称密钥 K 的密文以及 S_i 的密文保存在云存储端。数据删除操作发生或策略失效时，密钥管理服务器只需要删除相应的私钥就能够保证数据无法被恢复，从而实现了数据的可信删除。

云存储不可控的特性产生了用户对数据的可信删除机制的需求，目前在数据可信删除方面的研究还停留在初始阶段，需要通过第三方机构删除密钥的方式保证数据的可信删除。因此在实际的可信云存储系统中，如何引入第三方机构让用户相信数据真的已经被可信删除，或采用新的架构来保证数据的可信删除都是很值得研究的内容。

2.3　可信云存储平台体系结构

可信云存储平台通过结合使用可信计算技术和虚拟机技术来为用户提供可信、安全的云存储服务，为此，在设计可信云存储平台体系结构时，必须充分考虑可信计算和虚拟机系统的紧密结合。一方面要利用虚拟机系统的隔离性来保障系统的各种安全机制的正确实施；另一方面要利用可信计算技术来保障系统的完整性和真实性。同时，可信云存储平台是多用户的，不同用户对操作系统的要求各不一样，因此平台必须支持使用不同操作系统类型的虚拟机；此外，由于云存储以虚拟化技术为核心，对虚拟化引入的系统开销必须控制在可接受的范围内。

2.3.1　安全层次结构

可信云存储安全可划分为三个层次，分别是云存储虚拟化安全、云存储数据安全以及云存储应用安全，如图 2-1 所示。其中，云存储虚拟化安全主要研究对虚拟机、数据中心和云存储基础设施的非法入侵；云存储数据安全主要保护云存储数据的机密性、完整性与可搜索性；云存储应用安全主要包括应用、网络和终端设备的安全[8]。

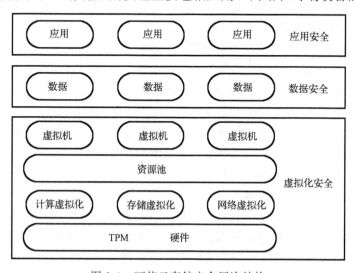

图 2-1　可信云存储安全层次结构

2.3.2　可信云存储平台框架

1. 设计目标

可信云存储平台安全框架设计应达到以下具体目标。

(1)高隔离性。以保证不同应用之间的强隔离性为基准,通过使用硬件级虚拟化技术提供高隔离性以保证关键应用的安全。

(2)高安全性。以可信为基础,通过建立层次化的安全保障体系增强平台的安全性。框架既提供对数据保密、完整性度量和多级安全策略的支持,又提供对应用安全交互远程证明和虚拟机动态可控安全迁移的支持。此外,框架必须使被保护虚拟机中的安全组件尽可能少,而对被保护虚拟机中存在的安全组件必须有额外防护。

(3)高性能。在采用高性能的虚拟机系统基础上,通过优化虚拟机通信机制让框架本身引入的开销降至最低。

(4)对应用和操作系统透明。框架具有通用性,除基于框架的安全程序外,其他应用程序不需被改写;框架既适应于开源的操作系统,如 Linux,又适应于非开源的操作系统,如 Windows。

2. 平台框架

Xen 系统既支持类虚拟化又支持全虚拟化,并具有强隔离性和良好的性能,因此选择 Xen 系统来实现可信云存储平台安全框架。在该安全框架中,Xen 监管程序(Hypervisor)位于软件的最底层,属于基础软件层,它直接管理系统的 CPU 和内存等硬件资源,实现虚拟域(domain)与虚拟域之间、虚拟域与自身之间的强隔离。而特权虚拟域(privileged domain,Dom0)作为 Xen Hypervisor 的功能扩展,拥有外围 I/O 设备的控制权,并为其他虚拟域实现这些 I/O 设备的虚拟化,同时提供大部分安全管理功能。将 Dom0 中提供安全管理功能的组件抽象出来,构成一个独立的逻辑层,即安全管理器层。整个可信云存储平台的框架共分五层:硬件层、基础软件层、安全管理器层、虚拟机内核层和虚拟机应用层[9]。框架如图 2-2 所示。

其中,TPM 信任根支持的硬件层、基础软件层和安全管理器层共同构成可信云计算平台的可信计算基。它们遵循虚拟机系统的标准假设,即其安全性不受用户虚拟域的干扰。它们的主要功能如下。

1)TPM 信任根支持的硬件层

在硬件层,TPM 提供防篡改的信任根支持。它通过可信软件栈(trusted software stack,TSS)为可信云计算平台及其上的虚拟域应用提供完整性度量、存储和报告、远程证明、数据保护和密钥管理等各种可信计算功能,是平台信任链构建的核心安全组件。

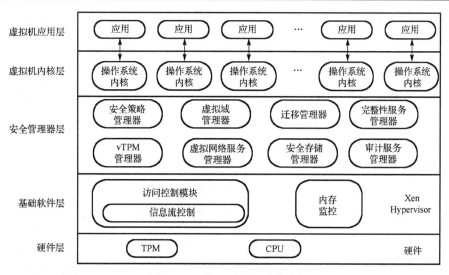

图 2-2 可信云存储平台框架

2) 基础软件层

在基础软件层，Xen Hypervisor 除了负责管理底层的硬件资源，通过虚拟硬件抽象为上层虚拟域提供虚拟硬件资源(如虚拟 CPU、虚拟内存和虚拟设备等)外，还提供虚拟域之间的内存共享访问控制、信息流控制以及内存监控等机制。默认地，用户虚拟域只能通过 Xen Hypervisor 访问虚拟硬件资源，因此 Xen Hypervisor 必须对这些虚拟域提供强隔离的功能，以免虚拟域之间及虚拟域与自身之间产生非预期干扰。此外，还需保证虚拟域之间信息流的完整性和机密性，防止恶意程序的篡改、窃听攻击。同时，对遗留在被保护用户虚拟域中的安全组件还提供内存写保护。因此，Xen Hypervisor 是维护整个系统安全性的基础，也是系统正常运行的基础。

3) 安全管理器层

在安全管理器层，运行着各种各样的安全管理器，包括安全策略管理器(security policy manager)、虚拟域管理器(VM manager)、迁移管理器(migration manager)、完整性服务管理器(integrity service manager)、vTPM 管理器(vTPM manager)、安全存储管理器(security storage manager)、虚拟网络服务管理器(virtual network service manager)以及审计服务管理器(audit service manager)等。

(1) 安全策略管理器。它主要负责本地平台虚拟域之间及虚拟域上应用的安全策略的统一管理和配置，以便为 Xen Hypervisor 中的 XSM(Xen security module)和虚拟域中的 LSM(Linux security module)实施有效的强制访问控制提供服务。Dom0 管理员和非特权域(unprivileged domain，DomU)管理员可分别通过这个服务接口对本地平台虚拟域及其上应用配置安全策略，并进行编译、加载。

（2）虚拟域管理器。此服务接口主要负责本地平台虚拟域的创建、挂起、恢复、销毁等。同时收集虚拟域使用本地资源的情况，如 CPU、内存、网络、I/O 设备等，以便为描述资源操作提供服务。

（3）迁移管理器。此服务接口主要负责接收每个虚拟域发出的虚拟域迁移请求，它将依据本地平台制定的迁移策略决定是否允许迁移。如果允许，它还将确保虚拟域在迁移过程中的安全性，特别是虚拟域对应的虚拟可信平台模块（virtual TPM，vTPM）实例的完整性和机密性，以便在目的平台上能重新建立信任链关系。

（4）完整性服务管理器。借助底层 TPM 的信任根的支持，其主要负责实现平台中可信计算的各种功能，包括密封服务、度量服务、远程证明服务等。其主要由 TSS 和各层次的扩展度量模块（extended measurement module，EMM）组成。此外还有 Tboot 程序，用于动态信任链构建。它们是可信云计算平台的重要组成部分。其中 TSS、EMM 也存在于 DomU 中。

（5）虚拟 TPM 管理器。在可信云计算平台中，虚拟域中的信任传递是建立在 vTPM 实例（vTPM instances）基础上的。vTPM 管理器就是负责创建、管理这些 vTPM 实例，确保它们之间严格隔离，并为虚拟域与 vTPM 实例之间以及 vTPM 实例与硬件 TPM 之间提供通信信道。vTPM 管理器与 vTPM 实例是虚拟域提供可信服务的保障。

（6）安全存储管理器。在可信云存储平台中，各虚拟域的持久数据都存储在存储控制器（storage controller，SC）卷上，这些 SC 卷由集群中的 SC 组件进行统一管理。安全存储管理器就是负责对各虚拟域的持久数据进行隔离，并与 SC 组件协作将各虚拟域的数据安全存储到各自的 SC 卷中。

（7）虚拟网络服务管理器。在可信云存储体系架构下，有不同的虚拟域组网模式。虚拟网络服务管理器就是负责采用特定的安全机制实施虚拟域网络之间的严格隔离，从而使不同的虚拟域网络处在不同的安全组中。

（8）审计服务管理器。它主要负责记录、审核所有与安全相关的活动。特别地，它能统一管理和维护 Dom0 与 DomU 的存储度量日志，以作为远程可信证明的重要依据。

3. vTPM 架构

可信云存储平台通过对 TPM 硬件的虚拟化为上层多个虚拟域提供可信计算功能。图 2-3 灰色部分所示为可信云存储平台上的 vTPM 架构。总的来看，该架构由多个 vTPM 实例、vTPM 设备驱动对（vTPM backend driver 和 vTPM frontend driver）和 vTPM 管理器组成。

1）vTPM 实例

vTPM 实例是指分配给虚拟域的虚拟 TPM 资源，是位于用户空间的后台服务程序，它向虚拟域提供与硬件 TPM 相同的功能，执行由用户虚拟域发出的真实 TPM 的命令。每个 vTPM 实例都有唯一的虚拟域与之对应。与特权虚拟域 Dom0 相对应，在这些 vTPM 实例中有一个特权 vTPM 实例 vTPM 实例 0。这个特权 vTPM 实例通过一些扩展命令实现对其他 vTPM 实例的创建、删除和迁移，而其本身随 Dom0 一同创建。这些扩展命令只能由 Dom0 的管理员调用而由 vTPM 管理器执行。当一条扩展命令被调用时，vTMP 实例 0 将会把该命令发送给 vTPM 管理器，vTPM 管理器将验证该命令是否来自 vTMP 实例 0，且 vTMP 实例 0 属主授权口令是否正确，只有都验证通过后才执行该命令。

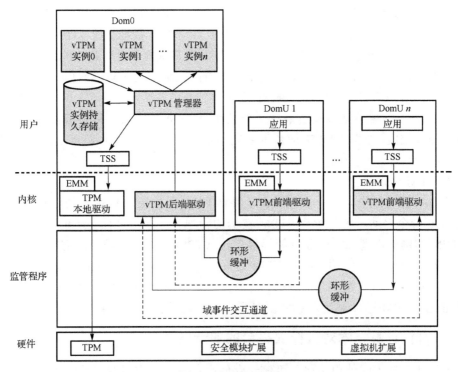

图 2-3　vTPM 架构

2）vTPM 设备驱动对

用户虚拟域中运行的应用程序使用 TPM 功能是通过一对 vTPM 前、后端设备驱动进行的。vTPM 前端驱动位于 DomU 中，而 vTPM 后端驱动位于 Dom0 中。它们之间的数据交换采用 Xen 已有的内存共享机制来实现，vTPM 管理器将在后端驱动上监听 TPM 请求，并防止将多个未产生响应的 TPM 请求交给单一的 vTPM 实例处理。其数据交换具体过程如下。

（1）用户虚拟域中运行的应用程序通过 TSS 向 vTPM 前端驱动发起 TPM 请求。

（2）vTPM 前端驱动申请并初始化一个前后端共享内存页，将 TPM 请求数据复制到共享页中，并通过授权引用使后端驱动有访问共享页的权限，然后使用事件通道产生中断，通知后端驱动获取 TPM 请求。

(3) vTPM 后端驱动接收到来自前端驱动的 TPM 请求后，将共享页映射到自己的内存地址空间，并将 TPM 请求数据复制到指定的缓冲区，然后根据前端驱动的中断号判断发出 TPM 请求的用户虚拟域，附加一个相应的 4 字节 vTPM 实例号，将其交到 vTPM 管理器。这里，实例号由 vTPM 后端驱动附加，使用户虚拟域不能访问不属于它的 vTPM 实例，从而确保了虚拟 TPM 资源的严格隔离。

(4) vTPM 管理器根据附加的实例号将 TPM 请求分发到对应的 vTPM 实例中加以处理，并通过内部锁防止多个线程同时对单一 vTPM 实例的访问。

(5) TPM 命令处理完后，vTPM 管理器将 TPM 响应数据交给 vTPM 后端驱动。

(6) vTPM 后端驱动申请并初始化一个前后端共享内存页，将 TPM 响应数据复制到共享页，并通过授权引用使前端驱动有访问共享页的权限，然后使用事件通道产生中断，通知前端驱动获取 TPM 响应。

(7) vTPM 前端驱动接收到来自后端驱动的 TPM 响应后，将共享页映射到自己的内存地址空间，并将 TPM 响应数据复制到指定的缓冲区，最后将其交给发起 TPM 请求的应用程序。

3) vTPM 管理器

vTPM 管理器作为一个守护进程，在 vTPM 后端驱动被载入之后通过 vtmp_managerd 命令启动。它是所有 vTPM 实例的管理者，通过执行上述扩展 TPM 命令为 vTPM 实例的创建、删除、迁移等提供支持。vTPM 管理器也是用户虚拟域与 vTPM 实例之间以及 vTPM 实例与硬件 TPM 之间的通信信道，它通过监听 vTPM 后端驱动，将来自 vTPM 前端驱动的 TPM 请求转发到相应的 vTPM 实例中加以处理，并通过与硬件 TPM 进行交互为 vTPM 实例状态数据提供更好的保护。

2.3.3　可信计算技术对云存储平台的安全增强

可信计算技术的使用确保了可信云存储平台及其上虚拟域启动过程的可信，解决了平台及其上虚拟域在引导阶段无法保证其自身完整性的问题。通过在可信云存储平台中嵌入硬件 TPM 以及部署支持 vTPM 管理的 Xen 虚拟机系统，使平台支持两条信任链的扩展和维护；硬件 TPM 负责从平台加电直至 Dom0 中操作系统最终确立过程的信任链扩展和维护；vTPM 实例负责 DomU 启动过程的信任链扩展和维护。这样，确保了整个虚拟机系统的可信启动。

可信计算技术的使用更好地保护了可信云存储平台中的敏感数据，防止了普通合法用户发起的内部攻击。可信云存储平台中的敏感数据，如存储根密钥(storage root key，SRK)、签署密钥(endorsement key，EK)、PCR 值、授权信息等存放在 TPM 内部，而其他敏感数据采用以 SRK 为根的树型"存储保护对象体系"形式存储在 TPM 外部。这种树型敏感数据保护方式由于有防物理篡改的 TPM 硬件保护支持，传统攻击方法难以窃取这些敏感数据。普通合法用户也因得不到属主授权数据，将不能执行 TPM 特权命令，可防止发起内部攻击。同时，可信计算的密封存储功能使可信云存储平台中的密封数据只有在可信状态下才能被解密。

可信计算技术的使用使可信云存储平台能忠实地向外部实体证明平台是否可信。通过可信计算完整性报告功能，平台将忠实地向外部实体报告其状态，外部实体也能通过一些公开信息安全地验证平台是否可信。

基于可信计算的云存储平台安全体系结构充分发挥了可信计算和虚拟机技术各自的安全优势，同时弥补了对方各自安全方面的不足：一方面利用可信计算技术保障了平台的完整性和真实性，解决了虚拟机系统启动时无法保证其自身完整性的问题；另一方面利用虚拟机技术保障了平台的各种安全机制的正确实施，同时解决了可信计算在原生操作系统应用时存在的"木桶效应"问题。这两种安全技术的紧密结合可保障可信云存储平台中的各种云服务的可信性和安全性。

2.4　本章小结

可信云存储是一种结合使用云存储安全技术和可信计算技术确保云存储数据安全的系统。本章在介绍这两种技术的基础上，给出了可信云存储的安全技术，并介绍了可信云存储的体系结构，重点对可信云存储平台的安全框架进行了描述。该安全框架基于 Xen 系统实现，能充分发挥可信计算和虚拟机技术在维护信息系统安全方面的各自优势，同时弥补了各自安全方面的不足，从而为可信云存储平台提供可信云存储服务提供了安全保证。

参 考 文 献

[1]　俞能海, 郝卓, 徐甲甲, 等. 云安全研究进展综述. 电子学报, 2013, 41: 371-381.

[2]　傅颖勋, 罗圣美, 舒继武. 安全云存储系统与关键技术综述. 计算机研究与发展, 2013, 50: 136-145.

[3]　冯朝胜, 秦志光, 袁丁. 云数据安全存储技术. 计算机研究与发展, 2015, 38: 150-163.

[4]　肖亮, 李强达, 刘金亮. 云存储安全技术研究进展综述. 数据采集与处理, 2016, 31: 464-472.

[5]　梁知音, 段镭, 韦韬, 等. 云存储安全技术综述. 电子技术应用, 2013, 39: 130-132.

[6]　Storer M, Green K, Long D, et al. Secure data deduplication//The 4th ACM International Workshop on Storage Security and Survivability, Alexandria, 2008: 1-10.

[7]　Perlman R. File system design with assured delete//The 3rd IEEE International Security in Storage Workshop, San Francisco, 2005: 83-88.

[8]　张玉清, 王晓菲, 刘雪峰, 等. 云计算环境安全综述. 软件学报, 2016, 27: 1328-1348.

[9]　罗东俊. 基于可信计算的云计算安全若干关键问题研究. 广州: 华南理工大学, 2014.

第 3 章　可信云存储中的加密存储与访问控制

加密无疑是保护可信云存储中数据的安全性和隐私性的主流方法[1]。数据加密时必须用到密钥，在不同系统中，根据密钥的生成粒度不同，需要管理的密钥数量级也不一样。若加密粒度太大，虽然用户可以很方便地管理，却不利于密钥的更新和分发；若加密粒度太小，虽然用户可以进行细粒度的访问权限控制，但密钥管理的开销也会变得非常大。基于属性的加密机制被认为是适合解决云存储系统的细粒度访问控制问题的技术之一[2]。

可信计算技术作为一种力图从根本上解决计算机和网络安全问题的重要技术，理所当然地可以用来确保云存储的安全性。基于可信模块的加密方法是一种选择。

3.1　基于 TPM 的可信云存储数据加密模型

在可信云存储中，存储安全是可信云存储质量是否合格的一个非常重要的指标。存储安全即如何保证用户数据的机密性和完整性，因为大部分公司无法承受重要数据泄露或丢失所造成的损失。传统的数据加密方法存在密钥管理和存储方面的安全问题，对此，贾然[3]提出了基于 TPM 的云存储数据加密机制，可以有效地解决云存储中的数据加密和密钥管理问题。

3.1.1　基于 TPM 的加密模型

在基于 TPM 的数据加密模型中，需要加密的文件数据和密钥都是由存储在 TPM 中的 SRK 和属于用户个人的 SRK 中非对称密钥的公钥加密的。操作系统的文件数据和用于引导硬盘扇区启动的数据都由 SRK 和 PCR 值进行加密封装，在解密时使用每个用户的私钥。

该模型中，最重要的就是 SRK 的安全存储。需要存储在 TPM 之外的密钥在存储之前都会经过 TPM 的加密，其存储的安全性得到保证。但是需要保证外部存储设备与系统的正确连接，以便用户启动系统时使用。

在基于 TPM 的数据加密模型中，将硬盘分成隐藏密钥分区、系统引导分区、操作系统存储区和系统用户数据存储区四个基本分区。

1. 隐藏密钥分区

由于 TPM 内部存储空间有限，所以只将 SRK 和 EK 存放在 TPM 内部，众多的用户密钥只能存放在硬盘上。因此划分了一个隐藏分区,用来专门存放用户的密钥。每个用户都有一块属于自己的数据块,在访问过程中需要经过 TPM 授权,而且只能访问自己的存储分区,这样保证了用户存储密钥的安全。

存储在该分区的所有密钥在存储时都已经过 TPM 内部 SRK 加密,所以该分区不再需要额外的加密。

2. 系统引导分区

系统引导分区的作用类似于普通计算机的引导分区,不同的是为了防止黑客的攻击,该引导操作系统的引导数据在存储时经过了 PCR 值和 TPM 内部存储根密钥的封装加密。

当系统启动时,TPM 会自动调用存储根密钥对其引导数据解密。然后通过和 PCR 值进行对比,判断该系统是否发生改变,最终完成系统的引导过程。

3. 操作系统存储区

与系统引导分区类似,操作系统存储区存储经过 PCR 值和 TPM 内部存储根密钥加密的操作系统文件,可以防止硬盘被窃后在其他计算机上打开。

4. 系统用户数据存储区

在云存储系统中,由于存储硬盘分布在不同的地域,所以硬盘的分区并不是实际物理硬盘的分区,而是由虚拟化技术控制的逻辑分区。存储在逻辑分区的用户数据都经过了各自加密密钥的加密,所以在存储时不再进行额外的加密封装,这样可以提高系统的效率。

3.1.2　基于 TPM 的模型加/解密过程

首先,用户要向云存储服务器申请存储空间。申请之后云存储服务器会为其建立相应的存储空间。同时 TPM 会为其随机生成一对对称密钥、一对非对称密钥和用于验证身份的数字证书。

数字证书发送给客户,用于以后身份认证。因为 TPM 内的存储空间有限,对称密钥被非对称密钥的公钥加密后存放到硬盘上,且经过 TPM 公钥加密的密钥只能由其私钥解密,而其私钥存放在 TPM 内部,TPM 是硬件设备,无法攻破,所以其密钥的存储和管理非常安全。

在存储数据时,用户首先向云存储服务器发送请求,云存储服务器通知 TPM 验证其身份。TPM 向用户索要数字证书,用户将数字证书用公钥加密后发送给 TPM,TPM 用私钥解密,然后验证其身份的合法性。身份认证通过后,建立虚拟专用网络(virtual private network,VPN)隧道。用户发送数据,TPM 从隐藏密钥分区提取并用私钥解密对称密钥,用于加密数据,然后存放到云存储服务器。

在用户索要数据时，TPM 同样再次从隐藏密钥分区提取对称加密密钥，解密数据后发送至用户。其过程如图 3-1 所示。

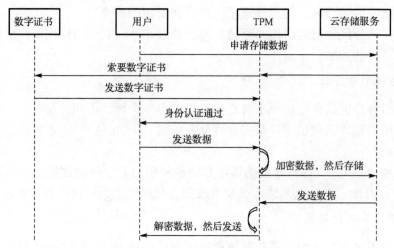

图 3-1　用户数据加/解密过程

3.1.3　TPM 密钥提交和提取

应用程序通过 TSS 服务提供商使用 TSS 所提供的 TPM 功能。由于 TSS 服务提供商不能直接与 TPM 交互，所以需要使用 TSS 核心服务(TSS core service，TCS)对 TSS 服务提供商提供通用的服务，一个平台拥有一个 TCS，TCS 的作用就是提供调用 TPM 的功能接口，它可以直接命令调用的 TPM 的功能。

TCS 是在用户模式下，通过 TPM 驱动程序库与 TPM 通信，该模块提供了所有的简单和复杂的功能，使用 TCS 的核心部分：密钥存储和管理。

TSS 的密钥管理服务定义了一个永久的密钥层次。所有由密钥管理服务进行管理的密钥，全部都在 TCS 的永久性存储数据库(系统的永久存储)或 TSS 服务提供商(用户的永久性存储)中注册，注册后的密钥就有一个固定的通用唯一识别码(universally unique identifier，UUID)值，可以通过相应的 UUID 值进行索引。

设备文件系统的加/解密对称密钥由系统本身提供，密钥经由 TPM 安全存储是关键，同时能在需要时快速提取使用，这是提交和提取接口设计解决问题的关键。

密钥接口的设计是合理地组合管理一些由 TCS 提供的密钥。TPM 生成 RSA 公钥和私钥对，私钥存储在 TPM 中不公开，公钥公开，TPM 同时创建一个授权信息(即数字证书)在将来用作身份的验证。

该系统设计中，将加密文件所使用的对称密钥提交给 TPM，然后由 TPM 生成的非对称密钥的公钥加密后存储到指定的硬盘分区中，并且保证数据加密密钥可以被授权的用户访问，所以非对称密钥生成指定父密钥为 SRK，因为 SRK 可以被任何用户访问；需要使用密钥时，从相应位置读取密文文件所使用的对称密钥，将加密的密文发送给 TPM，TPM 使用解密后的对称密钥对密文进行解密。

在基于 TPM 的数据加密模型中，整个引导过程和操作系统都处在 TPM 的保护下，该加密模型的可靠性是非常高的。合法用户可以访问自己的用户数据，不能访问其他用户数据。而且黑客无法通过攻击云存储服务器获取文件信息。

3.2 可信云存储中的可信加密磁盘

段鑫冬[4]研究利用密码技术和可信计算技术解决可信云存储中的数据安全存储的问题，引入可信外围部件互连标准(peripheral component interconnect，PCI)密码卡以提供基于可信硬件的物理安全，以现有的开源磁盘阵列(redundant arrays of independent drives，RAID)控制器软件为基础，将其安全性与可信 PCI 密码卡绑定，设计了一个多协议 RAID 可信加密磁盘系统，满足用户对云存储的安全可信的需求，实现云存储在网络不安全、系统不安全甚至管理人员都不可信赖的情况下，仍可保证云存储用户数据的安全可信。

多协议 RAID 可信加密磁盘方案是在开源的 RAID 控制器软件基础架构上引入可信 PCI 密码卡，结合透明加/解密技术和可信计算技术，实现基于云存储的多协议 RAID 可信加密系统。使用的 RAID 控制器软件是 Linux 操作系统下的开源项目 MD(multiple devices)，具有开源项目的开发便利、易扩展和易升级等优点。现有的 RAID 控制器软件采用模块化的设计方式，各功能模块能独立研发，节省调试时间，并且便于系统的改进和升级。

1. 总体架构

多协议 RAID 可信加密系统架构基于现有开源的 RAID 控制器软件，将云存储数据中心的不同类型协议的存储设备资源进行有效的整合，构成一个可信的存储资源池，底层存储硬件包括串行高级技术附件(serial advanced technology attachment，SATA)、电子集成驱动器(integrated drive electronics，IDE)和小型计算机系统接口(small computer system interface，SCSI)等类型的磁盘。

其中，存储服务器对存储资源进行管理，根据需求实现不同的 RAID 级别，并对存储到磁盘上的数据进行透明加/解密处理，提供可信度量和可信报告功能，从而保证存储系统的安全性和可信性，最后形成基于云存储的多协议 RAID 可信加密系统。

另外，为了对外提供灵活的访问接口，RAID 存储服务器提供协议适配器来满足不同的访问接口如光纤通道(fiber channel，FC)技术、Internet 小型计算机系统接口（Internet small computer system interface，iSCSI），从而满足云存储的不同接入需求。多协议 RAID 可信加密系统的总体框架如图 3-2 所示。

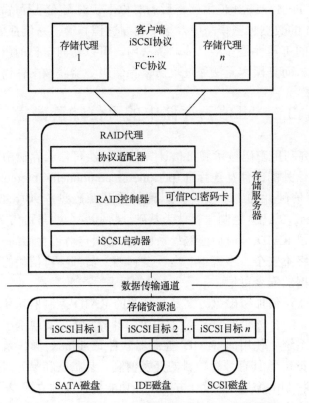

图 3-2　多协议 RAID 可信加密系统的总体框架

　　不同类型的磁盘包括 SATA 磁盘、IDE 磁盘、SCSI 磁盘都可以作为 RAID 的存储介质，通过 iSCSI 目标屏蔽它们之间接口的异构性，RAID 存储控制模块等同地看待这些磁盘，在 RAID 控制模块看来，这些磁盘都是一些属性相同的存储空间，这些磁盘构成一个大的存储池，通过 TCP/IP 网络，RAID 存储控制模块用 iSCSI 启动器与存储池中的磁盘进行数据传输。

　　iSCSI 启动器是 RAID 存储控制模块访问远端存储池的接口，通过 iSCSI 启动器以及目标器的虚拟，RAID 存储控制模块将远端的磁盘看作普通的本地磁盘，可直接对其读写，并且在 RAID 存储控制模块看来，远端的磁盘都以 iSCSI 目标的形式呈现，屏蔽了远端磁盘的接口属性，从而支持多种不同协议类型的磁盘，达到整合这些磁盘资源的目标，而 RAID 存储控制模块则统一管理这些存储资源。

　　RAID 存储控制模块对存储资源池中的存储资源进行统一的管理，在初始化阶段，其根据应用需求将存储资源进行划分，并将它们虚拟成逻辑磁盘，RAID 控制器将逻辑磁盘当作普通的物理磁盘使用，根据相应的 RAID 级别，其直接将请求发给这些逻辑磁盘，而 iSCSI 启动器则进一步将这些请求分发到各个 iSCSI 目标器上。

由于 RAID 存储控制模块由软件实现，故其灵活性很大，磁盘个数、RAID 级别、校验数据布局的配置也非常灵活，管理员通过 RAID 提供的管理工具能方便地创建所需要的 RAID 类型。

数据请求通过 RAID 存储控制模块处理后，请求将发给 iSCSI 启动器，但在此之前，为了保证数据的安全性，在 RAID 存储控制模块与 iSCSI 启动器之间加入一个透明的中间层，专门处理数据的加/解密工作，该中间层对经过该层的数据流进行处理，如果是发往 iSCSI 启动器的写请求，则中间层先对数据流进行加密；如果是返回给 RAID 存储控制模块的读请求，则中间层先对数据流进行解密。通过引入可信 PCI 密码卡来实现数据的透明加/解密和可信度量功能，从而保证云存储系统的安全性和可信性。

2. 加密层次

由于 RAID 控制器软件的主要功能是接受来自远程主机产生的读/写操作请求，并且根据相应的 RAID 级别的算法来进行数据分布和容错处理，将数据分散到各个物理磁盘中，从而实现磁盘阵列的功能。RAID 系统加密的加密层次在文件级以下，加密粒度是数据块，加密过程要对用户透明。为了保证系统加密子模块的功能和性能要求，需要在 RAID 控制器软件的框架结构中选择合适的模块实现，并且保持原有的软件架构不变。要选择合适的层次进行加/解密功能模块的设计和开发，使得在满足应用的前提下，加密过程对读/写性能的影响降到最低。考虑到 RAID 级别中有冗余块的情况，其冗余块的计算和生成在 RAID 核心算法模块中完成，选择将加密模块置于 SCSI 目标器模块和 Cache 管理模块之间实现，从而减少了加密的工作量，降低了加密过程对数据存储的吞吐率的影响。

3. 加密方式

全盘加密的技术重点在于对启动盘的加密、对启动操作系统的身份控制。全盘加密也能够在操作系统启动后对磁盘上的数据进行加/解密，拥有基于卷和虚拟磁盘加密等技术的功能。但是软件全盘加密需要重定向主引导记录（main boot record，MBR），带来了潜在的危险和冲突。软件全盘加密需要被保护计算机的支持，在一定程度上降低了系统性能。硬件全盘加密没有软件全盘加密应用广泛，但是用硬件实现全盘加密克服了用软件实现的先天缺陷。硬件全盘加密的密钥和身份认证信息都存储在专门的硬件中，是被保护系统不可见的，更加安全。加/解密的过程是在专门的硬件中进行的，对被保护系统的性能影响很小。

虚拟磁盘和卷文件加密技术比较相似，也经常结合起来应用，与全盘加密相比有较好的迁移性，但是只能保护数据安全，不能保证操作系统的安全。在数据读/写操作中加/解密产生的延时是虚拟磁盘和卷文件加密技术不可避免的，尤其在加载或卸载一个卷时会比较明显。虚拟磁盘的加密技术有很好的可迁移性，能够支持非基于卷文件的介质使用。同时还有很多优点，如被保护的文件和目录名称以及相关的元数据对于未通过身份认证的用户都是不可见的。将卷加密技术和虚拟磁盘的加密技术结合起来使用带来了很好的灵活性，使用户可更加自由地选择。

文件和目录加密技术广泛应用于个人工作和生活中，如 Word 等文字处理软件。由于其加/解密以单个文件或目录为基本单位，延时很小，基本不可察觉。文件和目录加密技术的实现方法也比较灵活，可以通过驱动程序、服务以及应用等方式来实现。由于其保护的是文件或目录，均属于文件层的概念，所以有很好的可迁移性。文件和目录有较强的属主属性，一般情况下不同的用户使用不同的密钥，保证了用户信息的安全，但是极大地增加了保护共享文件的复杂性。

4. 可信功能

可信度量根和可信链是可信计算的关键部分与重要特征。可信计算系统的信任源是可信度量根，可信的传递则依赖于可信链，可信链可以把信任从可信起点逐层传递，最后得到整个系统的可信。因此，对可信度量根的安全性是有严格要求的，并且由具有抗篡改、高度可信性的硬件来实现，可信度量根的可信性由管理上的安全和技术上的安全共同保证。可信 PCI 密码卡是目前应用较为广泛的具有抗篡改、高度可信性的硬件。

引入可信 PCI 密码卡作为可信硬件实现可信度量根的功能，只需要在 RAID 存储服务器上嵌入可信 PCI 密码卡，结合 RAID 控制器软件，避免改动 RAID 控制器硬件系统，并且还保证在较高的安全强度的条件下，实现 RAID 加密系统的可信。因此，在设计可信计算功能时可以引入可信 PCI 密码卡作为可信硬件。由于可信 PCI 密码卡具有处理器，同时具有可信根的存储功能，并且可以提供方便的应用程序接口（application programming interface，API），它的密钥存储器空间可以保证存储的密钥的安全性，而且对存储器必须使用固定的 API 实现读/写操作，外界无法用其他方法获取存储的数据，这样系统的安全性就得到了保障。利用可信 PCI 密码卡内置的签名算法和密码算法，在完整性度量时生成摘要序列值，实现系统的可信功能。

3.3　属性加密机制

属性加密机制可以追溯到基于身份加密（identity-based encryption，IBE）机制，Shamir[5]、Boneh 和 Franklin[6]提出并实现了基于双线性对技术的身份基加密机制。基于身份的加密方法需要解密者的身份信息与加密者所指定的身份信息完全匹配时才能解密密文,限制了基于身份密码机制的使用范围。为了增强系统的描述性,Sahai 和 Waters[7]提出一种新的基于身份的加密方案——模糊身份加密,也称为基于属性的加密方案。它将用户的身份信息看作一个可以描述的属性的集合,只要用户的身份属性与加密者指定的属性集合中的属性的重叠部分超过设定的阈值,该用户就可以解密密文。在传统的基于身份的密码机制中,密文是根据某个解密者的身份构造的,而私钥是该解密者的身份信息或者根据该身份信息计算而得的。所以,只有该解密者在身份信息完全匹配时才能够解密,这同时意味着只能进行单一的一对一通信。模糊身份加密可以将解密者的某些生物特征,如指纹、虹膜等作为身份信息,而每次提取的生物特征是有细微差别的,这种新的加密方法可以忽略一定范围内的差异,让实际意义上的同一个身份得到确认。并且由于其解密的特性,可以实现一对多的通信,加密者只需要设定好密文,所有满足所设定的属性阈值的用户都可以解密密文。但是基于阈值语义的方法在表达性上仍然有所限制,之后学术界又陆续提出了许多改进的 ABE 方案,其中最主要的两种方案是密钥策略基于属性的加密[8] (key-policy attribute-based encryption,KP-ABE)方案和密文策略基于属性的加密[9] (ciphertext-policy attribute-based encryption,CP-ABE)方案。

3.3.1　KP-ABE

KP-ABE 的提出主要是针对目前很多用户将自己的一些敏感信息存储在第三方服务器上,而难以制定灵活的控制访问权限。在 KP-ABE 中,用户的私钥对应于访问结构,而密文则包含属性信息,在用户加密消息时就指定具有哪些属性的用户才能访问这个消息。其中,访问控制结构通常也是一个树型的结构,采用密钥共享的方式将一个私钥按照访问结构分配给各个属性。它可以避免用户直接将密钥告诉授权用户,授权用户则是根据其属性恢复出对应的密钥,而这个密钥只能解密和其属性相关的那些加密数据。也就是说,加密数据的访问控制是通过对密钥的访问控制来实现的。

(1)初始化算法。$\mathrm{Setup}(\lambda, U) \rightarrow (\mathrm{PP, MSK})$：输入安全参数和系统属性全集 U,输出公共参数 PP 和主密钥 MSK。定义属性全集 $U=\{1,2,\cdots,n\}$,对于每个属性 $i \in U$,从 Z_p 中随机选取 v_i。最后在 Z_p 中随机选取 y。输出公共参数 $\mathrm{PP}=\{V_1=g^{v_1},\cdots,V_{|U|}=g^{v_{|U|}},Y=e(g,g)^y\}$ 和主密钥 $\mathrm{MSK}=\{v_1,\cdots,v_{|U|},y\}$。

(2)加密算法。$\mathrm{Encrypt}(\mathrm{PP}, m, \gamma) \rightarrow (\mathrm{CT})$：输入公共参数 PP、文件 m 和属性 γ,输出密文 CT。在属性集 γ 下,加密文件 $m \in G_2$,选择随机值,生成密文 $\mathrm{CT}=(\gamma, E'=my^s, \{E_i=V_i^s\}_{i \in \gamma})$。

(3)密钥生成算法。$\mathrm{KeyGen}(A, \mathrm{MSK}, \mathrm{PP}) \rightarrow (\mathrm{SK})$：输入访问结构 A、主密钥 MSK 和公共参数 PP,输出用户私钥 SK,当且仅当 $T(\gamma)=1$ 时,用户能够解密在属性集 γ 下加密的消息。

首先从根节点 r 开始采取由上而下的方式为树 T 中的各个节点 x 随机选取多项式 q_x。对于树中每个节点 x，多项式 q_x 的次数 $d_x=k_x-1$。对于根节点 r 的多项式 q_r，令 $q_r(0)=y$，再随机选取其他 d_r 个点对 q_r 进行定义。对于其他节点 x 的多项式 q_x，令 $q_x(0)=q_{parent(x)}(index(x))$，再随机选取其他 d_x 个点来生成 q_x。多项式选定之后，对于每个叶子节点 x，把下面的私密值发送给用户，即 $D_x=g^{\frac{q_x(0)}{v_i}}$，其中 $i=att(x)$。用户得到私钥 $SK=\{D_x, x \in T\}$。

(4) 解密算法。$Decrypt(CT, SK, PP) \to (m)$：输入密文 CT、用户私钥 SK 和公共参数 PP，输出文件 m。首先定义一个递归算法 $DecryptNode(CT, SK, x)$，输入密文 $E=(\gamma, E', \{E_i\}_i \in \gamma)$、私钥 D 和树上的节点 x，输出 G_2 上的一个群集或 $\perp$。

如果节点 x 是叶子节点，$i=att(x)$，则有

$$DecryptNode(CT, SK, x) = \begin{cases} e(D_i, E_i) = e\left(g^{\frac{q_x(0)}{v_i}}, g^{s \cdot v_i}\right) = e(g,g)^{s \cdot q_x(0)}, & i \in \gamma \\ \perp \end{cases}$$

当 x 是中间节点时，递归算法 $DecryptNode(CT, SK, x)$ 工作如下：对于节点 x 的每个子节点 z，调用 $DecryptNode(CT, SK, z)$，存储输出 F_z。如果没有 k_x 个 $F_z \neq \perp$ 的子节点 z 存在，则函数 $DecryptNode(CT, SK, x)$ 返回 $\perp$。否则，定义 S_x 为任意 k_x 个 $F_z \neq \perp$ 的子节点 z 的集合，计算：

$$F_x = \prod_{z \in S_x} F_z^{\Delta_{i,S_x'}(0)}, i = index(z), S_x' = \{index(z): z \in S_x\}$$
$$= \prod_{z \in S_x} (e(g,g)^{s \cdot q_z(0)})_z^{\Delta_{i,S_x'}(0)}$$
$$= \prod_{z \in S_x} (e(g,g)^{s \cdot q_{parent(z)}(index(z))})_z^{\Delta_{i,S_x'}(0)}$$
$$= \prod_{z \in S_x} e(g,g)^{s \cdot q_x(i) \cdot \Delta_{i,S_x'}(0)}$$
$$= e(g,g)^{s \cdot q_x(0)}$$

式中，$\Delta_{i,S} = \prod_{j \in S, j \neq i} \dfrac{x-j}{i-j}$，$i \in Z_p$ 是拉格朗日系数。当且仅当密文满足访问树 T 时，$DecryptNode(E, D, r) = e(g,g)^{ys} = Y^s$，则 $M = E'/Y^s$。

KP-ABE 在决策双线性 Diffie-Hellman (decisional bilinear Diffie-Hellman，DBDH) 假设下是选择安全的。

在 KP-ABE 中，属性的描述是在服务器端进行的，解密方设定访问策略，以表明其所在系统中的访问权限。密文与属性集相关联，而用户的密钥与访问控制结构

相关。只有当密文中的属性集满足用户的树型访问控制结构时，用户才可以解密这个密文。因此，访问控制的主动权在解密方，密钥策略的属性加密方案不适合用于更加灵活的访问控制。KP-ABE 方案只适用于如按观看次数付费的在线影视系统中，即在这样的系统中，用户的访问权限是定义在内容属性上的，可以基于他们所交会员费来观看不同的视频。

3.3.2　CP-ABE

CP-ABE 给予数据属主更直接的访问策略。在密文策略的属性基加密中，由一个授权中心负责管理属性和密钥的分配，该授权中心可以是云服务器提供商独立的部门，也可以是某公司的人力资源管理处等。数据属主定义访问策略并使用这个策略加密数据，每个用户拥有一个与自己属性相关的私钥，当且仅当用户私钥中的属性满足访问策略时才能解密密文。

（1）初始化算法。Setup$(\lambda,U) \rightarrow (PP,MSK)$：输入安全参数 λ 和系统属性全集 U，输出公共参数 PP 和主密钥 MSK。选择一个生成元为 g 且阶为素数 p 的双线性群 G_1，接下来选择两个随机数 $\alpha,\beta \in Z_p$。公共参数 PP=$\{G_1, g, h=g^{\beta}, f=g^{1/\beta}, e(g, g)^{\alpha}\}$，主密钥 MSK=$(\beta, g^{\alpha})$。

（2）加密算法。Encrypt$(PP, m, A) \rightarrow (CT)$：输入公共参数 PP、文件 m 和访问结构 A，输出密文 CT。

设访问结构树为 T，加密算法在 T 下加密文件 m。从根节点 r 开始采取由上而下的方式为树 T 中的各个节点 x 随机选取次数 $d_x(d_x=k_x-1)$ 的多项式 q_x。下面对各个节点的多项式进行定义，对于根节点 r 的多项式 q_r，先选择一个随机数 $s \in Z_p$，令 $q_r(0)=s$，然后随机选取 d_r 个点来对 q_r 进行定义。对于其他节点 x，令 $q_x(0)=q_{\text{parent}(x)}(\text{index}(x))$，再随机选取其他 d_x 个点来定义 q_x。

令 Y 是 T 中的叶子节点集合，根据给定的访问树 T，密文计算如下：CT=$\{T, \tilde{C}=me(g,g)^{\alpha s}, C=h^s, \forall y \in Y: C_y=g^{q_y(0)}, C_y'=H(\text{att}(y))^{q_y(0)}\}$。

（3）密钥生成算法。KeyGen$(MSK, S, PP) \rightarrow (SK)$：输入主密钥 MSK、一组属性集 S 和公共参数 PP，输出用户私钥 SK。

首先选择一个随机数 $r \in Z_p$，每个属性 $j \in S$ 对应一个随机数 $r_j \in Z_p$，用户私钥 SK 计算如下：SK=$\{D=g^{(\alpha+\gamma)/\beta}, \forall j \in S: D_j=g^r \cdot H(j)^{r_j}, D_j'=g^{r_j}\}$。

（4）解密算法。Decrypt$(CT, SK, PP) \rightarrow (m)$：输入密文 CT、用户私钥 SK 和公共参数 PP，输出文件 m。首先定义一个递归算法 DecryptNode(CT, SK, x)，接着输入私钥 SK、T 中的节点 x 和密文 CT=$(T, \tilde{C}, C, \forall y \in Y: C_y, C_y')$。

如果节点 x 是叶子节点，$i=\text{att}(x)$，定义如下。

如果 $i \in S$，则计算：

$$\text{DecryptNode}(\text{CT, SK}, x) = \frac{e(D_i, C_x)}{e(D_i', C_x')} = \frac{e(g^r \cdot H(i)^r, h^{q_x(0)})}{e(g^r, H(i)^{q_x(0)})} = e(g, g)^{rq_x(0)}$$

如果 $i \notin S$，令 $\text{DecryptNode}(\text{CT, SK}, x) = \perp$。

当 x 是中间节点时，算法 $\text{DecryptNode}(\text{CT, SK}, x)$ 工作如下：对于节点 x 的每个子节点 z，调用 $\text{DecryptNode}(\text{CT, SK}, z)$，存储输出 F_z。令 S_x 是一个包含 k_x 个 $F_z \neq \perp$ 的子节点 z 的集合，如果不存在 S_x，则函数 $\text{DecryptNode}(\text{CT, SK}, x)$ 返回 $\perp$。否则，计算：

$$F_x = \prod_{z \in S_x} F_z^{\Delta_{i, S_x'}(0)}, i = \text{index}(z), S_x' = \{\text{index}(z) : z \in S_x\}$$

$$= \prod_{z \in S_x} (e(g, g)^{r \cdot q_z(0)})_z^{\Delta_{i, S_x'}(0)}$$

$$= \prod_{z \in S_x} (e(g, g)^{r \cdot q_{\text{parent}(z)}(\text{index}(z))})_z^{\Delta_{i, S_x'}(0)}$$

$$= \prod_{z \in S_x} e(g, g)^{r \cdot q_x(i) \cdot \Delta_{i, S_x'}(0)}$$

$$= e(g, g)^{r \cdot q_x(0)}$$

若 S 满足访问树 T，则令 $B = \text{DecryptNode}(\text{CT, SK}, r) = e(g, g)^{r q_r(0)} = e(g, g)^{rs}$，通过下面的计算得到：$M = \tilde{C} / (e(C, D) / B) = \tilde{C} / (e(h^s, g^{(\alpha + \gamma)/\beta}) / e(g, g)^{rs})$。

CP-ABE 的安全性基于一般群模型和随机语言模型。Waters 在后续的工作中给出了在标准模型下的 CP-ABE，其利用线性密钥共享 (linear secret-sharing schemes，LSSS) 访问结构，安全性基于判断性 q-palel BDHE (q-palel bilinear Diffie-Hellman exponent) 假设，该方案中的四个基本算法如下。

(1) 初始化算法。$\text{Setup}(\lambda, U) \to (\text{PP, MSK})$：输入安全参数和系统属性全集 U，输出公共参数 PP 和主密钥 MSK。选择一个生成元为 g 且阶为素数 p 的双线性群 G_1，以及 U 个群元素 $h_1, \cdots, h_U$，这些群元素和系统中的 U 个属性相关。接下来选择两个随机数 $\alpha, a \in Z_p$。公共参数 $\text{PP} = \{g, e(g, g)^\alpha, g^a, h_1, \cdots, h_U\}$，主密钥 $\text{MSK} = g^\alpha$。

(2) 加密算法。$\text{Encrypt}(\text{PP}, m, A) \to (\text{CT})$：输入公共参数 PP、文件 m 和 LSSS 访问结构 $A(M, \rho)$，其中 ρ 是矩阵 M 的每一行到属性的映射，输出密文 CT。

M 是一个 $l \times n$ 的矩阵。首先选择随机向量 $v = (s, y_2, \cdots, y_n)$。接着计算 $\lambda_i = v \cdot M_i$，$i = 1, 2, \cdots, n$，其中 M_i 对应着 M 的第 i 行，λ_i 用来共享加密指数 s。另外，随机选择 $r_1, \cdots, r_l \in Z_p$。

最后计算出密文：$\text{CT} = (C = m e(g, g)^{\alpha s}, C' = g^s, \{(C_i = g^{a\lambda_i} h_{\rho(i)}^{-r_i}) D_i = g^{r_i}\}_{i=1, 2, \cdots, l})$。密文中还包括对访问结构 (M, ρ) 的描述。

(3) 密钥生成算法。$\text{KeyGen}(\text{MSK}, S, \text{PP}) \to (\text{SK})$：输入主密钥 MSK、一组属性

集 S 和公共参数 PP，输出用户私钥 SK。

选择一个随机数 $t \in Z_p$，计算用户私钥：SK=$\{K=g^\alpha g^{at}, L=g^t, \forall x \in S, K_x=h_x^t\}$。

（4）解密算法。Decrypt(CT, SK, PP)→(m)：输入密文 CT、用户私钥 SK 和公共参数 PP，输出文件 m。

CT 包含访问结构 $A(M, \rho)$，SK 包含一组属性集 S。假如 S 满足访问结构，令 $I \subset \{1, 2, \cdots, l\}$，且 $I=\{i: \rho(i) \in S\}$，若 $\{\lambda_i\}$ 是秘密值 s 的有效的秘密分享集合，则存在一组恢复系数 $\{w_i \in Z_p\}_{i \in I}$，使得 $\sum_{i \in S} w_i \cdot \lambda_i = s$。

然后计算：

$$e(C', K) \Bigg/ \left(\prod_{i \in I} (e(C_i, L) e(D_i, K_{\rho(i)}))^{w_i} \right) = e(g, g)^{\alpha s} e(g, g)^{at} \Bigg/ \left(\prod_{i \in I} e(g, g)^{at \lambda_i w_i} \right)$$
$$= e(g, g)^{\alpha s}$$

最后通过计算 $C/e(g, g)^{\alpha s}$ 得到文件 m。

在 KP-ABE 的密钥生成阶段和 CP-ABE 的加密阶段需要自上而下为每个节点随机选取多项式 q_x，次数为 $d_x=k_x-1$，其中根节点 r 的多项式 $q_r(0)=y$，在解密时，使用多项式插值法恢复出 $q_r(0)=y$。多项式插值法可以有效实现门限访问控制机制的要求，而且效率较高，能够容易地进行表示。它们的计算复杂度如表 3-1 所示。

表 3-1　计算复杂度比较

方案	密文大小	私钥大小	加密时间	解密时间
KP-ABE	$O(C)$	$O(N)$	$O(C)$	$O(T)$
CP-ABE	$O(N)$	$O(A)$	$O(N)$	$O(T)$

注：N 为访问结构中的属性数量，A 为用户私钥中的属性数量，C 为密文中的属性数量，T 为参与解密过程的属性数量。

3.3.3　用户属性撤销

在实际应用中，存在用户动态加入或退出以及用户身份的改变导致属性的改变等现象，因此用户权限的撤销和更新是 ABE 中需要考虑的问题。

目前，ABE 中的属性撤销分为用户撤销、用户属性撤销和系统属性撤销三种情况。用户撤销时，直接作废该用户的所有权限；用户撤销属性时，需保证该用户失去该属性对应的权限，而具有该属性的其余用户仍具备此权限；系统属性撤销时，所有与该属性相关的用户都受影响，执行起来比较简单[10]。

根据撤销由机构还是发送方执行，Attrapadung 和 Imai[11]定义了间接撤销和直接撤销两种撤销模式。在间接撤销模式下，授权机构周期性释放密钥的更新，只有未撤销的用户才能更新密钥，从而使已撤销用户的密钥无效。在直接撤销模式下，发送者在加密消息时规定撤销列表,直接实现属性密钥的撤销。间接撤销的优势在于发送者无须获取撤销列表。直接撤销的优势在于所有未撤销用户无须更新密钥,减轻授权机构的负担。Attrapadung 和 Imai 结合两种撤销模式的优点,提出了混合撤销模式。

1. 直接撤销

Ostrovsky 等[12]首次提出 CP-ABE 的直接撤销思想,将用户标识作为一种属性,把被撤销用户标识的"非"与密文关联起来,使撤销的用户无法解密密文,但是增加了密文和用户私钥的大小。Attrapadung 和 Imai[13]采取同样的思路,减少了撤销的开销,提出广播 ABE 机制,实现 KP-ABE 和 CP-ABE 的直接撤销。直接撤销模式下,未撤销用户无须周期性更新密钥,发送方加密时规定一个系统属性撤销列表可实现系统属性的撤销,减少了撤销开销,但增加了系统公钥长度。王鹏翮等[14]通过在密文中嵌入多个属性用户撤销列表,可以对用户所拥有的任意数量的属性执行撤销,从而实现完全细粒度的属性撤销。

2. 间接撤销

ABE 撤销的大部分研究工作都采用间接撤销模式。前期的研究由授权机构执行撤销,加密过程都与时间有关,属性只有到期失效时才能撤销;更新阶段,授权机构的工作量大。为减轻授权机构的负担并实现属性的即时撤销,后期工作引入半可信第三方,但要保证第三方的诚实性。

Pirretti 等[15]最早提出 ABE 属性撤销的办法:每个属性包含一个有效期。授权机构周期性地释放属性的最新版本,并重新颁发所有用户的密钥信息。若删除系统的某个属性,机构停止发布该属性的最新版本,在周期性更新所有用户密钥时,不再颁发与该属性对应的密钥构件。如需撤销某个用户的属性,机构撤销用户私钥中该属性的最新版本。该方法简单,但存在缺点:加密方需与机构协商属性有效期;用户需保存每个时间段的密钥,撤销日期的粒度越细,密钥存储开销越大;属性密钥更新阶段,用户与机构在线交互,授权机构的工作量随用户数目线性增长,系统的可扩展性不好;属性也无法在到期前撤销。

为消除加密方与授权机构的协调,并降低用户密钥存储开销,Bethencourt 等[9]提出一种 CP-ABE 的密钥更新思路。授权机构给每个用户的属性一个终止日期,密文附带时间信息。解密要求用户属性满足密文的访问策略,且终止日期在密文附带的时间之后。但在密钥更新过程中,用户仍需与授权机构在线交互,授权机构的工作量与属性到期的用户数量线性相关。另外,该机制不支持属性的即时撤销。

Boldyreva 等[16]采用二叉树提出可撤销的 ABE 机制,支持 KP-ABE 中用户的撤销。每个用户与二叉树的叶节点相关,密钥更新数量与用户数量为对数关系。用户密钥分为两部分：一部分与访问结构相关，称为私钥，由授权机构生成；另一部分与时间相关，称为密钥更新，由授权机构公布，对全体用户可见，消除了密钥更新过程中的在线交互。授权机构撤销用户时，停止公布该用户的密钥更新，密文与属性集和时间相关。其具有 KP-ABE 的抗串谋特性，保证了算法的安全性，但不支持属性的即时撤销。

为了实现属性的即时撤销，Ibraimi 等[17,18]的 CP-ABE 引入半可信第三方作为仲裁者。仲裁者维持一个属性撤销列表，包括撤销的系统属性和用户属性信息。核心思想是，用户不再持有完整的密钥，而是将密钥分为两份，分别由仲裁者和用户持有。用户私钥与随机生成的用户标识相关，能够防止用户的串谋攻击。解密时，用户将满足访问树的最小属性集、密文和用户标识发送给仲裁者。仲裁者先判断该属性集中是否存在被撤销的属性，若无，则利用掌握的部分用户密钥执行与访问树叶节点相关的解密任务，并将结果返给用户，再由用户完成解密运算；否则返回错误信号。该机制需要更新未撤销属性的用户私钥。授权机构在为所有用户生成私钥后即可离线，减轻了授权机构的工作量。仲裁者持有部分密钥并参与解密运算，因此必须诚实，且保持在线。

Yu 等[19]在 Cheung 和 Newport[20]的 CP-ABE 基础上引入半信任的代理服务器，采用代理重加密技术，支持可撤销的 KP-ABE。授权机构用版本号标记主密钥的演化版本，初始化时置为 1，系统公钥、密文、用户私钥和代理重密钥都用版本号标记，以表示由主密钥的哪个版本产生。当发生撤销时授权机构更新主密钥中与被撤销属性对应的构件，将版本号的值加 1，然后生成新的代理重密钥。代理服务器用最新版本的代理重密钥再加密存储的密文为所有未被撤销的用户更新密钥。被撤销属性用户的私钥构件的版本号不是最新的，无法解密，从而实现属性的即时撤销。该机制将授权机构的部分负担转移到代理服务器，减轻授权机构的工作量，但是代理服务器和授权机构必须在线而且代理服务器要更新全部未撤销用户的私钥。

3.　混合撤销

Attrapadung 和 Iami 充分利用两种撤销模式的优势，采取二叉树，针对 KP-ABE 的撤销问题提出混合撤销模式。发送方在加密时可以选择直接或间接的撤销模式。若选择直接模式，则直接规定用户撤销列表 R；若选择间接模式，则选择当前时间 t。混合撤销模式包括两个子系统：直接可撤销的 ABE 和间接可撤销的 ABE。发送方根据所选模式使用相应的子系统。用户密钥与访问结构和唯一标识 ID 相关。每个用户的密钥由来自每个子系统的密钥组成，能够解密以任何模式构造的密文。直接模式下，接收方用密钥即可解密；间接模式下，授权机构在创建更新的密钥时会规定用户撤销列表 R，接收方在时刻 t 后必须从授权机构获取更新的密钥。若密文属性集满足接收方的密钥访问结构且 $ID \notin R$，则解密成功。该方法只解决了用户撤销的问题，无法处理用户属性的撤销；而两个子系统的使用显著增加了用户密钥长度。

3.3.4　ABE 面临的主要攻击

目前 ABE 面临用户共谋和密钥滥用等问题。

1. 用户共谋

在 ABE 中，不同用户的共谋可能会造成对文件的非授权访问，主要分为两种情况：用户没有充足的属性来满足密文中的属性集（访问策略），但却能访问和解密文件；当用户的一个或多个属性被撤销时，却仍能访问和解密文件。所以在密钥的分发和更新阶段都要考虑用户共谋问题。

用户共谋即没有权限的几个用户将他们的私钥组件合并，从而获得对文件的访问权限。例如，文件中的访问策略为（"计算机科学与技术学院" AND "教授"），如果 A 拥有"计算机科学与技术学院"属性，而 B 拥有"教授"属性，A 和 B 都不能单独解密密文，但他们可以通过合谋来解密该文件。为了防止用户共谋，目前主流的解决方法是在用户私钥中添加一个随机值。由于私钥中存在随机值，即使用户拥有相同的属性集，私钥也未必相同，这样就能有效防止用户通过共谋来解密其不具备访问权限的文件。也可以通过为用户分配一个唯一的 ID，并将该 ID 嵌入密钥中来防止共谋。

2. 密钥滥用

在当前的 ABE 中，用户的私钥和一组属性集或者访问策略相关，因而不能和某个特别的用户实现一对一通信，这就会导致一个问题，拥有访问权限的用户可能会分享他的私钥，让一些没有访问权限的用户滥用他的访问特权。由此可见，密钥滥用攻击在版权敏感的应用场景中会造成极大的危害。而防止密钥滥用的难点在于定位盗版密钥的来源，即查清是哪个用户或者权威所为。目前，也有一些方案考虑了密钥责任认定，分为两类，一种是关于 CP-ABE 中的追责性，Li 等[21]将责任定位到用户或权威，Li 等[22]将责任定位到用户，同时还实现了策略的隐藏；另一种则是关于 KP-ABE 中的追责性，Yu 等[23]将责任定位到用户，且发送方能够隐藏部分属性。

1）防止密钥滥用的 CP-ABE

Li 等[21]基于 DBDH 和计算 Diffie-Hellman（computational Diffie-Hellman, CDH）假设，提出可追责的 CP-ABE（CP-A^{2}BE），解决了 CP-ABE 中认定用户或授权机构责任性的问题。用户首先通过可信第三方——公钥证书中心注册得到自己的证书公钥，然后向授权机构申请属性私钥。用户的解密密钥包含了与证书公钥对应的私钥，仅用户知道。假设证书中密钥的机密性高于授权机构颁发的属性私钥。用户若共享其解密密钥，会泄露密级更高的证书私钥。盗版密钥追踪算法判断密钥中的证书私钥是否存在相应的有效证书公钥。若存在，说明是持有该证书的用户泄露了其解密密钥；否则，说明是授权机构的不良行为。CP-A^{2}BE 假设盗版设备中有格式规范的解密密钥，只能进行白盒追踪；仅支持属性的"与"操作，表达策略的能力有限；另外，公钥证书中心负责为所有用户颁发证书，工作量大，严重影响系统性能。

为实现策略隐藏以达到接收方的匿名性，Li 等[22]基于 DBDH 和 D-Linea 假设提出可追责的匿名 CP-ABE(CP-A^{3}BE)，解决了用户的责任认定问题。其核心思想是，将用户标识嵌入属性私钥来阻止用户之间非法共享密钥。加密算法采取与 Nishide 等[24]类似的技术实现策略隐藏，达到接收方匿名的效果，使追踪加密与普通加密算法对于用户来说是不可分辨的。但是，追踪加密算法产生的密文标识域为可疑用户，只有属性集满足密文策略的可疑用户才能解密该消息，从而确定盗版密钥的产生者。CP-A^{3}BE 具有黑盒追踪的特点，即仅观察对某些输入的输出就能追踪盗版设备。该机制支持策略隐藏，保护发送方的隐私，但是显著增加了解密密钥和密文的长度，只能表示"与"策略。

2)防止密钥滥用的 KP-ABE

Yu 等[23]基于 DBDH 和 D-Linea 假设提出无滥用 KP-ABE，解决了 KP-ABE 中合法用户与他人分享密钥造成的密钥滥用问题。采用根为"与"门的访问树，用户具有唯一标识。标识的每一位都作为属性嵌入用户私钥中，这些属性称为标识相关属性，其余属性为普通属性。追踪算法将可疑标识对应的标识相关属性与密文关联起来，使得只有可疑标识的用户才能解密追踪密文，从而提供盗版的证据。追踪算法采用与 Nishide 等类似的技术，在加密时隐藏标识相关属性和部分普通属性，使盗版设备不能探测追踪行为。

3.4　基于属性加密的可信云存储数据访问控制

基于属性加密的访问控制模型就是要通过定义属性间的关系来描述复杂的授权和访问控制约束，灵活地表达细粒度、复杂的访问授权和访问控制策略。因此，只有设计出具备强大的表达能力的模型，才能适用于大量要求更细粒度授权的用户系统。属性可以从不同的角度描述用户，用属性描述的策略可以表达基于属性的逻辑语义，灵活地描述访问控制策略。

目前基于属性加密的云数据访问控制机制分为两种情况：一种是单一权威的情况，也就是所有属性由一个权威来管理；还有一种则是多权威的情况，也就是把所有属性进行分类，由不同的权威来管理。先介绍基于属性加密的单权威云数据访问控制，基本系统模型如图 3-3 所示。

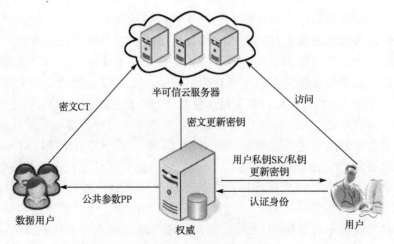

图 3-3　基本系统模型

图 3-3 中的基本系统模型中包括四个实体,分别是数据属主、权威、用户以及半可信云服务器(semi-trusted cloud server)。数据属主主要负责加密文件并存储到云服务器上。为了考虑文件的安全性和加密的效率,首先使用对称加密算法加密文件,然后使用 ABE 机制加密对称加密密钥,再把加密后的密文存储到云存储服务器上。权威的主要任务是管理系统中的用户,对用户进行授权、属性撤销以及重授权属性,并在用户属性撤销阶段与云存储服务器进行交互,为云存储服务器提供密文更新密钥。云存储服务器的主要任务是存储数据属主的数据以及为用户提供数据访问服务,并且在用户属性撤销时,对密文进行更新。系统中的合法用户由权威分配私钥,然后用该私钥访问云存储服务器中的文件。

3.4.1　基于 KP-ABE 的方案

Yu 等[25]提出一个在云环境中安全的、可扩展的基于 KP-ABE 的细粒度访问控制方案。该方案中没有权威,权威的工作交由数据属主来完成。同时该方案利用标准的 KP-ABE 机制和代理重加密技术,支持文件的创建、删除以及用户的加入和撤销。

1.　文件的创建和删除

当数据属主创建文件时,在把文件上传到云存储服务器之前,数据属主执行以下操作。

(1)为文件选择一个唯一的 ID。

(2)从密钥空间 κ 中随机选择一个对称的数据加密密钥(data encryption key, DEK),并使用 DEK 来加密文件。

(3)文件定义一个属性集 I,然后利用 KP-ABE 机制来加密 DEK,运用加密算法生成密文 CT。

在进行文件删除时，数据属主把文件的 ID 连同其签名发送给服务器，如果云服务器验证成功，则删除该文件。

2. 新用户的加入

当系统中加入新用户时，数据属主执行以下操作。

(1)为新用户分配一个唯一的身份 w 和一个访问结构 A。

(2)运行 KeyGen 算法，为用户生成一个私钥 SK。

(3)使用用户 w 的公钥加密 $(A,\text{SK},\text{PP},\delta_{O,(A,\text{SK},\text{PP})})$，生成密文 C。

(4)把 $(T,C,\delta_{O,(T,C)})$ 发给云服务器，其中 T 为 $(w,\{j,\text{sk}_j\}_{j\in L_A\backslash\text{att}_D})$，$\text{att}_D$ 为虚拟属性，L_A 为访问结构中的属性集。

云服务器收到 $(T,C,\delta_{O,(T,C)})$，就执行以下操作。

(1)验证签名，若正确，则继续下一步。

(2)云服务器把 T 存储到用户列表中。

(3)把 C 发给用户。

新用户收到 C，就用他的私钥进行解密。然后对签名进行验证，若正确，则把 (A,SK,PP) 分别作为他的访问结构、私钥和系统公共参数。

3. 用户属性撤销

在属性撤销阶段主要包含四个算法，分别为 AMinimalSet、AUpdateAtt、AUpdateSK 和 AUpdateAtt4File。AMinimalSet 算法的作用是确定撤销用户 i 时需要撤销更新的最小属性集(没有这些属性，其他用户密钥中的访问结构将无法满足密文中的属性集)；AUpdateAtt 算法的作用是通过重新定义系统主密钥和公共参数组件来把需要撤销的属性更新到一个新的版本，然后生成一个能把旧版本属性更新到新版本的代理重加密密钥；AUpdateSK 算法的作用是把用户私钥中与需要撤销的属性相关的组件更新到最新版本；AUpdateAtt4File 算法的作用是把密文中与需要撤销的属性相关的组件更新到最新版本。

进行属性撤销时，首先数据属主运行 AMinimalSet 算法，然后运行 AUpdateAtt 算法生成代理重加密密钥 $\text{rk}_{i\leftrightarrow i'}$，并更新系统公钥和主私钥中与撤销属性相关的组件。接着把撤销用户 ID、撤销的最小属性集、代理重加密密钥以及数据属主的签名发给云服务器，云服务器收到这些消息，就在系统用户列表上移除撤销用户的 ID，并且把每个属性的代理重加密密钥存储在各个属性的属性历史列表上。这一特性允许该方案能够应用惰性重加密技术，也就是说并不需要在进行属性更新时，就要求系统中所有用户都在线进行密钥更新，可以等到把用户的私钥更新到最新版本，能够节省大量的计算和通信开销。云服务器运行 AUpdateAtt4File 算法并使用代理重加密密钥 $(\text{rk}_{i\leftrightarrow i'^{(n)}})^{-1}$ 把密文中与撤销属性相关的组件更新到最新版本，然后当用户请求访问数据时，云服务器运行 AUpdateSK 算法并使用代理重加密密钥 $\text{rk}_{i\leftrightarrow i'^{(n)}}$ 把用户私钥中与撤销属性相关的组件更新到最新版本，并把最新密钥发给请求数据访问服务的用户。最后用户收到最新版本的私钥后，替代原来的私钥，并用最新版本的私钥运行解密算法来解密需要访问的文件。

在该方案中，为了减轻用户和数据属主的计算负担，把用户的私钥更新和密文更新委托给云服务器，而云服务器不是完全可信的，因此需要考虑用户私钥的保密性。为此，引入了虚拟属性 att_D 这一概念，云服务器存储了 SK 中除 att_D 外的其他私钥组件，这样的设计使云服务器在更新这些密钥组件时仍不知道 att_D，从而部分隐藏了用户私钥中的访问策略，因此云服务器不能正确解密密文，但同时也需要知道，密文中必须包含 att_D。该方案的加/解密复杂度和属性数量相关，而不是取决于用户数量，因而可以进行扩展。该方案在标准模型下是可证明安全的。

虽然 KP-ABE 能够应用于云存储系统，但普遍认为 CP-ABE 更适合云存储的需求。因为在 CP-ABE 方案中，文件是和策略相关的，数据属主可以通过制定访问策略类实现对文件的直接控制和管理。

3.4.2　基于 CP-ABE 的方案

Yang 等[26]提出了一个基于 CP-ABE 的细粒度云存储访问控制方案，与前面的基于 KP-ABE 的云存储方案相比，该方案在系统中加入了权威。其中权威分担了数据属主的部分工作，为系统中的用户分发属性密钥，实现了用户和数据属主之间的非交互关系，数据属主不需要知道用户的身份，只负责加密密文和制定密文的访问策略，大大减轻了数据属主的负担。但是由于数据属主把密钥分发和撤销工作交由权威来执行，这就要求权威是完全可信的。

该方案基于标准的 CP-ABE 机制，密文中的访问策略采用了更具表达性的 LSSS，并且通过为每个属性分配一个版本号来实现用户属性撤销。为了提高效率，引入了代理重加密技术，把密文的更新工作委托给服务器。下面介绍其运行过程。

1) 初始化算法

Setup $(\lambda, U) \rightarrow (\text{MSK}, \text{PP}, \{\text{PK}_x\}, \{\text{VK}_x\})$：输入安全参数 λ 和系统属性全集 U，输出主密钥 MSK、公共属性参数 PP、公共属性密钥 $\{\text{PK}_x\}$ 和属性版本号 $\{\text{VK}_x\}$。

随机选取 $\alpha, \beta, \gamma, a \in Z_p$，主密钥 MSK 为 $(\alpha, \beta, \gamma, a)$，公共参数 PP 为 $(g, g^a, g^{1/\beta}, g^\beta,$ $e(g,g)^\alpha)$。对于每个属性 x，权威选择一个随机数 $v_x \in Z_p$ 作为初始版本号 $\text{VK}_x = v_x$，然后生成公共属性密钥 PK_x 为 $(\text{PK}_{1,x} = H(x)^{v_x}, \text{PK}_{2,x} = H(x)^{v_x\gamma})$。所有公共参数 PP 和公共属性密钥 $\{\text{PK}_x\}$ 在权威的公告栏发布，这样系统中所有数据属主都能自由获取。

2) 密钥生成算法

KeyGen $(\text{MSK}, S, \{\text{VK}_x\}_{x \in S}) \rightarrow (\text{SK})$：输入主密钥 MSK、一组属性集 S 和相对应的属性版本密钥集 $\{\text{VK}_x\}_{x \in S}$，输出用户私钥 SK。

　　当用户加入该系统时，权威首先根据用户的角色或身份为其分配一个属性集 S。然后选择随机数 $t \in Z_p$，生成用户私钥为 $SK = (K = g^{\frac{\alpha}{\beta}} \cdot g^{\frac{at}{\beta}}$, $L = g^t$, $\forall x \in S : K_x = g^{t\beta^2} \cdot H(x)^{v_x t\beta})$。然后权威通过安全通道把 SK 发给客户。

　　3）加密算法

　　Encrypt $(PP, \{PK_x\}, m, A) \rightarrow (CT)$：输入公共参数 PP、公共属性密钥集 $\{PK_x\}$、一个对称加密密钥 DEK（文件 m）以及 LSSS 访问结构 $A(M, \rho)$，输出密文 CT。

　　把文件 m 存储到云存储服务器之前，数据属主按照以下步骤处理文件：首先把文件分成几个部分 $m = \{m_1, \cdots, m_n\}$；用不同的对称加密密钥 $DEK_i (i = 1, 2, \cdots, n)$ 加密每个文件部分 m_i。对于每个对称加密密钥 $DEK_i (i = 1, 2, \cdots, n)$，数据属主依据全局属性集 U 定义访问结构 M，然后运行加密算法加密 DEK_i。

　　采用 LSSS 作为访问结构 A，其中 M 是一个 $l \times n$ 的矩阵，l 代表访问结构中属性的数量，函数 ρ 是矩阵 M 的每一行到每一个属性的映射。首先选择一个随机加密指数 $s \in Z_p$ 和随机向量 $v = (s, y_2, \cdots, y_n) \in Z_p^n$。其中 $y_2, \cdots, y_n$ 被用来共享秘密值 s。计算 $\lambda_i = v \cdot M_i (i = 1, 2, \cdots, l)$，其中 M_i 对应着 M 的第 i 行向量。然后，随机选择 $r_1, \cdots, r_l \in Z_p$，计算出密文 $CT = \{ C = DEK e(g, g)^{\alpha s}$, $C' = g^{\beta s}$, $C_i = g^{a\lambda_i} (g^\beta)^{-r_i} H(\rho(i))^{-r_i v_{\rho(i)}}$, $D_{1,i} = H(\rho(i))^{v_{\rho(i)} r_i \gamma}$,

$$D_{2,i} = g^{\frac{r_i}{\beta}} (i = 1, 2, \cdots, l) \}。$$

　　4）解密算法

　　Decrypt $(CT, SK, PP) \rightarrow (m)$：输入密文 CT、用户私钥 SK 和公共参数 PP，输出文件 m。

　　用户从服务器收到加密文件，便运行解密算法来获得相对应的 DEK，然后使用 DEK 来解密密文。只有用户拥有的属性满足密文 CT 中的访问结构，才能成功解密。拥有属性的用户能够解密不同的密文组件，因此该方案能够实现文件的不同细粒度的访问控制。

　　下面介绍该方案中的解密算法。首先输入附有访问结构 (M, ρ) 的密文 CT 和附有属性集 S 的用户密钥 SK。若 SK 中的属性集 S 满足 CT 中的访问结构，令 $I \subset \{1, 2, \cdots, l\}$，且 $I = \{i : \rho(i) \in S\}$。若 $\{\lambda_i\}$ 是秘密值 s 的有效秘密共享集合，则存在恢复系数集合 $\{w_i \in Z_p\}_{i \in I}$，能够重新构建秘密值为 $s = \sum_{i \in S} w_i \cdot \lambda_i$。解密算法首先计算出

$$e(C', K) \Big/ \left(\prod_{i \in I} (e(C_i, L) e(D_{2,i}, K_{\rho(i)}))^{w_i} \right) = e(g, g)^{\alpha s}$$

接着可以获取 $DEK = C / e(g, g)^{\alpha s}$，然后用户可以使用 DEK 来解密密文。

5) 用户属性撤销

假设要撤销用户 u 的属性 x，撤销过程包括三个阶段：生成更新密钥、用户私钥更新以及密文更新。

(1) 生成更新密钥算法。$\text{UKeyGen}(\text{MK}, \text{VK}_x) \rightarrow (\widetilde{\text{VK}}_x, \text{UK}_x)$：输入主密钥 MSK 和撤销属性 x 的当前版本号 VK_x，输出更新后的属性版本号 $\widetilde{\text{VK}}_x$ 和密钥 UK_x。

权威随机选择一个 $\tilde{v}_x \in Z_p(\tilde{v}_x \neq v_x)$ 来生成新属性版本号 $\widetilde{\text{VK}}_x$，接着计算出更新密钥 UK_x，$\text{UK}_x = \left(\text{UK}_{1,x} = \dfrac{\tilde{v}_x}{v_x}, \text{UK}_{2,x} = \dfrac{v_x - \tilde{v}_x}{v_x \gamma} \right)$。然后权威通过安全信道把更新密钥发给云服务器（密文更新）。权威也对撤销属性 x 的公共属性密钥进行更新，令 $\widetilde{\text{PK}}_x = (\widetilde{\text{PK}}_{1,x} = H(x)^{\tilde{v}_x}, \widetilde{\text{PK}}_{2,x} = H(x)^{\tilde{v}_x \gamma})$。接着权威把消息广播给所有数据属主，让他们更新撤销属性 x 的公共属性密钥。

(2) 用户私钥更新算法。$\text{SKUpdate}(\text{MSK}, \text{SK}, \text{UK}_x) \rightarrow (\widetilde{\text{SK}})$：输入主密钥 MSK、用户私钥 SK 和更新密钥 UK_x，输出更新后的用户私钥 $\widetilde{\text{SK}}$。

每个未撤销用户发送两个部分给权威，分别为 $L = g^t$ 和私钥 SK 中的 K_x。权威收到这些组件就运行用户私钥更新算法来计算出与撤销属性 x 相关的新密钥组件 $\tilde{K}_x = (K_x / L^{\beta^2})^{\text{UK}_{1,x}} \cdot L^{\beta^2} = g^{t\beta^2} \cdot H(x)^{\tilde{v}_x t \gamma}$，然后返回给未撤销用户。用户通过 $\tilde{K}_x$ 替换与撤销属性 x 相关的私钥组件 K_x 来更新用户私钥，得到新私钥为 $\widetilde{\text{SK}} = (K, L, \tilde{K}_x, \forall x \in S \setminus \{x\} : K_x)$。值得注意的是只有与撤销属性 x 相关的私钥组件才需要更新，其他部分保持不变。

(3) 密文更新算法。$\text{CTUpdate}(\text{CT}, \text{UK}_x) \rightarrow (\widetilde{\text{CT}})$：输入密文 CT 和更新密钥 UK_x，输出更新后的密文 $\widetilde{\text{CT}}$。

为了提高效率，把密文更新的工作量从数据属主身上转移给云服务器，能够减轻数据属主和云服务器之间巨大的通信开销以及数据属主的计算开销。通过使用代理重加密技术使云服务器在不需要解密密文的情况下对密文进行更新，防止文件内容泄露。

云服务器收到更新密钥 UK_x 便运行 CTUpdate 来更新与撤销的属性 x 相关的密文文件，更新后的密文 $\widetilde{\text{CT}} = \{\tilde{C} = C, \tilde{C}' = C', \forall i = 1,2,\cdots,l : \tilde{D}_{2,i} = D_{2,i}, \text{if } \rho(i) \neq x : \tilde{C}_i = C_i, \tilde{D}_i = D_i, \text{if } \rho(i) = x : \tilde{C}_i = C_i \cdot (D_{1,i})^{\text{UK}_{2,x}}, \tilde{D}_{1,i} = (D_{1,i})^{\text{UK}_{1,x}}\}$。

很显然，该方案只需要更新密文中那些与撤销属性相关的密文组件，而其他部分不需要改变，可以极大地提高属性撤销的效率。

密文更新不仅能够保证属性撤销的前向安全，而且能够减少用户的存储开销（例如，所有用户只需持有最新的私钥，而不需要记录所有以前的私钥）。该方案中的云服务器是半可信的。但是，当云服务器不可信时，意味着云服务器将不会正确更新密文，且云服务器可能会与撤销用户共谋，该方案的属性撤销方法会存在安全隐患。加密和解密阶段的计算量与属性数量线性相关。

3.4.3　基于属性加密的多授权中心访问控制

前面介绍的基于属性加密的访问控制研究都是基于单授权中心来实现的。在单授权机构中，所有用户的属性私钥都由这个属性授权机构分配，随着用户数量的增长，授权机构会超负荷运行，其工作效率降低，系统出现瘫痪的可能性大，而且系统要求这个授权机构完全可信，如果这个授权机构存在信誉问题，那么系统将存在严重的安全隐患。此外，单授权机构容易遭受攻击，一旦这个授权机构被攻陷，整个系统将不安全。

多授权机构的 CP-ABE 更适用于云存储系统中的访问控制，能解决单授权机构存在的问题。Chase[27]提出了多授权中心的 ABE 方案，将密钥的计算、分配任务交由多个授权中心完成，每个中心都只负责部分密钥的计算工作而不能看到完整的用户信息，既提高了用户信息的安全性，又降低了单个授权中心的计算负担。但 Chase 的方案使用仅支持门限的 ABE 算法，在加密策略方面缺少灵活性。

1. 多授权中心云存储访问控制方案

针对单授权中心的问题，关志涛等[28]提出一个安全高效的、支持代理重加密的多授权中心云存储访问控制(proxy re-encrypt multi-authority cloud storage access control，PRM-CSAC)方案，基于 CP-ABE 算法，将单授权中心扩展至多授权中心提高密钥安全性，并实现 CP-ABE 的可代理重加密。

系统模型如图 3-4 所示,引入属性管理服务器(attribute management sever，AMS)为用户属性分配授权中心。整体流程概述如下。

(1)加密。数据属主根据文件加密需求，将数据属主加密用到的属性名集按最小化方式分成 N 个不相交的子集，由 AMS 交给 N 个属性权威(attribute authority，AA)分别管理；数据属主将文件与相关访问树加密后存储到云服务器上。

(2)文件访问。新的访问者向云服务器发出访问数据属主 Owner1 的文件 File1 的申请，云服务器验证后向 AMS 申请密钥。AMS 根据申请的文件查找 AA 管理表，将密钥计算任务交给管理此属性的 AA。AA 计算密钥，经由 AMS、云服务器传递给访问者。传递过程中密钥以密文形式传送，AMS 和云服务器都不能看到密钥内容。

(3)用户撤销。数据属主计算重加密密钥交给云服务器来完成代理重加密，使云服务器可在不解密原文的情况下完成密钥更新操作。

PRM-CSAC 模型的特点：①给出多授权中心环境下的最小化属性分组方案，降低用户撤销时需要重加密属性的数量，提高重加密效率；②在云服务器上以属性名形式存储属性全集信息，保护属性值信息；③将读写节点引入访问树，实现读写权限控制；④增加重加密参数，实现多授权中心的可代理重加密云存储访问控制方案。

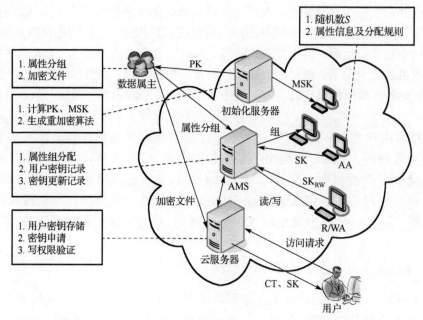

图 3-4　支持代理重加密的多授权中心云存储访问控制系统模型

1) 系统初始化

(1) 文件属性集划分。方案中将属性全集按照其属性值划分为多个互不相交的子集，每个子集取一个属性名，每个子集中的元素为此属性名的候选值。数据属主访问树的每个叶子节点对应一个属性名，其具体的值为属性名中一个候选值。除计算密钥之外的云服务器上处理属性信息均使用属性名，保护数据属主隐私信息，提高安全性。

(2) 属性集分配。数据属主将属性按最小化分组之后，将分组数据交给 AMS。AMS 根据用户分组表，将每个组 Group 交给一个 AA，其中 R/WA 专门用于管理读/写节点，如 AA_1 管理组 Group1，则将元组{Owner1, Group1, Ver_1: att_1, att_2}交给 AA_1。数据属主了解到 AA 相应信息后可直接将属性名对应的候选属性值及分配规则用 AA_k 的 PK_{AA_k} 加密交给 AA_k。R/WA 只计算读/写请求密钥，不分配属性值。整个过程中的信息都以加密形式传递，AMS 将只存储属性名而不能看到具体的属性值信息，有效保护了数据属主隐私信息。

(3) 初始化参数设置。使用初始化服务器为数据属主完成密钥初始化工作，设置相关参数，具体为执行 Setup 操作。Setup→PK,MSK,RK：PK=$(G_0,g,h=g^\beta,e(g,g)^\alpha)$；MSK=$(\beta,g^\alpha)$；RK={$rk_1,rk_2,\cdots,rk_m$}。其中，$G_0$ 为素数 p 阶双线性群，g 为生成元，选择随机数 $\alpha,\beta \in Z_p$。预设版本号最大值为 m，对 k 个版本 Ver_k，$1 \leq k \leq m$，选择随

机数 $rk_k \in Z_p$，得到重加密密钥 RK。初始化服务器将 MSK、RK 分发给每个 AA，并将 PK、RK 交给请求 Setup 操作的数据属主。

2) 文件加密

(1) 访问树构建。数据属主先对要加密的文件 File1 按照以下规则构建访问树，将对用户身份的描述性属性信息构建属性全集作为叶子节点，AND(n of n)、OR(1 of n)以及 n of m(m > n)门限作为非叶子节点。

该方案在访问树中增加读/写节点来控制对 Visitor 的读/写请求授权。若数据属主以属性构建的访问树为 T'，将 AND 作为 T 的根节点，T' 作为 T 的左子树，将对文件的访问请求分为读和写，读和写作为叶子节点构成读/写访问权限子树控制读/写访问。那么，对于 File1 的访问策略 T'：①若数据属主只允许满足 T' 的用户读或写文件，将节点读/写作为 T 的右子树；②若允许满足 T' 的用户写文件，用 OR 节点连接读和写这两个叶子节点，将 OR 子树作为 T 的右子树。

(2) 文件加密。文件加密是将文件与访问策略共同加密，执行加密操作。对于允许写操作的文件，数据属主在文件末尾加入个人数字签名 δ_{O1F1}，与文件一起加密。能够正确解密的用户可拥有此签名，作为申请写操作时的验证。对于明文 m，若允许对其进行写操作，在 m 后加上个人签名 δ_{O1F1}；若只允许读操作则在此位置加上*，表示无写权限签名，即此文件不允许写操作，m 与签名形成明文 M。Owner1 执行 Encrypt(PK, M, T)，生成密文 CT。

$$\text{Encrypt}(PK, M, T) \rightarrow CT$$

$$CT = (T, \tilde{C} = Me(g,g)^{\alpha s}, C = h^s, \forall y \in Y: C_y = g^{q_y(0)}, \ C'_y = H(att(y))^{q_y(0)rk_y^k})$$

式中，T 为访问机构；Y 为访问树叶子节点集合；q_y 为节点 y 的多项式，对根节点 R，选择随机数 $s \in Z_p$，$q_R(0) = s$；$H(i)$ 表示属性 i 转化成二进制的函数。

数据属主 Owner1 将选择的随机数 S 分发给管理 Owner1 属性集的 k 个 AA，用于密钥的加密操作。将密文和加密用到的属性组以及当前文件版本号组成 tuple{Owner1, CT_{File}, $\{att_i\}_{i \in L_r}$, C, $Ver_{F_1}^1$} 存放到云服务器。

3) 密钥分配

(1) 新用户请求。新用户 Visitor1 要访问数据属主 Owner1 的 File1，对其申请执行写操作。云服务器验证 Visitor1 ID 后检查其请求记录发现此用户是新加入此系统的，则为其申请属性值和密钥。

密钥生成算法输入主密钥 MSK、重加密密钥 RK、属性集 I，生成私钥 SK。任选一个 AA 计算 D 值，所有相关 AA 均执行 KeyGen(MSK, RK, I)→SK，SK 如下：

$$SK = (D = g^{(\alpha + r + rk^k)/\beta}, \forall j \in I: D_j = g^{r + rk^k}H(j)^{r_j rk_j^k}, D'_j = g^{r_j})$$

式中，随机数 $r \in Z_p$，对集合 I 中的每个属性 $j \in I$，选择随机数 $r_j \in Z_p$。

在为每个用户生成密钥时每个 AA 要使用同一个随机数 r，使任一 AA 选择随机数 r，并采用如图 3-5 所示过程来完成各个 AA 中 r 值的传递。

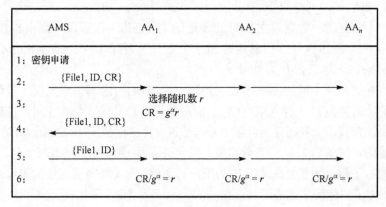

图 3-5　AA 间 r 值传递

（2）已有用户请求新文件。若用户 Visitor1 在申请 Owner1 的文件 File1 之后又发出访问 File4 的申请，云服务器向 AMS 发出为 Visitor1 获取 Owner1 的密钥 att_3、att_6 的申请。AMS 检查分配记录发现已经为 Visitor1 分配 att_3 的密钥，且密钥版本尚未更新，则只需为其申请 att_6 的密钥。不需对已分配的密钥再次加密分配，减少不必要的加密操作，有效降低了计算开销。

4）用户解密

Visitor1 申请到 File1 和相应密钥之后执行解密算法进行解密操作，即可访问明文 M：

$$\text{Decrypt}(CT,SK) \rightarrow M$$

x 为访问树中的节点，i 为其对应属性，为叶子节点解密定义非递归算法 $\text{DecryptNodeL}(CT,SK,x)$，非叶子节点定义递归算法 $\text{DecryptNodeNL}(CT,SK,x)$。

如果 $i \in I$，那么

$$\text{DecryptNodeL}(CT,SK,x) = \frac{e(D_i,C_x)}{e(D'_i,C'_x)} = \frac{e(g^{r+\text{rk}^k}H(i)^{q_x(0)\text{rk}_i^k}, g^{q_x(0)})}{e(g^r, H(i)^{q_x(0)\text{rk}_i^k})}$$

$$= e(g,g)^{(r+\text{rk}^k)q_x(0)}$$

如果 $i \notin I$，令 $\text{DecryptNodeNL}(CT,SK,x) = \perp$。

当 x 是非叶子节点时调用递归算法 $\text{DecryptNodeNL}(CT,SK,x)$：对 x 所有的孩子节点 z 调用 $\text{DecryptNodeL}(CT,SK,z)$ 并将输出存储为 F_z。令 I_x 是子节点 z 的 k_x（非叶子节点的门限值）大小的任意集合，使 $F_z \neq \perp$。如果没有此集合存在，那么节点就会不满足函数，返回 $\perp$。否则进行如下计算并返回结果：

$$F_x = \prod_{z \in I_x} F_z^{\Delta_{i, I'_x}(0)}, i = \text{index}(z), I'_x = \{\text{index}(z) : z \in I_x\}$$

$$= \prod_{z \in I_x} (e(g,g)^{(r + \text{rk}^k) q_z(0)})^{\Delta_{i, I'_x}(0)}$$

$$= \prod_{z \in I_x} (e(g,g)^{(r + \text{rk}^k) q_{\text{parent}(z)} \text{index}(z)})^{\Delta_{i, I'_x}(0)}$$

$$= \prod_{z \in I_x} (e(g,g)^{(r + \text{rk}^k) q_x(i)})^{\Delta_{i, I'_x}(0)}$$

$$= e(g,g)^{(r + \text{rk}^k) q_x(0)}$$

$\text{index}(z)$ 为节点 z 作为 x 子节点的唯一索引值。解密时对 T 的根节点 r 调用函数，如果 I 能满足访问树，最终可得

$$A = \text{DecryptNodeNL}(CT, SK, r) = e(g,g)^{(r + \text{rk}^k) q_R(0)} = e(g,g)^{(r + \text{rk}^k) s}$$

再经过以下计算解密：

$$\tilde{C} / (e(C,D) / A) = \tilde{C} / (e(h^s, g^{(\alpha + r + \text{rk}^k)/\beta}) / e(g,g)^{(r + \text{rk}^k) s}) = M$$

Visitor1 解密得到 File1 的写权限签名 δ_{O1F1}，可以执行对 File1 的写操作。

5）用户撤销及更新

（1）访问策略更新。云服务器为文件 File1 存储元组（tuple），访问策略更新流程如图 3-6 所示。经过更新后云服务器存储新版本的元组信息，用户获得更新后的密文。

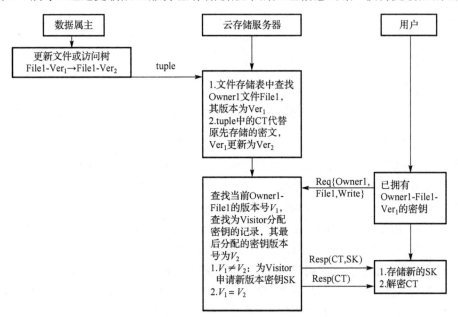

图 3-6　文件及访问策略更新流程

(2)用户撤销。当某用户离开系统后,为防止已撤销用户用所持密钥重新访问文件,需要对文件进行重加密操作。用户撤销处理流程如图 3-7 所示。

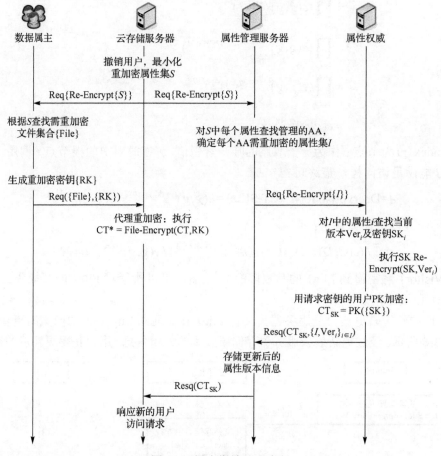

图 3-7　用户撤销处理流程

重加密主要有文件重加密和密钥重加密两部分。文件重加密主要是对访问树相关属性的重加密。为实现便捷的代理重加密,在加密时将属性的密钥版本号分别嵌入访问树属性信息与用户密钥中,并将重加密密钥与版本号相关联。重加密操作定义 File Re-Encrypt 和 SK Re-Encrypt 算法,分别用于文件重加密和密钥重加密。

File Re-Encrypt(CT,RK)由云服务器执行,输入文件 File1 密文 CT($T, \tilde{C}, C, C_x, C'_x$),以及每个属性 i 的重加密密钥 RK_i,输出更新后的属性密文。

对于 File1 加密的访问树 T 的叶子节点 x,$\forall i = att(x)$,$i \in S$,即 S 为访问树 T 的叶子节点属性集合。$\forall i \in S$,将属性版本号 Ver_i^k 更新为 Ver_i^{k+1},CT 的版本号为 k 的密文表示为 $C_i'^k$,一次版本更新后为 $C_i'^{k+1}$,则计算方法如下:

$$C_i'^{k+1} = C_i'^{k \, \mathrm{rk}_i^{k+1}/\mathrm{rk}_i^k} = (H(i)^{q_x(0)\mathrm{rk}_i^k})^{\mathrm{rk}_i^{k+1}/\mathrm{rk}_i^k} = H(i)^{q_x(0)\mathrm{rk}_i^{k+1}}$$

即重加密密钥：

$$\mathrm{RK}_{k\to k+1} = \mathrm{rk}_i^{k+1} / \mathrm{rk}_i^k$$

SK Re-Encrypt(SK,Ver,RK)由 AA 执行，输入一个属性集 S 的密钥集合 SK(D,D_j, D_j')，以及需重加密属性 i 的重加密密钥，输出版本号为 Ver_i^{k+1} 的密钥 SK_i^{k+1}。

对于属性 $\forall j,\ \mathrm{SK}_j \in \mathrm{SK}$，执行以下操作：

$$
\begin{aligned}
D_j^{k+1} &= D_j^k H(j)^{r_j(\mathrm{rk}_j^{k+1}-\mathrm{rk}_j^k)} g^{r+\mathrm{rk}_j^{k+1}-\mathrm{rk}_j^k} \\
&= g^{r+\mathrm{rk}_j^k} H(j)^{r_j\mathrm{rk}_j^k} H(j)^{r_j(\mathrm{rk}_j^{k+1}-\mathrm{rk}_j^k)} g^{r+\mathrm{rk}_j^{k+1}-\mathrm{rk}_j^k} \\
&= g^{r+\mathrm{rk}_j^{k+1}} H(j)^{q_x(0)\mathrm{rk}_j^{k+1}}
\end{aligned}
$$

经过以上版本更新的重加密操作后，文件中的属性密文与密钥中的信息均改变了，使已撤销用户持有的密钥已不能再与密文中的属性信息相匹配，解密时无法解出正确的 $e(g,g)^{(r+\mathrm{rk}^k)q_x(0)}$。

该方案给出了具体的最小化属性分组方式，实现了访问树中的读/写控制，以及 CP-ABE 的代理重加密算法，保证用户隐私信息不泄露，即使必须接触用户信息的 AA 也只能看到用户部分信息。

2. 访问策略可更新的多中心 CP-ABE 方案

在多授权机构支持策略更新的 CP-ABE 云存储系统中，用户的属性应该支持动态变化，然而，现存的策略更新方法效率不高，无法很好地解决多授权机构在云存储系统中策略更新的问题。

为了提高效率，吴光强[29]提出了一种访问策略可更新多中心 CP-ABE 方案，把重新加密密文任务外包给云服务器，而非数据属主，数据属主只需要关注第 1 次的加密，无须关注属性变化之后的密文更新，外包给服务器很大程度上减少了云服务器和数据属主之间的通信开销（数据属主无须再次上传重新加密后的密文），降低了数据属主本地的存储开销，减少了数据属主的计算量，降低了数据属主的成本。使用代理重加密的方法，即服务器在重新加密密文前不用先解密这些密文，而是直接在原有密文的基础上转化成另一种密文，从而进一步提高系统的效率，使 ABE 方案更适用于云存储环境下的访问控制。

1）系统模型

系统模型主要由五类实体组成，即可信授权中心（CA）、AA、数据属主（data owner，DO）、云存储服务器（cloud server）、用户（user），如图 3-8 所示。

CA 在系统中作为全局可信授权中心，负责初始化系统并接受用户和 AA 的注册，但不参与属性管理和属性密钥生成。CA 会为系统中每个合法的用户分配一个唯一的全局用户 uid，并为每个 AA 分配一个 aid。

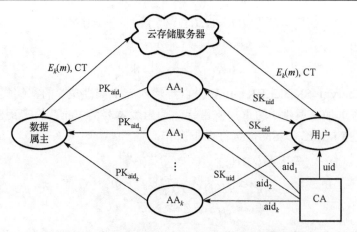

图 3-8　多授权机构的云存储访问控制系统模型

AA 是一个独立的属性授权机构，拥有自己管理的属性集，主要负责根据用户属性集合为用户分发对应的密钥。若用户属性私钥中的属性满足密文中的访问控制策略就能够解密密文。

DO 可将自己的数据加密后上传到云存储服务器，并根据需要设置相应的访问控制策略。

用户可向云服务器发送数据访问请求，并从云服务器下载相应的密文数据，若该用户具有的属性集合符合 DO 设置的访问策略，则可正确解密，获取明文数据，否则无法获取相应的数据。

2) 基于多授权机构支持策略更新的 CP-ABE 方案

多授权机构的 CP-ABE 系统由 1 个 CA 和 k 个 AA 组成，其中每个 AA 被分配一个值 s_k。系统由系统初始化算法、属性授权机构密钥生成算法、可信授权中心密钥生成算法、加密算法、解密算法和策略更新算法组成。

（1）系统初始化算法。$\text{Setup}(k) \rightarrow (\text{PK}, \text{MSK}, \text{SK}_{\text{aid}})$：输入一个随机的安全参数 k，输出系统的公钥 PK、系统的主密钥 MSK 和每个 AA 的密钥 SK_{aid}。

CA 选择 m 个种子 $\{s_1, s_2, \cdots, s_m\} \in Z_p$，把 s_k 分配给第 k 个 AA，每个 AA 随机独立地选择一个 $y_k \in Z_p$，计算 $Y_k = e(g, g^{y_k})$，然后将 Y_k 发送给 CA。CA 计算：

$$e(g,g)^y = \prod_{i=1}^{k} Y_i = e(g,g)^{\sum_{i=1}^{k} y_i}$$

随机选定指数 $\beta \in Z_p$，输出系统公钥 $\text{PK}=(G_0, g, h=g^\beta, f=g^{1/\beta}, e(g,g)^y)$，系统主密钥 $\text{MSK}=(s_1, s_2, \cdots, s_m, \beta)$ 和每个 AA 的密钥 $\text{SK}_{\text{aid}}=(s_k, y_k, \beta)$。

（2）属性授权机构密钥生成算法。$\text{AAKeyGen}(\text{SK}_{\text{aid}}, \text{ID}_{\text{uid}}, s_k, A_{\text{uid}}) \rightarrow \text{SK}_{\text{uid}}$：AA 运行一个随机算法，输入 AA 的密钥 SK_{aid}、用户名 ID_{uid}、AA 的值 s_k 和用户的属性集

合 A_{uid}（假设用户的这些属性已经在算法运行前得到认证），输出用户的私钥 SK_{uid}。

随机选择 $r \in Z_p$，$\forall j \in A_{\text{uid}}$，选择 $r_j \in Z_p$，使用随机函数 $F(x)$ 计算 $y_{k,u} = F_{s_k}(\text{ID}_{\text{uid}})$，随机产生如下私钥：

$$SK_{\text{uid}} = (D = g^{(y_k + y_{k,u} + r)/\beta}, \forall j \in A_{\text{uid}} : D_j = g^r H(j)^{r_j}, D_j' = g^{r_j})$$

（3）可信授权中心密钥生成算法。$CAKeyGen(MSK, \text{ID}_{\text{uid}}) \rightarrow D_{CA}$：CA 运行一个随机算法，输入系统的主密钥 MSK 和用户名 ID_{uid}，使用函数 $F(x)$ 计算 $y_{k,u} = F_{s_i}(\text{ID}_{\text{uid}})$，产生用户私钥 $D_{CA} = g^{\sum\limits_{i=1}^{k}(y_{k,u}/\beta)}$。

（4）加密算法。$Encrypt(M, T, PK) \rightarrow CT$：数据属主运行加密算法，输入要加密的消息 M、访问结构 T 和系统公钥 PK，生成密文 CT，其中密文包含了访问结构 T。只有当用户的属性集合满足访问结构 T 时，才能正确解密出消息。

加密算法对一个树型访问控制结构 T 下的消息 M 进行加密的过程如下。

①对于给定的访问结构 T，随机选择一个 $a \in Z_p$ 作为访问结构 T 的根节点，把所有的子节点设置为未分配状态，使用如下递归算法分配共享密钥到访问树中未分配的非叶子节点。

如果节点实现的功能是"AND"，并且它的子节点未分配，那么通过 (t,n) 秘密共享方案拆分密钥，产生第 i 个子节点的秘密 $a_i = f(i)$，其中 $t = n$，n 是节点的子节点数，t 是重构密钥所需的子节点个数。

如果节点实现的功能是"OR"，并且它的子节点未分配，那么通过 (t,n) 秘密共享方案拆分密钥，产生第 i 个子节点的秘密 $a_i = f(i)$，其中 $t = 1$。

②密文 CT。

$$CT = (T, \tilde{C} = Me(g,g)^{ya}, C = h^a, \forall x \in T : C_x = g^{a_x}, C_x' = H(x)^{a_x})$$

（5）解密算法。$Decrypt(CT, SK_{\text{uid}}, D_{CA}) \rightarrow M$：用户运行解密算法，输入密文 CT、用户的私钥 SK_{uid}、D_{CA}，只有当用户私钥中的属性集合满足密文的访问结构 T 时，算法才可以正确解密出消息 M。如果不满足访问结构 T，则返回 $\perp$。

选择一个最小的属性集合 S_x，分别计算：

$$F_{\text{DES}} = \frac{e(D_i, C_x)}{e(D_i', C_x')} = e(g,g)^{ra_x}$$

$$F_x = \prod_{z \in S_x} F_{\text{DES}}^{\Delta_{i,S_x'}(0)} = e(g,g)^{ra}$$

计算：

$$Y = e(C, D) = e(g,g)^{(y_{k,u} + r + y_k)a}, \qquad \frac{Y}{F_x} = e(g,g)^{(y_{k,u} + y_k)a}$$

计算：

$$Y' = e(g,g)^{a\left(\sum_{i=1}^{k} y_k + \sum_{i=1}^{k} y_{k,u}\right)}, \qquad Y_{CA} = e(D_{CA},C) = e(g,g)^{a\sum_{i=1}^{k} y_{k,u}}$$

令 $F' = \dfrac{Y'}{Y_{CA}} = e(g,g)^{ay}$，恢复明文 $M = \dfrac{\tilde{C}}{F'}$。

（6）策略更新算法。这个阶段包含两个算法：密钥更新算法（UKeyGen）和密文更新算法（CTUpdate）。

①UKeyGen$(a_x, a'_x) \to \mu$。数据属主输入共享密钥 a 的第一次划分 a_x、重新计算共享密钥 a 的划分 a'_x，生成更新密钥 $\mu = \dfrac{a'_x}{a_x}$，并将其发送给服务器。

②CTUpdate$(CT, \mu) \to CT^*$。云存储服务器运行密文更新算法，输入原始密文 CT、更新密钥 μ，重新生成密文 CT^*。

$$CT^* = (T^*, \tilde{C} = Me(g,g)^{ya}, C = h^a, \forall x \in T^* : C_x = g^\mu, C'_x = H(x)^\mu)$$

其中，策略更新算法满足两个要求。

①包含撤销属性的用户不能解密用新的共享密钥重新加密后的密文。

②新加入的用户可以解密之前所有的密文。

策略更新功能由 AA、数据属主和云服务器共同完成，它们同步一个集合 Map(att_i, n)，att_i 表示属性，n 表示拥有 att_i 这个属性的注册用户数，如果撤销属性 att_i，把属性 att_i 存到 Map(att_i, n) 中，计算 account$(att_i) = n$。

当用户下载需要解密的数据时，首先用户的属性集合 A_{uid} 要满足更新后的访问树 T^*，然后查看 Map(att_i, n) 集合，如果集合为空或用户的属性集合不包含属性 att_i，那么用户可直接解密密文，否则需要为该用户重新生成密钥。

该方案把密文更新这项繁重的工作交给云服务器完成，大大降低了数据属主的工作量及通信成本，使云存储访问控制更加高效、灵活，使其能在云存储系统中得到更广泛的应用。

3.4.4　基于属性加密算法的改进和访问控制

在只有单个授权中心的云存储访问控制系统中，授权中心成为保障数据安全的瓶颈。多授权中心的 CP-ABE 方案在属性撤销时，需要将所有的用户密钥进行更新，增加了系统的计算开销。Liu 等[30]提出了一种改进的基于属性加密方案，通过在授权中心加入属性撤销列表完成用户属性分时撤销，再结合代理重加密技术和解密外包技术，实现了满足前向安全和后向安全的有效细粒度属性撤销，同时降低了属性撤销时授权中心的计算开销。

1. 改进型属性加密算法

1）初始化算法

该算法由 CA 执行，首先，系统安全参数由 CA 生成，并根据安全参数产生群 G_1 和 G_2 且为素数 p 阶，双线性对映射为 e: $G_1 \times G_1 \to G_2$，其中 g 为 G_1 生成元。在 Z_p 上随机选取 a 生成系统主密钥 MSK，同时系统参数 PP 为 g^a。选择用于用户认证的 Cert_SK 和 Cert_PK 公私钥对。然后，CA 为 AA 分配全局唯一授权中心标识 aid。最后，当有用户注册时，CA 给该用户分配一个全局唯一的用户标识 uid，CA 再从 Z_p 上随机选取 u_p 和 u_s，其中该用户的全局公钥为 GPK(uid)。GPK(uid) $= g^{u_p}$，该用户的全局私钥为 GSK(uid) $= u_s$。

2）公钥生成算法

该算法由各个 AA 执行，输出各授权中心中的所有属性公钥和各授权中心公钥。首先，系统中的 AA_i 从 Z_p 上随机选择 α_i、β_i、γ_i，则该授权中心的私钥为 ASK(aid)：

$$\text{ASK(aid)} = (\alpha_i, \beta_i, \gamma_i)$$

该授权中心的公钥为 APK(aid)：

$$\text{APK(aid)} = (e(g,g)^{\alpha_i}, g^{1/\beta_i}, g^{\gamma_i/\beta_i})$$

在该授权中心管理的属性集为 A_{aid}，那么属性 att_j 的属性公钥为 ATTPK(att_j)：

$$\text{ATTPK}(att_j) = (g^{v_{att_j}} H(att_j))^{\gamma_i}$$

最后，各授权中心将各自的授权中心公钥 APK(aid) 和属性公钥 ATTPK(att_j) 发送给数据属主。

3）加密算法

该算法由用户执行，需要输入从 CA 得到的系统参数 PP 和生成元 g、从各个 AA 得到的授权中心公钥 APK(aid) 和各属性公钥 ATTPK(att_j)、对称密钥 K_{data} 和用户制定的访问结构 $(M, \rho(k))$，输出密文 CT。其中，M 为线性分享矩阵，是 l 行 n 列的矩阵，l 表示涉及授权中心集 AS 的所有属性的个数，$\rho(k)$ 表示与 M 的第 k 行相关的属性。

该算法首先需要从 Z_p 随机选取 s 作为加密指数，然后再从 Z_p 中随机选择 $b_1, \cdots, b_{n1}$，用于分享加密指数 s，形成一个向量 $v = (s, b_1, \cdots, b_{n1})$。$M_k$ 表示矩阵 M 的第 k 行，那么 $c_k = v \cdot M_k$，再从 Z_p 中随机选取 $d_1, \cdots, d_l$，最后计算密文 CT：

$$\text{CT} = \{C = K_{data}(\prod e(g,g)^{\alpha_i})^s, \forall k = 1 \sim l : C_{k,1} = g^{ac_k}(g^{v_{\rho(k)}} H(\rho(k)))^{r_k \gamma_i}, C_{k,2} = g^{r_k/\beta_i}, C_{k,3} = g^{r_k \gamma_i/\beta_i}\}$$

4）私钥生成算法

该算法由涉及的授权中心执行，需要输入用户证书、该授权中心的授权中心私钥和系统参数 PP 以及属性集合 UAS(aid,uid)，然后输出该用户的属性私钥。首先，认证用户由授权中心完成，并根据用户属性集生成用户部分属性私钥 ATTSK(aid,uid)：

$$\text{ATTSK(aid,uid)} = (K_{\text{aid,uid}} = g^{\alpha_i/u_s} \cdot g^{au_p}, L_{\text{aid,uid}} = g^{\beta_i/u_s},$$

$$\forall \text{att}_j \in \text{UAS(aid,uid)}: K_{\text{aid,att}_j} = g^{\beta_j \gamma_j/u_s} \cdot (g^{v_{\text{att}_j}} \cdot H(\text{att}_j))^{\gamma_j \beta_j u_p})$$

5) 解密算法

该算法由云服务提供商中的解密令牌服务器执行，需要输入用户的属性私钥和一部分密文。首先用户提出申请，云管理服务器将该用户的所有属性私钥全部发送给解密令牌服务器，并将密文 CT 也发送给解密令牌服务器，只有当用户属性满足访问结构时解密令牌服务器才能计算该用户的解密令牌 DT，最后云管理服务器将 DT 和 $E(F)$ 发送给该用户。其中，AS(uid) 表示用户涉及的授权中心集，NA(uid) 表示涉及的授权中心个数，S(uid) 表示用户所有的属性集。该算法选择常数集 $\{w_j \in Z_p\}_{j=1,2,\cdots,\text{NA(uid)}}, \text{NA(uid)}\}$，如果该用户属性集满足访问结构，则 $\sum_{j \in S(\text{uid})} w_j \lambda_j = s$。

$$\text{DT} = \prod_{i \in \text{AS(uid)}} \left[\frac{e(C', K_{\text{aid,uid}})}{(e(C_{k,1}, \text{GPK(uid)}))^{w_j \text{NA(uid)}}} \cdot \frac{1}{\prod_{j \in \text{UAS(aid,uid)}} (e(C_{k,2}, K_{\text{aid,att}_j}))^{w_j \text{NA(uid)}}} \right.$$

$$\left. \cdot \frac{1}{\prod_{j \in \text{UAS(aid,uid)}} (e(C_{k,3}, L_{\text{aid,att}_j}))^{w_j \text{NA(uid)}}} \right] = \prod e(g,g)^{\alpha_i s/u_s}$$

进一步解密算法：该算法由用户执行，需要输入用户的全局私钥 GSK(uid)，解密令牌 DT 和密文 CT 还有用对称密钥加密后的文件 $E(F)$，经过运算后输出文件 F。首先，用户通过计算获得对称密钥 K_{data}，然后通过使用对称密钥 K_{data}，将 $E(F)$ 解密出文件 F。对称密钥 $K_{\text{data}} = C/\text{DT}^{\text{GSK(uid)}}$。

6) 属性撤销方案

当某个用户的属性撤销时，如果该用户没有立即访问该文件，则其他未撤销属性用户不用执行属性私钥的更新和密文的更新，其他用户的访问将不受影响。当撤销属性的用户再次访问该文件时，授权中心将更新该属性的版本，并且更新密文，但是并不更新所有未撤销属性的用户的属性私钥，而是当这些未撤销属性的用户再次访问时，授权中心才进行更新。为完成上述工作，授权中心中需要存储一个撤销属性用户列表，由 att_j、v_{att_j} 和 $\text{uid}_x, \cdots, \text{uid}_y$ 三部分构成。

v_{att_j} 表示撤销属性用户列表中存储的版本号，$v_{\text{att}_j}(\text{uid})$ 表示用户该属性的版本号，att_j 表示内用户标识集。用户属性撤销时可以根据访问该数据的用户类型将与该属性相关的密文解密操作和所有的未撤销属性的用户的属性密钥的更新操作分时进行，根据访问用户的类型分为四种情况。

（1）当 $(v_{\mathrm{att}_j}=v_{\mathrm{att}_j}(\mathrm{uid}))\,\mathrm{AND}\,(\mathrm{uid}\notin\mathrm{att}_j)$ 时，即该用户是非撤销属性的用户并且是在撤销用户访问数据之前访问该数据的或者没有发生属性撤销。此操作不做任何改变，用户依旧可以对数据进行解密。

（2）当 $(v_{\mathrm{att}_j}=v_{\mathrm{att}_j}(\mathrm{uid}))\,\mathrm{AND}\,(\mathrm{uid}\in\mathrm{att}_j)$ 时，即该用户是撤销属性用户并且是在撤销操作后首次访问该数据。授权中心首先更新该属性的版本 v_{att_j} 到新的版本号 v'_{att_j}，然后更新属性公钥 $\mathrm{ATTPK}(\mathrm{att}_j)=(g^{v'_{\mathrm{att}_j}}\cdot H(\mathrm{att}_j))^{\gamma_i}$，最后更新密文中与属性相关的部分 $C_{k,1}=g^{ac_k}(g^{v_{\rho(k)}}H(\rho(k)))^{-r_k\gamma_i}$。由于该用户包含在其中，所以不能更新该用户的属性私钥，即该用户无法解密更新后的密文。

（3）当 $(v_{\mathrm{att}_j}\neq v_{\mathrm{att}_j}(\mathrm{uid}))\,\mathrm{AND}\,(\mathrm{uid}\in\mathrm{att}_j)$ 时，即该用户是撤销属性用户并且是在撤销操作后再次访问该数据。由于不能更新用户属性密钥，所以该用户依旧不能解密密文。

（4）当 $(v_{\mathrm{att}_j}\neq v_{\mathrm{att}_j}(\mathrm{uid}))\,\mathrm{AND}\,(\mathrm{uid}\notin\mathrm{att}_j)$ 时，即该用户是非撤销属性用户并且撤销用户已经在撤销操作后要求解密该数据了，该用户首次访问该数据。授权中心需要改变该用户的属性私钥中的一部分，即 $K_{\mathrm{aid,att}_j}=g^{\beta_j\gamma_j/u_s}(g^{v'_{\mathrm{att}_j}}\cdot H(\mathrm{att}_j))^{\gamma_j\beta_j u_p}$。

2. 访问控制方案

该访问控制方案中包含了五种类型的实体：全局证书颁发机构、属性授权中心、云服务器、数据属主、数据用户。该方案的访问控制过程主要包括系统初始化、文件创建、用户访问、用户的属性撤销等。

1）系统初始化

系统初始化包括 CA 和 AA 的初始化。首先，CA 运行初始化程序，为系统生成主密钥 MSK 以及系统参数 PP 还有一对用于认证用户的公私钥对 Cer_SK 和 Cer_PK。其次，用户在 CA 中进行注册，如果用户为合法用户，那么 CA 会给该用户分配一个全局用户标识 uid，再为用户生成全局 GPK 和全局 GSK，再使用 Cer_SK 为用户生成一个证书。然后，AA 进行注册，如果 AA 是合法的，那么 CA 会为该 AA 分配一个属性授权中心的全局标识 aid，并且 CA 会将 Cer_PK 和系统参数 PP 发送给该 AA。

最后，每个 AA 运行初始程序，会生成该 AA 的公私钥 ASK 和 APK 以及 ATTPK。

2）文件创建

数据属主将文件 F 上传至云存储服务提供商之前，首先会使用对称加密技术将文件 F 加密成 $E(F)$，然后将 K_{data} 使用改进型算法进行加密会得到密文 CT。其中，数据属主会根据从 AA 得到的属性授权中心公钥 APK 和属性公钥 ATTPK 以及数据属主定义的访问结构 $(M,\rho(k))$ 对对称密钥 K_{data} 加密。最后，数据属主会根据得到的文件标识 FID，将数据上传至云服务提供商的服务器中。

3) 用户访问

当用户需要访问 FID 文件时，首先 AA 会验证该用户，如果该用户为授权用户，那么 AA 会为该用户生成 ATTSK。然后，云服务提供商的解密令牌服务器会运行解密令牌算法程序，输入用户的属性私钥 ATTSK 以及密文 CT。若用户属性集合满足访问结构，那么服务器会为用户生成 DT。最后用户根据令牌 DT 对 CT 进一步解密以获取 K_{data}，再根据 K_{data} 对 $E(F)$ 进一步解密来得到最后的 F。

4) 用户的属性撤销

当需要撤销某些用户的属性时，管理该属性的 AA 会将该用户的用户标识 uid 写入属性撤销列表中。如果撤销用户没有在属性撤销后立即访问该文件，那么其他用户访问该文件时没有任何改变。只有当撤销用户在撤销发生后访问该文件时，AA 才会更新该属性的版本号以及与该属性相关的密文 $C_{k,1}$。然后，当未撤销用户再次访问时，AA 更新这些用户的 ATTSK。通过这些操作，达到属性分时撤销，减少同时更新所有用户的属性私钥所需的计算开销。

该云存储访问控制的方案中，采用了 LSSS。相对于门限秘密分享方案，LSSS 表达内容更为丰富，它不仅可以表示门限函数，而且可以表示"AND"和"OR"等逻辑函数形式，这样就可以使云数据得到细粒度的访问控制。

该方案采用了一种解密外包的技术。相对于基本的基于属性的加密方案，解密外包技术可以有效减轻用户解密时的计算开销。解密外包技术是将用户解密过程中的一部分工作交由云服务器来计算，云服务器会计算出一个解密令牌。然后，云服务器会把该解密令牌发送给用户，用户根据解密令牌进一步对密文解密，这样就降低了云存储用户解密时的计算开销。

该方案设计了一种属性分时撤销方法。相对于以前的方案，属性分时撤销的方案能够有效减少属性撤销后 AA 的计算开销。在以前的方案中，由于属性撤销发生后，需要对所有的用户进行属性私钥的更新以及密文的更新，而属性分时撤销方案，是在属性撤销发生后，没有立即更新所有密文和所有用户的密钥，而是将用户分成四类，只有属性撤销用户初次访问文件时，才会更新与属性相关的密文，然后非撤销属性的用户访问时，才会更新访问用户的属性私钥。这样就将属性撤销发生后密文和密钥的更新分时进行，减少了授权中心的计算开销。

3.4.5　隐私保护

在属性加密中，由于将一系列描述用户属性的集合作为公钥，而加密者在制定访问策略生成密文时，通常将这个访问规则和密文一起发布，因此系统中任意试图解密的用户都能够推出一些敏感信息，使用户的个人数据置于高泄露风险中。例如，针对商家发布的密文可以分析其潜在的营利模式，或者针对用户发布的密文分析出其敏感个人信息。因此用户隐私是可信云存储中一个需要考虑的问题。对于较为丰富的访问策略，实现策略的隐藏具有很大的挑战性，而且现有的方案中，都要求解密时输入访问策略，一旦密文中的访问策略被隐藏，用户将无法高效地解密文件，影响系统效率。因此如何在可信云存储环境中，构建高效的保护用户隐私的属性加密机制是目前极具挑战性的任务。

在 3.4.1 节介绍的方案中，由于用户私钥交由半可信的云服务器来更新，所以为了保护用户隐私和保证文件的安全性，在给用户分发的私钥中定义了一个虚拟属性 att_D，该属性由用户保管且云服务器知道除 att_D 的其他私钥组件，从而隐藏了用户私钥中的访问策略，保证了加密文档不被云服务器解密。下面仅介绍基于 CP-ABE 机制的保护用户隐私的方案。

1. 基于访问树的策略隐藏属性方案

宋衍等[31]提出了基于访问树的策略隐藏属性加密方案，在 Ibraimi 方案的基础上，对访问树进行相应的改进，通过秘密共享在"与"、"或"和"门限"中的结合应用，将具有权限的属性取值隐藏在系统所有的属性取值中，从而实现基于访问树的策略隐藏。通过构造与加密系统并行的验证系统，对是否满足权限进行验证，避免无权限的解密运算所带来的计算负担。通过运用合数阶双线性群，实现方案的自适应选择密文安全。

相比于素数阶双线性群，合数阶双线性群具有算法组件较少、算法表示简单清晰的优点，这是该方案没有采用素数阶双线性群的原因。但是，可以通过一定的方法将合数阶群构造方案转换为同等安全的素数阶群构造方案。

1) 合数阶双线性群

该方案使用一个阶为 3 个素数乘积的双线性群。假设群生成算法 G 的输入参数为安全参数 1^λ，输出元组 $(p,q,r,G,G_T,\hat{e})$，其中 p、q 和 r 为不同的素数，有 $p,q,r>2^\lambda$，G 和 G_T 为阶 $N=pqr$ 的循环群，G_p、G_q 和 G_r 分别表示群 G 的阶为 p、q 和 r 的子群，映射 $\hat{e}:G\times G\to G_T$ 满足：① 任意 $g,h\in G$，任意 $a,b\in Z_N$，有 $\hat{e}(g^a,h^b)=\hat{e}(g,h)^{ab}$；② $\exists g\in G$，使 $\hat{e}(g,g)$ 在 G_T 中的阶为 N；③ G 和 G_T 中的运算，以及双线性映射 $\hat{e}$ 的运算，都是在多项式时间内可完成的。

由子群的正交性可知：① $\forall h_p\in G_p$，$\forall h_q\in G_q$，有 $\hat{e}(h_p,h_q)$ 为 G_T 的单位元；② $\forall h_p\in G_p$，$\forall h_q\in G_q$，$\forall a,b,c,d\in Z_N$，有 $\hat{e}(h_p^a h_q^b,h_p^c h_q^d)=\hat{e}(h_p,h_q)^{ab}\hat{e}(h_p,h_q)^{cd}$。

2) 复杂性假设

该方案使用的是 3 素数子群判定性假设。令 G_{pq} 表示 G 的阶为 pq 的子群，Pr 表示概率函数。

假设 1　定义分布：$G=(N=pqr,G,G_T,\hat{e})\leftarrow G(1^\lambda)$，$g_p\leftarrow G_p$，$g_r\leftarrow G_r$，$D=(G,g_p,g_r)$，$T_1\leftarrow G_{pq}$，$T_2\leftarrow G_p$。

定义算法 A 攻破假设 1 的优势为 $\mathrm{Adv}_{g,A(\lambda)}^{1} = |\Pr[A(D,T_1)=1] - \Pr[A(D,T_2)=1]|$。

假设 2　定义分布：$G=(N=pqr,G,G_T,\hat{e}) \leftarrow G(1^{\lambda})$，$g_p$，$X_1 \leftarrow G_q$，$g_r \leftarrow G_r$，$D=(G, g_p, X_1 X_2, g_r)$，$T_1 \leftarrow G_{pq}$，$T_2 \leftarrow G_p$。

定义算法 A 攻破假设 2 的优势为 $\mathrm{Adv}_{g,A(\lambda)}^{2} = |\Pr[A(D,T_1)=1] - \Pr[A(D,T_2)=1]|$。

假设 3　定义分布：$G=(N=pqr,G,G_T,\hat{e}) \leftarrow G(1^{\lambda})$，$w,s \in Z_N/0, g_p \leftarrow G_p$，$X_2,Y,Z_1 \leftarrow G_q$，$g_r \leftarrow G_r$，$D=(G,g_p,g_p^w X_2, g_p^s Y_2, Z_1 Z_2, g_r)$，$T_1 \leftarrow \hat{e}(g_p,g_q)^{ws}$，$T_2 \leftarrow G_p$。

定义算法 A 攻破假设 3 的优势为 $\mathrm{Adv}_{g,A(\lambda)}^{3} = |\Pr[A(D,T_1)=1] - \Pr[A(D,T_2)=1]|$。

如果对于任意的多项式时间算法 A，$\mathrm{Adv}_{g,A(\lambda)}^{1}$、$\mathrm{Adv}_{g,A(\lambda)}^{2}$、$\mathrm{Adv}_{g,A(\lambda)}^{3}$ 是可忽略的，称 G 满足假设 1～假设 3。

3) 访问控制结构

定义系统的属性集合为 $A=\{a_1,a_2,\cdots,a_n\}$，n 为 A 的阶。对于 $\forall i \in Z_N/0$，属性 a_i 的取值集合为 $F_i=\{v_{i,1},v_{i,2},\cdots,v_{i,n_i}\}$，$n_i$ 为 F_i 的阶。用户的属性集合 L 为 $\{l_1 = v_{1,t_1}, l_2 = v_{2,t_2},\cdots,l_k = v_{k,t_k}\}$，$k$ 为 L 的阶。对于 $\forall i \in Z_N/0$，有 $l_1 \in A$，$v_{i,t_i} \in F_i$。

使用树型结构来表示访问策略，树的内部节点代表关系，包括"与"、"或"和"门限"；叶子节点代表属性条件表达式，形式为 $a_i = v_{i,t_i}$（$i \in Z_n/0$，$t_i \in Z_{n_i}/0$）。从根节点到叶子节点的每条路径中，最后一个内部节点是叶子节点的父节点，在此称为末端内部节点。定义末端内部节点只能代表关系 AND。根据语义一致性可知，每个末端内部节点下，一种属性只能出现一次。

4) 秘密共享方案

随机选择 $s \in Z_N/0$ 为待共享的秘密，设置访问树的根节点 τ 的值为 s。假设 τ 的子节点个数为 u，为 τ 的子节点赋值如下。

情形 1：τ 代表关系 OR，则设置 τ 的每个子节点的值为 s。

情形 2：τ 代表关系 AND，则为前 $u-1$ 个子节点取随机值 $s_i \in Z_N/0$，设置最后一个子节点的值为 $s_u = s - \sum_{i=1}^{u-1} s_i$。

情形 3：τ 代表关系 THRESHOLD，节点的门限值为 h，则随机选择一个 $h-1$ 次多项式 f，满足 $f(0)=s$；对于索引次序为 $i \in Z_u/0$ 的子节点，设置其值为 $f(i)$。

从根节点开始，以上述方式自上向下递归地为每个内部节点赋值。

5) 算法设计

子群 G_p 用于正常加/解密运算；G_r 用于参数的随机化，使方案达到 CCA 安全性；G_q 只用于安全性证明，不用于实际方案运行。

(1) 初始化算法：运行初始化算法 Setup(1^{λ}) 生成公钥 PK 和主密钥 MSK。

运行算法 $G(1^{\lambda})$ 获得 $(N=pqr$，$G,G_T,\hat{e})$。在 G 中找出子群 G_p 和 G_r，以及各自的生成元 g_p 和 g_r。对于系统中的每个属性值 v_{i,t_i}（$i \in Z_n/0, t_i \in Z_{n_i}/0$），随机选择 $a_{i,t_i} \in Z_N/0$

和 $R_{i,t_i} \in G_r$，计算 $A_{i,t_i} = g_p^{a_{i,t_i}} R_{i,t_i}$。随机选择 $w, \overline{w} \in Z_N / 0$ 和 $R_0 \in G_r$，计算 $A_0 = g_p R_0$，$Y = \hat{e}(g_p, g_p)w$，$\overline{Y} = \hat{e}(g_p, g_p)^{\overline{w}}$。发布公钥 PK$= <A_0, g_r, \{A_{i,t_i}\}_{1 \leq t_i \leq n_i, 1 \leq i \leq n}, Y, \overline{Y}>$。保存主密钥 MSK$= <g_p, \{a_{i,t_i}\}_{1 \leq t_i \leq n_i, 1 \leq i \leq n}, w, \overline{w}>$。

(2) 生成密钥算法：运行算法 Keygen$(L, \text{MSK}, \text{PK})$生成私钥 SK$_L$。

构造属性集 L 对应的私钥。对 $\forall i \in Z_k / 0$，随机选择 $d_i \in Z_N / 0$，计算 $D_i = g_p^{\frac{d_i}{a_{i,t_i}}}$。

设置 $d = \sum_{i=1}^{k} d_i$，计算构造私钥 SK$= <D_0, \overline{D}_0, \{D_i\}_{1 \leq i \leq k}>$。

(3) 加密算法：运行加密算法 Encrypt(PK, m, T)进行加密。

对于访问树中的末端内部节点 α，假设其共享秘密值为 s_α，为系统每个属性取值计算一个密文分量。如果该属性未出现在节点 α 下叶子节点所代表的表达式中，或者属性和属性值都出现，则计算 $C_{i,t_i} = A_{i,t_i}^{s_\alpha} R'_{i,t_i}$；否则随机选择 $s_{i,t_i} \in Z_N / 0$ 且 $s_{i,t_i} \neq s_\alpha$，$R'_{i,t_i} \in G_r$，计算 $C_{i,t_i} = A_{i,t_i}^{s_{i,t_i}} R'_{i,t_i}$。假设 L_α 表示 α 下的叶子节点所代表的表达式中属性和属性值的集合，即

$$C_{i,t_i} = \begin{cases} A_{i,t_i}^{s_{i,t_i}} R'_{i,t_i}, & i(L_i \in L_\alpha, v_{i,t_i} \notin L_\alpha) \\ A_{i,t_i}^{s_\alpha} R'_{i,t_i}, & \text{其他} \end{cases}$$

随机选择 $R_\alpha \in G_r$，计算密文组件 $\overline{C}_\alpha = A_0^{s_\alpha} R_\alpha$，$H_\alpha = \overline{Y}^{s_\alpha}$。联合这些组件，得到 α 的密文为 $C_\alpha = <H_\alpha, \overline{C}_\alpha, \{C_{i,t_i}\}_{1 \leq t_i \leq n_i, 1 \leq i \leq n}>$。

随机选择 $R'_0 \in G_r$，计算密文组件 $C_0 = A_0^s R'_0$，$\tilde{C} = mY^s$，则最终的密文为 $C = <\tilde{C}, C_0, \{C_\alpha\}_{\forall \alpha}>$。

(4) 解密算法：运行 Decrypt$(\text{PK}, \text{SK}_L, C)$算法进行解密。

对于 T 中的每个末端内部节点 α，定义解密值函数 DecNode$(\alpha) = \prod_{i=1}^{k} \hat{e}(C_{i,t_i}, D_i)$。

对于 T 中的其他内部节点 β，定义解密值函数：

$$\text{DecNode}(\beta) = \begin{cases} \prod_{i=1}^{u} \text{DecNode}(\text{Child}(\beta, i)), & \text{Op}(\beta) = \text{AND} \\ \text{DecNode}(\text{Child}(\beta, i)), & \text{Op}(\beta) = \text{OR} \\ \prod_{i=1}^{h} \text{DecNode}(\text{Child}(\beta, i))^{\prod_{j=1, j \neq i}^{h} \frac{i}{j-i}}, & \text{Op}(\beta) = \text{THRESHOLD} \end{cases}$$

式中，假设 u 为节点 β 的子节点个数；h 为门限值。

解密过程分为三步：①计算并验证末端内部节点的解密值；②通过正确的末端内部节点解密值计算访问树根节点的解密值；③利用根节点的解密值计算明文。

对于末端内部节点 α，数据请求者计算 $\mathrm{DecNode}(\alpha)=\prod_{i=1}^{k}\hat{e}(C_{i,t_i},D_i)$，如果数据请求者满足 α 中的每个叶子节点所代表的属性条件表达式，则可计算出争取的解密值 $\mathrm{DecNode}(\alpha)=\hat{e}(g_p,g_p)^{ds_\alpha}$，通过验证系统 $\theta_\alpha=\dfrac{H_\alpha}{\hat{e}(\overline{C}_\alpha,\overline{D}_0)\mathrm{DecNode}(\alpha)}$ 得出 $\theta_\alpha=1$（1 表示群 G_T 的单位元）；否则得出 θ_α 为随机值。

如果数据请求者满足访问控制策略，可得根节点解密值 $\mathrm{DecNode}(\mathrm{root}(T))=\hat{e}(g_p,g_p)^{ds}$，则明文计算如下：

$$\frac{\tilde{C}}{\hat{e}(C_0,D_0)\mathrm{DecNode}(\mathrm{root}(T))}=\frac{mY^s}{\hat{e}(A_0^sR_0',g_p^{w-d})\hat{e}(g_p,g_p)^{ds}}$$

$$=\frac{m\hat{e}(g_p,g_p)^{ws}}{\hat{e}(g_p,g_p)^{ws-ds}\hat{e}(g_p,g_p)^{ds}}=m$$

6）策略隐藏

数据属主在加密消息之前，依据访问控制策略构造访问树。由于数据服务提供商并不可信，数据属主不会将整个访问树发送给数据服务提供商，而是去掉叶子节点所代表的属性条件表达式，只发送内部节点及其组织结构。因此，数据服务提供商和数据请求者都无法得到访问控制策略对属性及其取值的要求。

数据请求者计算末端内部节点的解密值时，将其所有属性的私钥分量都代入计算，并验证解密值是否正确。因此，数据请求者只能确定自己的属性集合是否满足该末端内部节点，而无法得到末端内部节点下的具体属性条件表达式。

该方案解决了在访问树中实现策略隐藏的难题，使用户可以制定灵活的访问控制策略，而不用担心策略泄露的问题。

2．隐私保护且支持用户撤销的属性基加密方案

针对密文策略属性基加密方案的用户撤销的必要性、访问结构的隐私性和计算效率问题，李继国等[32]构造了一个支持隐私保护和用户撤销的属性基加密方案，保证了系统的安全性。在方案中，密钥的生成是通过数据属主和授权中心进行的，当系统存在用户撤销时，通过提供一组密钥更新机制进一步确保系统的安全性，且由云存储提供方进行重加密操作以保护存储在云端的敏感数据，降低了用户的计算消耗。该方案允许满足属性集合的授权用户访问云端数据，以一种安全的方式将数据外包给云存储提供方，将计算代价高的加/解密操作交给云存储提供方执行，以降低移动设备端的用户总通信成本。为了遏制云端的不端行为或对云端的恶意攻击，提供了对转换密文的验证功能，保证了转换后密文不被非法替换且避免造成不良后果。为了达到完全隐藏访问结构，属性名及属性值不公开，即解密者不

知道自己的哪些属性可以解密密文，采用多值属性与或门来表达访问结构，提高了系统的灵活性。

1) 初始化算法：Setup $(2^\kappa) \to$ (PP, MSK, GSK, SK$_{DO}$)

授权中心以属性集合 U 以及系统安全参数 κ 为输入，返回系统公共参数 PP 和系统主密钥 MSK。授权中心发布系统公共参数 PP、组公钥 GPK、版本号 vn，并保存主密钥 MSK、组私钥 GSK。数据属主选择 SK$_{DO}$ 作为私钥，计算公钥 PK$_{DO}$ 并发送到公共区域。

令 $U=\{1,2,\cdots,n\}$ 为属性集合空间，κ 为系统安全参数，$e: G \times G \to G_r$ 为双线性映射，其中，G 和 G_r 为素数阶 $p>2^\kappa$ 的乘法循环群；$g,u,v,d \in G$。授权中心随机选择 $\alpha \in Z_p^*$，$\delta \in Z_p^*$，计算 $Y=e(g,g)^\alpha$，g^δ 为每个属性 att$_i$ 的随机值，$t_{i,j} \in Z_p (i \in [1,n] j \in [1,n])$，计算 $T_{i,j}=g^{t_{i,j}}$。数据属主随机选择 $\beta \in Z_p^*$ 作为私钥 SK$_{DO}$，计算公钥 PK$_{DO}=\{g^\beta,g^{1/\beta}\}$。$H: G \to Z_p^*$ 是抗碰撞哈希函数；PP$=\{Y,p,G,G_r,e,g,u,v,d,g^\delta,\{T_{i,j}\}\}$ 是系统参数，其中 $i \in [1,n]$，$j \in [1,n]$；系统主密钥为 MSK$=\{\alpha,g^\alpha,\delta\}$。

为了进一步提高安全性，授权中心选择随机值 $u_0 \in Z_p^*$ 作为组密钥 GSK，并将其下线发送给注册的用户，计算 GPK$=g^{u_0}$ 作为组公钥，授权中心初始化密钥版本号 vn=0。

2) 密钥生成算法：KeyGen (PP, MSK, L) $\to$ SK$_L$

算法以用户的属性列表 L、系统主密钥 MSK 以及系统公共参数 PP 作为输入，返回用户的私钥 SK$_L$。

令 $L=[L_1,L_2,\cdots,L_i,L_{i+1},\cdots,L_n]=[v_{1,j\in[1,n]},v_{2,j\in[1,n]},\cdots,v_{i,j\in[1,n]},v_{i+1,j\in[1,n]},\cdots,v_{n,j\in[1,n]}]$ 为某用户的属性列表。授权中心随机选择随机值 $\gamma \in Z_p^*$，计算 $D_0=g^{\frac{\alpha-\gamma}{\beta}}$，授权中心为每个属性 att$_i$ 随机选择 $\lambda_i \in Z_p^*$，计算 $D_{i,1}=g^{\gamma+\lambda_i t_{i,j}}$，$D_{i,2}=g^{\lambda_i}$，其中 $i \in [1,n]$，$j \in [1,n]$，为授权的用户计算 $D_2=(g^{1/\beta})^{u_0}$。用户私钥为 SK$_L=(D_0,\forall v_{i\in[1,n],j\in[1,n]} \in L:\{D_{i,1},D_{i,2}\},D_2)$。

3) 加密算法：Encrypt (PP,M,W) $\to$ CT

数据属主以访问结构 W、消息 m 以及系统公共参数 PP 为输入，返回密文 CT。

数据属主选择明文消息 $m \in G_T$，在其指定的访问策略 $W=[W_1,W_2,\cdots,W_n]$ 下进行加密。

数据属主选择随机消息 $m' \in G_T$，计算 $\hat{c}=u^{H(m)}v^{H(m')}d$。数据属主对其将要进行分享的消息 m 进行操作，随机选择 $s \in Z_p^*$，计算密文 $C_0=mY^s e(g,g)^{u_0 s}=me(g,g)^{\alpha s+u_0 s}$，$C_1=g^{\beta s}$，$C_2=g^{\delta s}$。

对于选择的随机消息 m'，数据属主随机选择 $s' \in Z_p^*$，计算密文 $C_3=m'Y^{s'}e(g,g)^{u_0 s'}$，$C_4=g^{\beta s'}$，$C_5=g^{\delta s'}$。

对于要加密的明文消息 m，设 s 为访问结构的根节点，设定所有的儿子节点为未标记，标记根节点为已标记，为每个未标记的非叶子节点递归运算。

若非叶子节点为"与"门，且其儿子节点状态为未标记，随机选择 $s_i \in Z_p$，$1 \leq s_i \leq p-1$，设置最后一个儿子节点的值为 $s_j = s - \sum_{i=1}^{j-1} s_i \bmod p$，并标记此节点为已标记。

若为"或"门，标记该节点下的任意节点的值为 s，并设置此节点为已标记。

对于叶子节点，加密者计算 $C_{i,j,1} = g^{s_i}$，$C_{i,j,2} = T_{i,j}^{s_i}$，并输出密文为

$$\mathrm{CT_{own1}} = \{C_0, C_1, C_2, \{C_{i,j,1}, C_{i,j,2}\}_{i \in [1,n], j \in [1,n_i]}\}$$

同样地，对于随机消息，数据属主计算密文：

$$\mathrm{CT_{own2}} = \{C_3, C_4, C_5, \{\overline{C}_{i,j,1}, \overline{C}_{i,j,2}\}_{i \in [1,n], j \in [1,n_i]}\}$$

最终密文为

$$\mathrm{CT} = \{vn = 0, \hat{c}, \mathrm{CT_{own1}}, \mathrm{CT_{own2}}\}$$

4) 解密算法：$\mathrm{Decrypt}(\mathrm{PP}, \mathrm{CT}, \mathrm{SK}_L) \rightarrow m / \perp$

数据用户以密文 CT、私钥 SK_L 以及系统公共参数 PP 作为输入，运行该算法，如果 $L \models W$ 且通过对密文的正确性验证，数据用户可以正确解密密文 CT 得到消息 m，否则输出 $\perp$。

当数据用户从云存储服务提供商(cloud storage service provider，CSP)中得到密文 CT 后，检查密文 CT 和私钥 SK_L 的版本号的一致性，若任意一方破坏了一致性，数据用户就向授权中心申请更新私钥。数据用户在不知道访问结构 W 的情况下试图用其私钥 SK_L 解密密文 CT。对任意的 $1 \leq i \leq n$，如果该用户属性列表满足访问结构即 $L \models W$，那么数据用户可以通过如下计算进行解密操作。

(1) 计算 $F = \prod_{i=1}^{n} e(C_{i,j,2}, D_{i,2})$，$O = \prod_{i=1}^{n} e(C_{i,j,1}, D_{i,1})$，$S = (C_1, D_0)$，$B = \prod_{i=1}^{n} e(C_1, D_2)$，计算得到 $m = \dfrac{C_0 F}{OSB}$，解密操作的正确性验证如下：

$$F = \prod_{i=1}^{n} e(C_{i,j,2}, D_{i,2}) = \prod_{i=1}^{n} e(T_{i,j}^{s_i}, g^{\lambda_i}) = \prod_{i=1}^{n} e(g,g)^{t_{i,j} s_i \lambda_i}$$

$$O = \prod_{i=1}^{n} e(C_{i,j,1}, D_{i,1}) = \prod_{i=1}^{n} e(g^{s_i}, g^{\gamma + \lambda_i t_{i,j}}) = \prod_{i=1}^{n} e(g,g)^{s_i \gamma} \prod_{i=1}^{n} e(g,g)^{s_i t_{i,j} \lambda_i}$$

$$S = e(C_1, D_0) = e(g^{\beta s}, g^{\frac{\alpha - \gamma}{\beta}}) = e(g,g)^{(\alpha - \gamma)s}$$

$$B = e\,(C_1, D_2) = e(g^{\beta s}, (g^{1/\beta})^{u_0}) = e(g,g)^{u_0 s}$$

$$\frac{C_0 F}{OSB} = \frac{me(g,g)^{\alpha s}\, e(g,g)^{u_0 s} \prod\limits_{i=1}^{n} e(g,g)^{t_{i,j} s_i \lambda_i}}{\prod\limits_{i=1}^{n} e(g,g)^{s_i \gamma} \prod\limits_{i=1}^{n} e(g,g)^{s_i t_{i,j} \lambda_i}\, e(g,g)^{(\alpha-\gamma)s}\, e(g,g)^{u_0 s}}$$

$$= \frac{me(g,g)^{\alpha s}\, e(g,g)^{u_0 s} \prod\limits_{i=1}^{n} e(g,g)^{t_{i,j} s_i \lambda_i}}{\prod\limits_{i=1}^{n} e(g,g)^{s_i \gamma} \prod\limits_{i=1}^{n} e(g,g)^{s_i t_{i,j} \lambda_i}\, e(g,g)^{\alpha s}\, e(g,g)^{-\gamma s}\, e(g,g)^{u_0 s}}$$

$$= m$$

(2) 计算 $F' = \prod\limits_{i=1}^{n} e(\overline{C}_{i,j,2}, D_{i,2})$，$O' = \prod\limits_{i=1}^{n} e(\overline{C}_{i,j,1}, D_{i,1})$，$S' = e(C_4, D_0)$，$B' = \prod\limits_{i=1}^{n} e(C_4, D_2)$，

得到 $m' = \dfrac{C_3 F'}{O'S'B'}$。解密操作的正确性验证与步骤(1)类似，这里不再赘述。

(3) 通过如下方法测试密文是否被替换，验证 $\hat{c} = u^{H(m)} v^{H(m')} d$，若是，则输出消息 m；否则输出 $\perp$。尽管密文信息 CT_{own2}，$\hat{c}$ 为冗余部分，但保证了消息的正确性。

当系统中的用户需要撤销时，还需要如下算法。

5) 重加密算法：$ReKey\,(PP, GSK_x) \rightarrow RK_{vn}, CT_{vn}, D_{2,vn}$

授权中心运行该算法，在安全信道下发送新的组私钥 GSK_{vn} 给系统中的合法用户，其中 vn 为此时版本号标识，并更新授权用户的部分私钥 $D_{2,vn}$，同时授权中心计算重加密密钥为 RK_{vn} 发送给 CSP，CSP 计算新的密文 CT_{vn}。

当系统中的用户需要撤销时，为了保证安全性其系统权限应被收回，此时，授权中心选择新的随机值 $u_x \in Z_p^*$ 作为新的组私钥 GSK，其中，x 为此时版本号标识，当系统中的合法用户需要访问数据时通过安全的线下通道发送给他们，同样更新授权用户的私钥部分 $D_{2,vn} = (g^{1/\beta})^{u_x}$，此时云存储提供方将向授权中心请求重加密操作以便此时授权的用户可以正确解密，密文从版本号 vn=0 更新到 vn=x，授权中心计算机重加密密钥为 $RK_{vn} = \{\,g^{\frac{u_x - u_0}{\delta}}\,\}$，并发送给 CSP，CSP 计算版本号为 vn=$x$ 的新密文 CT_{vn}。

对于密文的第 1 部分 $CT_{own1,vn}$，计算如下：

$$C_{0,vn} = C_0 e\,(C_2, RK_{vn}) = me(g,g)^{\alpha s + u_0 s}\, e\!\left(g^{\delta s}, g^{\frac{u_x - u_0}{\delta}}\right) = me(g,g)^{\alpha s + u_x s}$$

对于密文的第 2 部分 $CT_{own2,vn}$，计算如下：

$$C_{3,vn} = C_3 e\,(C_5, RK_{vn}) = m' e(g,g)^{\alpha s' + u_0 s'}\, e\!\left(g^{\delta s'}, g^{\frac{u_x - u_0}{\delta}}\right) = m' e(g,g)^{\alpha s' + u_x s'}$$

更新后密文 $CT_{vn}=\{CT_{own1,vn},CT_{own2,vn}\}$ 如下：

$$CT_{own1,vn}=\{vn=x,\hat{c},C_{0,vn},C_1,C_2,\{C_{i,j,1},C_{i,j,2}\}_{i\in[1,n],j\in[1,n_i]}\}$$

$$CT_{own2,vn}=\{vn=x,\hat{c},C_{3,vn},C_4,C_5,\{\overline{C}_{i,j,1},\overline{C}_{i,j,2}\}_{i\in[1,n],j\in[1,n_i]}\}$$

更新后的密文解密操作的正确性验证如下：

$$\frac{C_{0,vn}\prod_{i=1}^{n}e(C_{i,j,2},D_{i,2})}{\prod_{i=1}^{n}e(C_{i,j,1},D_{i,1})e(C_1,D_0)e(C_1,D_{2,vn})}$$

$$=\frac{me(g,g)^{\alpha s+u_x s}\prod_{i=1}^{n}e(g,g)^{t_{i,j}s_i\lambda_i}}{\prod_{i=1}^{n}e(g,g)^{s_i\gamma}\prod_{i=1}^{n}e(g,g)^{s_i t_{i,j}\lambda_i}e(g,g)^{(\alpha-\gamma)s}e(g^{\beta s},g^{1/\beta})^{u_x}}$$

$$=m$$

$$\frac{C_{3,vn}\prod_{i=1}^{n}e(\overline{C}_{i,j,2},D_{i,2})}{\prod_{i=1}^{n}e(\overline{C}_{i,j,1},D_{i,1})e(C_4,D_0)e(C_4,D_{2,vn})}$$

$$=\frac{m'e(g,g)^{\alpha s'+u_x s'}\prod_{i=1}^{n}e(g,g)^{t_{i,j}s_i'\lambda_i}}{\prod_{i=1}^{n}e(g,g)^{s_i'\gamma}\prod_{i=1}^{n}e(g,g)^{s_i't_{i,j}\lambda_i}e(g,g)^{(\alpha-\gamma)s'}e(g^{\beta s'},g^{1/\beta})^{u_x}}$$

$$=m'$$

6）转换密钥生成算法：$TKGen(PP,SK_L)\rightarrow TK_L,HK_L$

算法以用户私钥 $SK_L=(D_0,\forall v_{i\in[1,n],j\in[1,n_i]}\in L:\{D_{i,1},D_{i,2}\},D_2)$ 和系统公共参数 PP 为输入，随机选择 $z\in Z_p^*$，计算转换密钥 $TK_L=\{D_0'=D_0^{1/z},D_2'=D_2^{1/z},\{D_{i,1}'=D_{i,1}^{1/z},D_{i,2}'=D_{i,2}^{1/z}\}_{i\in[1,n],j\in[1,n_i]}\}$，并保存 $HK_L=z$ 作为恢复密钥。

7）转换部分密文算法：$TK\text{-}Encryt(PP,CT,TK_L)\rightarrow CT'$

算法以系统公共参数 PP、密文 $CT=\{CT_{own1},CT_{own2}\}$ 和转换密钥 $TK_L=\{D_0',D_2',\{D_{i,1}',D_{i,2}'\}_{i\in[1,n]}\}$ 作为输入，返回转换后的密文 CT'。

计算转换后的部分密文如下：

$$K_{own1}'=\frac{\prod_{i=1}^{n}e(C_{i,j,1},D_{i,1}')e(C_1,D_0')e(C_1,D_2')}{\prod_{i=1}^{n}e(C_{i,j,2},D_{i,2}')}$$

$$= \frac{\displaystyle\prod_{i=1}^{n} e\left(g^{s_i}, g^{\frac{\gamma+\lambda_i t_{i,j}}{z}}\right) e\left(g^{\beta s}, g^{\frac{\alpha-\gamma}{z\beta}}\right) e\left(g^{\beta s}, g^{\frac{u_0}{z\beta}}\right)}{\displaystyle\prod_{i=1}^{n} e\left(g^{t_{i,j}s_i}, g^{\frac{\lambda_i}{z}}\right)}$$

$$= e(g,g)^{\frac{\alpha s+u_0 s}{z}}$$

$$K'_{\text{own2}} = \frac{\displaystyle\prod_{i=1}^{n} e(\bar{C}_{i,j,1}, D'_{i,1})e(C_4, D'_0)e(C_4, D'_2)}{\displaystyle\prod_{i=1}^{n} e(\bar{C}_{i,j,2}, D'_{i,2})}$$

$$= \frac{\displaystyle\prod_{i=1}^{n} e\left(g^{s'_i}, g^{\frac{\gamma+\lambda_i t_{i,j}}{z}}\right) e\left(g^{\beta s'}, g^{\frac{\alpha-\gamma}{z\beta}}\right) e\left(g^{\beta s'}, g^{\frac{u_0}{z\beta}}\right)}{\displaystyle\prod_{i=1}^{n} e\left(g^{t_{i,j}s'_i}, g^{\frac{\lambda_i}{z}}\right)}$$

$$= e(g,g)^{\frac{\alpha s'+u_0 s'}{z}}$$

则 CT′ $=\{$vn$=0, K'=\hat{c}, K_1=C_0, K'_{\text{own1}}, K_2=C_3, K'_{\text{own2}}\}$ 为转换后的密文。

8)转换后的解密算法：TK-Decrypt$(\text{PP}, \text{CT}, \text{CT}') \rightarrow m/\perp$

算法以公共参数 PP、密文 CT 转换后的密文 CT′ 和用户恢复私钥 $\text{HK}_L=z$ 为输入。若 $K' \neq \hat{c}$，$K_1 \neq C_0$，$K_2 \neq C_3$，则算法输出 $\perp$。如果 $L \models W$，数据用户可以通过 $m = K_1 / K'^z_{\text{own1}}$，$m' = K_2 / K'^z_{\text{own2}}$，并验证 $K' = u^{H(m)}v^{H(m')}d$ 来正确解密密文 CT 得到消息 m；否则算法失败并输出 $\perp$。

该方案使用组密钥实现了用户撤销，为系统的安全性提供了第二重保护。该方案完全隐藏了访问结构，因而恶意的用户无法通过访问策略分析出潜在的用户隐私信息；同时，对使用移动设备端的用户提供数据外包和验证操作，使之更适合于安全的手机云计算。

3.5　基于 TPM 的密钥管理

目前，针对云存储中用户隐私数据的机密性和完整性保护提出了一系列理论方法，但是缺乏对用户密钥安全的研究。要实现可信的云存储环境，数据密钥是用户数据安全的落脚点，因此为了保证用户隐私数据的安全，必须保证数据密钥的安全。

赵波等[33]提出了一种基于可信模块的云存储用户密钥管理策略，通过引入可信模块，基于无证书密码学基本原理，在用户本地的可信模块中执行数据密钥的生成和存储，以及有效的密钥分发和恢复机制，确保用户数据密钥的安全，从而保证用户数据处理前端的可信。同时，基于数据分割理论的数据保护方法有效地提高了数据保护效率。

3.5.1　基于可信模块的密钥管理策略

1. 基于可信模块的密钥管理框架

基于无证书密码学的基本原理，通过引入可信硬件模块实现用户掌握安全的密钥生成和存储机制，以及安全、高效的密钥分发和恢复机制。用户首先向密钥管理中心进行注册申请，获取内置部分密钥信息的可信硬件模块，然后基于无证书密码学的基本原理在本地进行最终密钥的生成。利用密钥对上传和下载的隐私数据信息进行机密性和完整性保护。同时，把用户密钥分离备份在密钥管理中心和用户本地，实现密钥存储安全。

2. 密钥管理策略

1) 密钥的生成

无证书密码学以线性 Diffie-Hellman 问题为基础，是一种综合了 PKI 和基于身份密码学特征的密码体系。密码系统拥有一个密钥生成中心(key generation center, KGC)。KGC 为用户生成一个部分私钥，用户将这个部分私钥与自己产生的一个秘密值组合得到最终密钥。在无证书密钥系统中，用户的私钥不再只由 KGC 产生，而是由 KGC 和用户共同产生，使用户的私钥只有用户自己知道，解决了基于身份的公钥系统中的密钥托管问题。

为实现面向用户的安全密钥生成及安全可靠的密钥存储机制，基于无证书密码学的基本原理，由用户和可信硬件共同参与生成数据密钥 S_u。由密钥生成中心即可信硬件模块生成内置主密钥 S，用户获取可信硬件模块之后，调用初始化程序，随机选取 $x_u \in G_1$ 作为用户秘密值，然后在可信内部生成用户最终数据密钥 S_u，整个过程在可信硬件中进行，有效防止了密钥信息的泄露。

基本步骤如下。

(1) 可信硬件模块系统参数生成。设 G_1 为椭圆曲线上的循环加法群，G_2 为循环乘法群，且阶均为 q，g 为 G_1 的生成元。定义双线性映射 $e:G_1 \times G_1 \rightarrow G_2$ 和两个单向哈希函数 $H_1:\{0,1\}^* \rightarrow G_1$；$H_2:\{0,1\}^n \times G_2 \rightarrow Z_q^*$($n$ 为明文长度)。KGC 随机选择 $S \in Z_q^*$ 作为系统主密钥，计算系统公钥 PK=Sg，将 S 保存，公共系统参数 PP=$\{G_1,G_2,e,q, g,PK,H_1,H_2\}$。

(2) 用户部分密钥提取。用户 u 向 KGC 提供身份信息 IDu，KGC 对 IDu 认证后 KGC 向可信硬件模块写入参数 PP、主密钥 S 以及 IDu，计算 Q_u 和 D_u，其中，

$Q_u = H_1(\text{IDu})$，$D_u = SQ_u$。

（3）用户选取秘密值。用户 u 选取 $x_u \in G_1$ 作为长期秘密值。

（4）生成用户数据密钥。该算法在 u 的客户端执行，u 向可信硬件模块中输入秘密值 x_u，生成用户数据密钥 S_u，其中，$S_u = x_u D_u = x_u SQ_u = x_u SH_1(\text{IDu})$。

2）密钥的备份与恢复

用户最终的数据密钥 S_u 是由可信硬件模块内置的主密钥 S 和用户提供的随机秘密值 $x_u \in G_1$ 共同计算得到的，为了保证数据密钥 S_u 的安全，采取隔离存储备份的原则，其中可信硬件内置主密钥 S 由密钥管理中心负责备份。

用户提供的秘密值 x_u 的备份：用户把随机秘密值 $x_u \in G_1$ 在可信硬件模块中利用密钥 S 加密，生成文件 $\text{File} = ES(x_u)$ 备份在云存储服务商。即使在用户客户端毁坏、可信硬件丢失的情况下，也可以通过可信硬件的挂失，恢复出密钥信息。

在用户的可信硬件丢失之后，用户向密钥管理中心申请挂失可信硬件，同时要向密钥管理中心提供丢失可信硬件的序列号。密钥管理中心根据服务器端数据库中的用户信息对用户的可信硬件进行重新分发，写入相关密钥信息，得到一个完全一致的可信硬件。用户个人提供生成密钥的那部分信息在用户客户端毁坏或者可信硬件丢失的情况下，可以通过对云存储服务商身份信息的验证来得到备份信息。

3）密钥管理的两个关键问题

在基于可信模块的密钥管理过程中，如何进行基于可信模块的部分密钥的分发和用户获取可信硬件模块之后，如何进行硬件的挂失以及修改部分关键信息是两个关键的问题。以可信硬件为载体，用户通过获取可信硬件来获取部分密钥信息。同时，为了防止非法用户窃取用户信息进行用户注册信息的修改和挂失可信硬件操作，引入了动态的身份验证机制，下面将详细介绍这两个问题。

（1）用户可信硬件的获取过程。用户需先向密钥管理中心注册获得一个可信硬件 T。在注册阶段，用户 User 向密钥管理中心服务模块 KGC 提交选定的用户名 IDu 和口令值 PW_u，KGC 验证通过后将密钥信息写入可信硬件模块并通过安全途径发放给 User。为安全起见，IDu 和 PW_u 应通过其他协议建立的安全通道传递。

①User=>KGC:{ID_u,PW_u}；用户向密钥管理中心提交个人身份信息。

②KGC 验证 User 提供的信息是否符合要求，不符合要求则退出注册，符合要求则进行第③步。

③Writer{PP,ID_u,s}=>T；密钥管理中心将相关参数信息写入可信硬件模块并发放给用户。

（2）用户关键信息的修改过程。用户在使用可信硬件的过程中，可能会丢失设备或者修改自己的身份信息，为了防止不法分子冒充合法用户的身份，向密钥管理中心申请挂失，重新获取一个与合法用户完全一致的可信硬件，修改用户的关键身份信息。引入了动态身份验证机制，用户在向服务器端发送请求之后，需要密钥管理中心根据用户的校验因子 V 发送一个随机验证码给用户，通过动态的身份验证过程才能执行相关的功能程序。

①User=>KGC:{ID_u,PW_u,request}。

②KGC=>User:{Code}，KGC 生成随机验证码发送给 User 和验证程序。

③User=>KGC:{Code}，User 向 KGC 验证程序提交验证码 Code，验证程序。

④验证程序通过之后，KGC 允许用户进入正确的功能程序。

4) 基于可信模块密钥管理的数据保护实现

对数据进行加密存储是保证数据机密性的主流方法。基于可信硬件模块生成用户密钥，为了提高数据加密的安全性，由可信硬件模块的加密引擎对数据进行加密处理，同时，为了提高数据加密效率，在不影响加密强度的前提下，采用数据分割机制对用户数据进行分割处理，通过对用户数据部分关键信息的保护，实现对数据机密性和完整性的保护。

首先把数据 F 分为 n 个长度相等的部分 $d_1,d_2,\cdots,d_n$，每部分的长度为 L bit。然后将 $d_i(i=1,2,\cdots,n)$ 分割为 k 个子块 $r_{i1},r_{i2},\cdots,r_{ik}$。

分割完成的子数据块进行两次混淆置换运算。令

$$A=\begin{bmatrix} a_{11} & a_{12} & \cdots & a_{1n} \\ a_{21} & a_{22} & \cdots & a_{2n} \\ \vdots & \vdots & & \vdots \\ a_{k1} & a_{k2} & \cdots & a_{kn} \end{bmatrix}, \quad R=\begin{bmatrix} r_{11} & r_{12} & \cdots & r_{1n} \\ r_{21} & r_{22} & \cdots & r_{2n} \\ \vdots & \vdots & & \vdots \\ r_{k1} & r_{k2} & \cdots & r_{kn} \end{bmatrix}, \quad S=\begin{bmatrix} s_{11} & s_{12} & \cdots & s_{1n} \\ s_{21} & s_{22} & \cdots & s_{2n} \\ \vdots & \vdots & & \vdots \\ s_{k1} & s_{k2} & \cdots & s_{kn} \end{bmatrix}$$

记 $A\cdot R=S$，其中 A 为可逆置换矩阵，S 为新生成的数据矩阵，为了提高数据置换的平均复杂程度，采取两次置换重新生成矩阵 S，有 $A\cdot R\cdot A=S$，选取矩阵 S 中的对角线子数据块组合成数据 P 进行机密性和完整性保护，攻击者即使获取置换矩阵 A，由于无法获得存储在可信硬件模块的密钥 S_u，仍然无法获取用户隐私数据信息。调用可信硬件模块的内置 AES 加密引擎，利用用户最终数据密钥 S_u 对 P 进行加密处理，得到 $ES_u(P)$，返回客户端之后对数据再次处理得到完整的数据块，即 $Q(ES_u(P))$。用户通过云存储端的身份认证之后，上传隐私数据的密文信息到云存储服务商。其步骤如下：

$$User=>C:\{data\}$$
$$C=>T:\{P\}$$
$$T=>C:\{ES_u(P)\}$$
$$User=>CSP:\{ID_{user},PW_{user}\}$$
$$C=>CSP:\{Q(ES_u(P))\}$$

对加密处理过的信息在可信硬件模块内进行 SHA-1 哈希运算，生成摘要验证信息，摘要验证信息保存在可信硬件之中。

$$T{:}\mathrm{HMAC}_T\{T_{\mathrm{pri}}, H(ES_u(P))\}$$

5）安全性分析

基于可信模块的云存储用户密钥管理的安全性主要体现为用户数据密钥生成和存储的安全性，以及在可信硬件模块丢失，造成用户数据密钥丢失之后，是否会泄露用户隐私数据信息。

（1）密钥安全性分析。该方案所进行的工作都是以可信硬件为基础的。按照可信计算的观点，可信硬件能提供比较完备的硬件级别的安全，能够做到不可复制和抵御攻击。为了解决用户对负责分发可信硬件的密钥管理中心的担忧，防止其窃取用户隐私信息，用户在得到可信硬件之后，通过对可信硬件进行初始化，基于无证书密码学的基本原理修改可信硬件的内置密钥，实现用户对密钥生成的参与，无证书密码学的基本原理是基于离散对数的难解性，在数学理论上保证了密钥生成的安全。攻击者即使获取可信硬件内置的密钥 S，也无法通过 $S_u=x_uD_u=X_uSQ_u$ 计算出用户最终的数据密钥 S_u，因为随机秘密值 x_u 是由用户进行加密存储的，实现了用户密钥的生成安全。

把用户密钥存储在可信硬件的安全区域，并且密钥无法读到可信硬件外面，实现用户密钥的存储安全。

（2）可信硬件模块安全性分析。针对不法分子盗取用户的可信硬件模块，造成用户隐私数据泄露的风险，通过身份验证技术，将可信硬件和用户身份绑定，使用户即使丢失可信设备，造成密钥信息的丢失，不法分子也无法获取用户的隐私数据。通过在可信硬件中固化认证功能，采用 PIN（personal identification number）码的形式，每次启动时用户必须持有可信设备，并且输入正确的 PIN 码，即必须同时拥有可信设备和 PIN 码，双因子认证之后才可以进行相关操作。这种结合可以有效防止因为移动设备的丢失，造成密钥信息的丢失而导致用户隐私数据泄露的安全隐患。

基于可信模块的云存储用户密钥管理策略以可信硬件为基础，并基于无证密码学基本原理，使用户参与到密钥生成过程中，实现密钥的生成和存储安全，同时，利用数据分割理论提高基于可信模块的数据保护效率，实现了对用户隐私数据的机密性、完整性保护。对解决目前情况下，由于用户对云存储服务商缺乏信任，担心云存储服务商由于各种原因造成用户的隐私数据泄露给不法分子，而拒绝使用云存储服务的现状，有很好的应用价值和现实意义。

3.5.2　基于 TPM 的密钥使用次数管理方法

密钥能被合法用户所使用，但在用户端的使用应当是受限制的，即应控制用户对密钥的使用，防止因用户对密钥的无保护或无限制使用而导致安全策略被破坏或数据被泄露。

王丽娜等[34]提出了一种云存储模式下的基于 TPM 的密钥使用次数管理方法，在确保密钥安全存储的同时，还能实现密钥在用户端的使用是受控的。该方法由数据属主用对称密码对数据进行加密，并为该对称密钥指定使用次数 N。然后数据属主用基于属性的加密方法对 N 和对称密钥加密，并将加密后的数据和密钥一起上传给云服务提供商。满足一定属性的用户获取到密文数据和密钥后，由用户端的可信密钥管理(key manager，KM)程序通过用户的私钥解密出密钥和数据，将明文数据返回给应用程序。在解密数据的过程中，KM 与 TPM 交互为每个密钥创建一个可信虚拟单调计数器 V_Counter，并将密钥与该 V_Counter 绑定。当用户端的应用程序每使用一次密钥时，V_Counter 的值都会自动增加；当 V_Counter 的值超过数据属主预先设定的密钥使用次数值 N 时，KM 将删除密钥，使密钥不可用，从而使只有满足一定属性的用户才能使用密钥，并且密钥的使用次数也是受限制的。该方法既利用了 TPM 的安全存储功能存储密钥，同时利用 TPM 的单调计数器功能实现密钥的受限使用，而且 TPM 的防物理篡改功能可以防止对 V_Counter 的重放攻击。

1. 系统设计

1)单调计数器

可信单调计数器能够维持一个计数器值，并通过 Read 命令获取当前值，通过 increment 命令根据特定方式增加当前值，并返回计数器的新值。

2)功能模块

数据属主端带有 TPM，有加密模块(encryption module，EM)和密钥管理守护 (key manager deamon，KMD)模块。KMD 随机生成 DEK，并将 DEK 传递给 EM，由 EM 用对称密码对数据加密。EM 还通过 CP-ABE 对密钥使用次数 N 和 DEK 加密，并将加密后的数据和密钥上传给 CSP。为在本地安全存储 DEK，TPM 为每个 DEK 生成一个绑定密钥 Owner_BindKey，并用 Owner_BindKey 对 DEK 加密，将加密后的密钥返回给 KMD，由 KMD 保存在本地。

用户端也带有 TPM，有虚拟计数器管理(virtual counter manager，VCM)模块和 KM 模块。用户从 CSP 获取到密文数据和密钥后，由 KM 根据用户的属性来解密得到 DEK。为防止 DEK 在用户端以明文方式保存而导致密钥泄露，KM 与 VCM 交互为 DEK 生成一个虚拟单调计数器 V_Counter，并与 TPM 交互为 DEK 生成一个绑定密钥 Owner_BindKey，将 DEK 以密文方式保存在用户端。KM 收到应用程序的数据访问请求时，先将密文密钥加载到 TPM 中，TPM 将解密后的 N 和 DEK 返回给 KM，KM 读取 V_Counter 的值并与 N 比较以判断密钥能否继续使用。若密钥能继续使用，则通过 DEK 解密数据，将明文数据返回给应用程序；若密钥的使用次数已经超过 N，则由 KM 删除 DEK。

2. 算法设计

1) 基于 CP-ABE 方案

密钥使用次数 N 和 DEK 由数据属主通过 CP-ABE 加密后存储在 CSP 处，只有满足一定属性的用户才能解密并使用 DEK，进而访问数据。采用基于属性的加密方式可以使得只有合法的用户能访问数据，且不需要数据属主实时在线维护其访问控制策略和处理用户的访问请求。当数据属主需要改变其访问控制策略时，只需要用新的访问控制结构对保存在本地的 DEK 重新加密后上传给云服务提供商即可。

2) 密钥的存储与加载算法

(1) 密钥存储算法。当第 1 次从密文中解密得到 DEK 或者使用完一次 DEK 后，都需要将 DEK 再次加密后存储于本地文件系统中，以保证 DEK 的安全和可继续使用。该过程由如下的密钥存储算法实现。

①KM 调用 VCM 的 increment 命令使 VC 值加 1，并获取增加后的 VC 值。

②KM 将 N、VC 值和 DEK 使用哈希函数计算摘要信息，即 digest=Hash($N \parallel$ DEK $\parallel$ VC)。

③KM 将 $N \parallel$ DEK $\parallel$ digest 加载到 TPM 内部，TPM 用绑定密钥 User_BindKey 加密 $N \parallel$ DEK $\parallel$ digest，即 encBlock=EUser_BindKey_pub($N \parallel$ DEK $\parallel$ digest)，并将 encBlock 返回给 KM。

④KM 将 digest 和 encBlock 保存到本地文件系统中。

(2) 密钥加载算法。密钥加载算法的主要目的是通过 TPM 获取到 DEK 和密钥使用次数 N 的明文值，并验证密钥的摘要值，判断密钥能否继续使用，其过程如下。

①KM 读取密钥文件列表，获取密钥的摘要信息和加密后的密钥，即 digest 和 encBlock。

②KM 将 encBlock 加载到 TPM 内部，TPM 使用 User_BindKey 的私钥解密得到 N、DEK 和 digest，将 N、DEK 和 digest 返回给 KM。

③KM 向 VCM 请求 DEK 的虚拟计数器 V_Counter 的当前值 VC，若 VC 值大于 N 则将该密钥销毁，返回加载失败；否则，执行下一步。

④使用哈希函数计算 N、VC 值和 DEK 的摘要信息 digest'=Hash($N \parallel$ DEK $\parallel$ VC)，判断 digest' 与 digest 是否相同。若相同则返回加载成功；否则返回加载失败。

3) 密钥的受限使用

由于 DEK 在用户端以密文方式存储，用户端使用密钥时，需要通过 KM 和 TPM 交互以解密出 DEK。KM 使用密钥的过程如下。

(1) KM 接收到应用程序的读取数据请求信息后，首先在当前密钥列表中查找该密钥是否存在，若该密钥不存在则转步骤(2)；若存在则转步骤(3)。

(2) 通过解密算法解密从 CSP 处获取到的密文密钥，密钥解密成功后 KM 与

VCM 交互为该密钥生成一个虚拟计数器 V_Counter，并初始化该 V_Counter 的值 VC 为 0；执行密钥存储算法在本地存储密钥。

(3)KM 执行密钥加载算法加载密钥，在此过程中，若 KM 发现该密钥已经使用的次数超过数据属主指定的使用次数，即 $VC > N$，则将该密钥从密钥文件中删除，从而达到密钥销毁和使用次数受限的目的，并返回密钥加载失败信息，若密钥加载成功表明密钥可继续使用，转步骤(4)。

(4)KM 使用 DEK 解密从云服务器提供商处获得的密文数据，并将明文数据返回给应用程序。

(5)KM 执行密钥存储算法，将密钥存储在本地文件系统中。

该方法首先通过基于密文策略的属性加密算法对数据加密密钥加密后存储在云服务器中，使只有满足一定属性的用户才能解密密钥。然后通过 TPM 对密钥进行绑定，使密钥能够安全存储在本地。利用 TPM 的单调计数器功能，为每一个密钥生成一个虚拟计数器 V_Counter，由 V_Counter 的值 VC 记录密钥使用次数，并通过比较 VC 值和预定的密钥使用次数值 N 判断密钥能否继续使用。若密钥的使用次数超过预定的 N 值则由可信的密钥管理模块删除密钥，使密钥的使用次数受限制。该方法还通过哈希函数对 N、VC 值和数据加密密钥进行签名，以防止攻击者对硬盘数据的重放攻击而导致密钥一直处于可继续使用状态。

3.6 本 章 小 结

在目前的可信云存储系统中，数据加密存储是解决机密性问题的主流方法。可信计算经过了十余年的发展，已经在构建基础性安全方面体现了其技术优势。本章首先介绍了两种结合可信计算技术的云存储数据加密方案。然后主要介绍了属性加密机制在云存储数据访问控制中的应用。属性加密机制有许多良好的特性，能够有效地实现非交互式的细粒度访问控制机制，因而可以满足云存储数据访问控制机制的要求。虽然目前属性加密机制的理论研究已经取得较多的成果，但是由于存在开销大以及效率低等问题，在云存储数据访问控制领域中并未得到广泛的应用。因此，属性加密机制在用户属性撤销、访问策略的隐藏以及更为高效的属性加密方案等方面仍需要进一步深入研究。本章最后介绍了可信云存储中基于可信模块的用户密钥管理策略。

参 考 文 献

[1] 冯朝胜, 秦志光, 袁丁. 云数据安全存储技术. 计算机研究与发展, 2015, 38: 150-163.

[2] 陈龙, 肖敏, 罗文俊, 等. 云计算数据安全. 北京: 科学出版社, 2016.

[3] 贾然. 基于 TPM 的云存储数据加密机制. 保定: 河北大学, 2014.

[4] 段鑫冬. 基于云存储的可信加密磁盘的设计与实现. 北京: 北京工业大学, 2015.

[5] Shamir A. Identity-based cryptosystems and signature schemes//Advances in Cryptology. Berlin: Springer-Verlag, 1984: 47-53.

[6] Boneh D, Franklin M. Identity-based encryption from the weil pairing//Advances in Cryptology. Berlin: Springer-Verlag, 2001: 213-229.

[7] Sahai A, Waters B. Fuzzy Identity Based Encryption. Berlin: Springer-Verlag, 2005: 457-473.

[8] Goyal V, Pandy O, Sahai A, et al. Attribute-based encryption for fine-grained access control of encrypted data//The 13th ACM Conference on Computer and Communications Security, New York, 2006: 89-98.

[9] Bethencourt J, Sahai A, Waters B. Ciphertext-policy attribute-based encryption//The IEEE Symposium on Security and Privacy, Los Alamitos, 2007: 321-334.

[10] 苏金树, 曹丹, 王小峰, 等. 属性基加密机制. 软件学报, 2011, 22: 1299-1315.

[11] Attrapadung N, Imai H. Attribute-based encryption supporting direct/indirect revocation modes//The 12th IMA International Conference on Cryptography and Coding, Cirencester, 2009: 278-300.

[12] Ostrovsky R, Sahai A, Waters B. Attribute-based encryption with non-monotonic access structures//The ACM Conference on Computer and Communications Security, New York, 2007: 195-203.

[13] Attrapadung N, Imai H. Conjunctive broadcast and attribute-based encryption//The 3rd International Conference on Pairing-Based Cryptography-Pairing, Palo Alto, 2009: 248-265.

[14] 王鹏翮, 冯登国, 张立武. 一种支持完全细粒度属性撤销的 CP-ABE 方案. 软件学报, 2012, 23: 2805-2816.

[15] Pirretti M, Traynor P, Mcdaniel P, et al. Secure attribute-based systems//The ACM Conference on Computer and Communication Security, Alexandria, 2006: 99-112.

[16] Boldyreva A, Goyal V, Kumar V. Identity-based encryption with efficient revocation//The ACM Conference on Computer and Communication Security, Alexandria, 2008: 417-426.

[17] Ibraimi L, Petkovic M, Nikova S, et al. Mediated Ciphertext-policy Attribute-based Encryption and Its Application. Berlin: Springer-Verlag, 2009: 309-323.

[18] Ibraimi L, Tang Q, Hartel P, et al. Efficient and provable secure ciphertext-policy attribute-based encryption schemes//The International Conference on Information Security Practice and Experience, Xi'an, 2009: 1-12.

[19] Yu S, Wang C, Ren K, et al. Attribute based data sharing with attribute revocation//The ASIAN ACM Conference on Computer and Communications Security, Beijing, 2010: 261-270.

[20] Cheung L, Newport C. Provable secure ciphertext policy ABE//The ACM Conference on

Computer and Communication Security, New York, 2007: 456-465.

[21] Li J, Ren K, Kim K. A^{2}BE: Accountable attribute-based encryption for abuse free access control. https: //eprint. iacr. org/2009/118. pdf.

[22] Li J, Ren K, Zhu B, et al. Privacy-aware Attribute-based Encryption with User Accountability. Berlin: Springer-Verlag, 2009: 347-362.

[23] Yu S C, Ren K, Lou W J, et al. Defending Against Key Abuse Attacks in KP-ABE Enabled Broadcast Systems. Berlin: Springer-Verlag, 2009: 311-329.

[24] Nishide T, Yoneyama K, Ohta K. Attribute-based encryption with partially hidden encryptor-specified access structures//The 6th International Conference on Applied Cryptography and Network Security, New York, 2008: 111-129.

[25] Yu S C, Wang C, Ren K, et al. Achieving secure, scalable, and fine-grained data access control in cloud computing//The 29th Conference on Information Communications, San Diego, 2010: 534-542.

[26] Yang K, Jia X, Ren K. Attribute-based fine-grained access control with efficient revocation in cloud storage systems//The 8th ACM SIGSAC Symposium on Information, Computer and Communications Security, Hangzhou, 2013: 523-528.

[27] Chase M. Multi-authority attribute based encryption//The 4th Theory of Cryptography Conference, Amsterdam, 2007: 515-534.

[28] 关志涛, 杨亭亭, 徐茹枝, 等. 面向云存储的基于属性加密的多授权中心访问控制方案. 通信学报, 2015, 36: 1-11.

[29] 吴光强. 适合云存储的访问策略可更新多中心 CP-ABE 方案. 计算机研究与发展, 2016, 53: 2393-2399.

[30] Liu Z P, Zhu X C, Zhang S H. Multi-authority attribute based encryption with attribute revocation//The IEEE International Conference on Computational Science and Engineering, Chengdu, 2015: 1872-1876.

[31] 宋衍, 韩臻, 刘凤梅, 等. 基于访问树的策略隐藏属性加密方案. 通信学报, 2015, 36: 1-8.

[32] 李继国, 石岳蓉, 张亦辰. 隐私保护且支持用户撤销的属性基加密方案. 计算机研究与发展, 2015, 52: 2281-2292.

[33] 赵波, 李逸帆, 米兰, 等. 基于可信模块的云存储用户密钥管理机制研究. 四川大学学报, 2014, 46: 25-31.

[34] 王丽娜, 任正伟, 董永峰, 等. 云存储中基于可信平台模块的密钥使用次数管理方法. 计算机研究与发展, 2013, 50: 1628-1636.

第 4 章　可信云存储中的可搜索数据加密

可搜索加密是近年来发展的一种支持用户在密文上进行关键字搜索的密码学原语，充分利用云端服务器庞大的计算资源进行密文上的关键字查找，实现对数据进行快捷、安全的访问。本章介绍可信云存储中可搜索数据加密的主要研究内容，具有代表性的是对称可搜索加密方案、非对称可搜索加密方案、支持模糊检索的可搜索加密方案。

4.1　研　究　背　景

可信云存储为用户提供扩展性强、随时随地的数据访问服务。由于其方便快捷的特性和灵活的收费方式，越来越多的用户选择将本地的数据迁移到云端服务器中，以此来节省本地的数据管理开销和系统维护开支。但是，数据一旦存储到云存储服务提供商的服务器上后，用户就失去了对自己数据的控制权，数据就可能面临泄露的风险，这已成为制约其发展的重要因素。近年来，黑客的非法入侵和云端服务器管理员的不当操作造成了多起云安全事故的发生，直接导致了大量用户资料和私人数据的泄露[1]。对于数据的拥有者来说，隐私数据或具有重要价值数据的不可恢复的丢失或破坏是灾难性的。例如，孩子的成长录像、学生撰写毕业论文的材料、公司的客户数据等，其丢失将会给个人和企业带来巨大的麻烦和损失。因此，部署防止数据丢失和隐私泄露的策略对于用户来说至关重要。密码技术是用来防止消息泄露和保护敏感数据的有效手段。借助标准的数据加密算法，云存储服务提供商可以使用公私密钥来对所有存储在其服务器上的用户数据进行加密。但是，这种方法只能抵抗外部的攻击者，不能防止拥有加密密钥的攻击者或能够得到公私密钥的内部攻击者发起的攻击。

因此，所有的数据应该在传输到云服务器之前利用用户自己的密钥在用户端进行加密。在用户系统中用单机软件对用户所有数据加密后，用户将密文上传到云存储服务器中，而加密密钥由用户自己保存。但是，数据加密同时使数据的搜索和查询成为近乎不可完成的挑战。因为对于安全的加密算法，数据加密后的密文是随机比特串，无法从密文中区分出明文的比特信息。一种初级的实现方法是把用户在云服务器中存储的所有加密数据返回给用户，用户解密后，再进行搜索，查询到所需要的文件。但这种方法不仅增加了用户的计算负担，需要把所有的数据解密，还占用了大量的带宽，大大地影响服务器端的数据传输效率。因此，如何实现加密数据的搜索与回取成为近几年国内外密码学研究的焦点。

　　为了更好地解决这个问题，可搜索加密应运而生，并在近几年得到了研究者的广泛研究和发展[2,3]。用户可以首先使用可搜索加密机制对数据进行加密，并将密文存储在云端服务器；当用户需要搜索某个关键字时，可以将该关键字的搜索凭证发给云端服务器；云端将接收到的搜索凭证对每个文件进行试探匹配，如果匹配成功，则说明该文件中包含该关键字；最后，云端将所有匹配成功的文件发回给用户。在收到搜索结果之后，用户只需要对返回的文件进行解密。在安全性上，云端服务器在整个搜索的过程中除了能够猜测任意两个搜索语句是否包含相同的关键字，并知道多次搜索的结果、文件密文、文件密文大小和一些搜索凭证，不会获得关于所请求搜索关键字内容以及文件的明文信息。在访问效率上，通过以上过程可以直观地发现使用可搜索加密机制给用户带来的方便性：首先，用户不需要为了没有包含关键字的文件浪费网络开销和存储空间；其次，对关键字进行搜索的操作交由云端来执行，充分利用了云端强大的计算能力；最后，用户不必对不符合条件的文件进行解密操作，节省了本地的计算资源。

4.2　研　究　进　展

　　本节从对称可搜索加密、公钥可搜索加密、多关键字可搜索加密、多用户可搜索加密和结构化可搜索加密等方向介绍可搜索加密技术的研究进展。

4.2.1　对称可搜索加密的研究进展

　　用户在远程邮件服务器或者文件传输协议(file transfer protocol，FTP)服务器上存储数据时，为减少安全隐患，需要对存储的文件加密，这通常也意味着用户需要放弃对数据的任意操作的某些权限。当用户检索包含某关键字的文档时，通常希望在不泄露数据机密性的情况下，使存储数据的服务器为其执行检索请求，并返回正确的查询结果。

　　对称可搜索加密(symmetric searchable encryption，SSE)是作为上述问题的解决方案被提出的。SSE可提供以下两个方面的安全保证：第一，没有合法陷门时，除了数据长度，服务器无法了解任何其他与数据内容相关的信息；第二，给定某个关键字的陷门，服务器可以知道哪些文档包含该关键字，但是无法猜测出关键字本身。

　　在SSE系统中，数据属主首先使用文件加密密钥和陷门生成密钥分别对文件和文件的关键字进行加密，然后将生成的加密文件和加密索引发送到云服务器上，搜索用户首先取得数据属主提供的文件加密密钥和陷门生成密钥，并利用陷门生成密钥来加密搜索关键字生成陷门发送到云服务器，云服务器通过匹配加密的索引和陷门来返回相应的搜索结果，最后搜索用户使用文件加密密钥对搜索结果进行解密。传统的可搜索加密方案一般只支持单关键字搜索。

　　2000 年，Song 等[4]首次提出可搜索加密的思想，并给出具体的构造方法：利用对称加密独立地对文件的每个单词进行加密，在搜索时对密文逐一进行匹配。虽然该方法满足了在不泄露文件内容情况下的密文搜索要求，但其搜索开销与整个文件长度呈线性关系，搜索效率不高。针对此问题，2003 年，Goh[5]利用布隆过滤器（Bloom filter，BF）建立文件索引，以此降低搜索的开销。2005 年，Chang 和 Mitzenmacher[6]利用随机比特建立基于字典的关键字索引，并在搜索时通过恢复索引的部分信息来匹配关键字。Goh 和 Chang 等的方案中花费了大量的计算开销来构造加密索引，确实可以提高搜索效率，却增加了存储成本。2005 年，Abdalla 等[7]对 SSE 的安全性给出了新定义，给出更高效的方案，并提出了适应性抵抗选择关键字攻击的语义安全性定义和基于模拟游戏的安全定义，通过使用简单的线性数据结构来提高效率。2006 年，Curtmola 等[8]提出在整个文件集合上建立加密关键字的哈希索引，搜索令牌由关键字陷门和文件拥有者的身份信息组成，通过关键字陷门与关键字密文的匹配来产生搜索结果。此后，基于对称密码的可搜索加密方案得到了普遍的关注，很多研究成果相继被提出。2007 年，Boneh 和 Waters[9]的方案将流密码、伪随机函数、伪随机置换等技术应用于对称可搜索加密方案，他们的方案只需要 $O(n)$ 次流密码或块密码操作，仅需一轮计算即可进行加密搜索。与 Goh 和 Chang 等提出的方案相比，Boneh 和 Waters 所提出的方案在安全性上有所降低。因为该方案允许服务器通过协议的执行过程得知用户的访问模式。当然，整个过程不直接涉及对明文的操作，数据内容对服务器仍然是保密的，相对于以前的方案效率较高。然而，Boneh 和 Waters 方案的计算量与文档长度呈线性关系，而且会暴露明文统计信息，这让服务器或其他恶意攻击者有迹可循。

　　作为更一般的加密搜索研究，Golle 等[10]在 2004 年提出了为关键字建立安全索引的概念，通过对每个文件生成一个索引，搜索时不再对所有文件的内容进行检索，而是对索引进行操作。从效率上看，它在进行检索时所执行的操作是一个常量，与 Boneh 和 Waters 的方案中 $O(n)$ 相比，效率更高。加密方案用到了布隆过滤器，布隆过滤器的特性决定了该技术的明显缺陷，即搜索出的文件可能比正确匹配的文件多。Bellare 和 Rogaway[11]用基于字典的方式建立索引，与 Golle 等的方案比较，发现 Golle 等的方案有误识的可能性。因为布隆过滤器中非 "0" 项的数量会泄露陷门的数目，即泄露一些访问模式之外的信息，这些信息可能与数据内容相关。因此，Golle 等的方案在安全方面存在隐患。与 Golle 等的方案相比，Bellare 和 Rogaway 的方案的计算成本与存储开销都比较大。但是，方案通过填充冗余数据的方法来对陷门数目保密。

　　另外，2013 年，Kurosawa 和 Ohtaki[12]提出了可验证文档更新的可搜索加密方案，使用户可以检测恶意服务器的任何非法访问，并且证明了方案是在标准模型下广义可组合安全的。Liu 等[13]指出现有的可搜索加密只达到了较弱的安全性，搜索模式的泄露会导致用户搜索的关键字信息的泄露，提出了利用基于群组的构造将现有的可搜索加密方案转化成搜索模式隐藏的可搜索加密方案。2010 年，Wang 等[14]指出现有的关键字搜索加密方案仅满足布尔搜索，即搜索结果只有匹配或不匹配两种，缺乏对数据文件相关度的衡量。他们提出了排序关键字搜索加密的概念，并通过设定数据文件与关键字相关度决定数据返回的顺序，确保用户首先回取的数据是与搜索关键字最相关的数据。

密文的随机性也导致关键字的相似搜索成为难题。2010 年，Li 等[15]指出现有的关键字搜索加密方案仅支持精确关键字搜索，对关键字拼写错误和形式上不一致没有容错能力，于是提出了模糊关键字搜索加密的概念，利用编辑距离对关键字的拼写错误进行度量，通过建立基于通配符的模糊集合来构造模糊关键字搜索加密方案。后来，Liu 等[16]指出 Li 等方案中通配符的模糊集合存在很多无意义的关键字，其索引占用了很大的索引空间，存储效率低，他们提出利用基于字典的模糊集合来构造索引的方法。Cheung 等[17]指出现有的方案没有实现模糊属性的匿名性或密文比较长，他们利用汉明距离和设定门限值实现了匿名模糊基于身份加密方案，并将该方案转化成相似搜索方案。2012 年，Wang 等[18]在模糊关键字搜索加密概念的基础上，考虑更加复杂的搜索要求，提出了相似关键字搜索加密的概念，并利用编辑距离来衡量关键字的相似度，构造了相似关键字搜索加密方案，虽然此方案在存储效率和搜索效率上取得了很大的突破，但是此方案只构造了形式上相似的关键字的匹配方法。同时，Kuzu 等[19]利用本地敏感哈希提出了相似关键字可搜索加密，并给出了严格的安全性定义，证明了方案的安全性。Wang 等[20]考虑了云服务器的不诚实行为，服务器在搜索时可能为了节约计算和带宽，并不完整地搜索所有的数据，用户因为没有对搜索结果进行验证，无法发现此问题。他们利用标志树构造了可验证模糊关键字搜索加密方案，不但支持模糊关键字的搜索，而且能够验证服务器的搜索结果。

对称可搜索加密的主要优势是效率，大多数对称可搜索模式的加密原语给予分组密码和伪随机函数，所以加密是有效的。典型的对称可搜索加密方案将数据进行预处理，然后存储在高效的数据结构中，因此搜索也是有效的。

对称可搜索加密适用的环境有较大局限性，该类方案只适用于数据发送方与检索方为同一用户，或者检索方被授予了合法查询私钥的权限时，这类似于存储文件系统中的单写单读模式。

4.2.2 公钥可搜索加密的研究进展

虽然对称加密算法、基于身份的加密机制对保证数据的保密性具有重要价值，但面对新的应用还存在很多不足。在实际应用中，很多时候需要第三方去检测或者验证密文中是否含有某些关键字而非解密密文。例如，在智能电子邮件路由选择中，服务者在收到加密的电子邮件时是完全随机的，但服务者需要在不解密电子邮件密文的前提下选择正确的路由。又如，对于安全数据管理来说，在分布式或者云计算环境下，数据通常在加密后由第三方服务者保存，服务者需要在不解密的条件下对加密的数据进行管理操作。

2004 年，Boneh 等[21]首次提出基于公钥的可搜索加密方案，所描述的是邮件路由分发的场景，将不同邮件分发于不同设备中。公钥可搜索加密为其提供了一种机制，允许邮件服务器根据用户所提供的陷门，对不同关键字的邮件分别选择分发路由，不会暴露邮件内容给服务器端。系统的安全性基于决策性 Diffie-Hellman 置换，安全性在随机语言模型中进行了证明。

基于公钥的可搜索加密方案中，任何用户都可以在数据外包前利用公钥加密数据，而只有认证用户才能够使用私钥搜索数据。根据公钥密码的优势，对称加密适用于数据的拥有者与搜索者是同一群体的情况，不适用于数据共享；而公钥可搜索加密中数据源可以来自任意的用户。自公钥可搜索加密提出之后，其发展可谓如火如荼。国内外学者对公钥可搜索加密进行了深入的研究，取得了丰硕的成果，包括对安全模型的讨论、提出新方案、对现有方案的分析和改进等。

Boneh 等所提出的公钥可搜索加密方案在安全和效率方面存在不足，该方案要求用户在发送陷门给服务器之前建立一个安全信道，并且这种方式代价较高，而且在使用该方式时，用户无法避免服务器记录搜索的陷门以猜测其他有用信息。基于此缺点，Baek 等[22]使用服务器的公钥加密陷门的方法提出了改进的公钥可搜索加密方案，以此来保证陷门在信道上传输过程中的安全性。此方案也导致只有指定的服务器才能进行关键字搜索。

然而，Baek 等的构造依赖于随机预言机，这并不能反映现实世界中的安全性。2007 年，Gu 等[23]提出了一个随机预言机模型下的无安全信道的公钥可搜索加密方案。2009 年，Rhee 等[24]讨论了 Baek 等定义的安全模型，提出了敌手的攻击能力更强的安全模型和新的指定搜索者关键字搜索公钥加密方案，并在新的安全模型下证明新方案的安全性能规约到 s-BDHI（s-bilinear Diffie-Hellman inversion）和 BDH（bilinear Diffie-Hellman）问题。随后，Rhee 等[25]、Hu 和 Liu[26,27]提出了指定搜索者的公钥可搜索加密方案的具体构造方法。2012 年，Rhee 等[28]利用两个基于身份的加密方案提出了指定搜索者的公钥可搜索加密方案的一般性构造方法，他们将 IBE 方案的匿名性转化成公钥可搜索加密方案的保密性，IBE 的保密性转化成一致性。而且，他们提出的方案无须公开参数的设置，相比之前的方案具有巨大的优势。同时，Rhee 等将方案扩展成了指定搜索者的关键字搜索基于身份的加密方案。同年，Liu 等[29]讨论了云存储中加密数据的存储与回取问题，将公钥加密和关键字搜索公钥加密相结合，提出了高效的加密数据搜索方案。而且，考虑到云存储服务器的功能强大，在用户回取加密数据时，服务器将辅助用户解密，降低用户的计算开销。2013 年，

Hsu 等[30]研究了公钥可搜索加密和指定搜索者的公钥可搜索加密方案, 分析了其安全模型和具体的安全性目标, 通过回顾现有的几个经典方案, 提出了构造指定搜索者的公钥可搜索加密的努力方向。

在实际应用中, 每个人都会使用众所周知的关键字, 如"紧急的", 附加在加密的邮件中。这个特性导致了带关键字搜索公钥加密的一个重要的攻击, 称为"关键字猜测攻击", 在这种攻击中一个恶意的攻击者能够成功地猜测一些候选的关键字, 并且以离线的方式验证他的猜测。通过这种离线的关键字猜测攻击, 恶意攻击者能够获得加密邮件的相关信息, 从而获得关键字。这个攻击最初是由 Byun 等[31]在 2006 年提出来的, 他们观察到 *Merriam-Webseter* 的学术字典仅包含 225000 个关键字的定义, 也就意味着通常的关键字来源于此。更进一步, Byun 等还指出了 Boneh 等的方案不能抵抗关键字猜测攻击。如果在带关键字公钥可搜索加密方案中关键字猜测攻击能够被成功地实施, 那么攻击者就能够知道哪个关键字是接收者和发送者所用的关键字。因此, 攻击者破坏了带关键字搜索公钥加密方案的安全性。2009 年, Jeong 等[32]指出满足一致性的关键字公钥可搜索加密方案一定不能够抵抗离线关键字猜测攻击, 而满足一致性是服务器得到陷门后能够进行关键字搜索的必要条件。同年, Rhee 等利用在陷门中引入随机数的方法构造了抗离线关键字猜测攻击的指定搜索者关键字公钥可搜索加密方案。但是, Hu 等指出 Rhee 等的方案无法抵抗服务器的离线关键字猜测攻击, 并描述了具体的攻击方法和两种改进, 保留了指定服务器才能进行关键字搜索的性质。2010 年, Rhee 等[33]讨论了指定搜索者的关键字公钥可搜索加密方案的陷门安全性, 并定义了首个抵抗关键字公钥可搜索加密方案的离线关键字猜测攻击的安全模型。2012 年, Yau 等[34]分析了 Rhee 等的安全模型和关键字搜索方案的弱点, 定义了关键字公钥可搜索加密和指定搜索者的关键字公钥可搜索加密的抗关键字猜测攻击比 Rhee 等的安全模型更强的模型。同时, Yang 等[35]指出利用双线性对来构造关键字公钥可搜索加密方案是无法抵抗离线关键字猜测攻击的原因, 并构造了无须双线性对的关键字公钥可搜索加密方案。2013 年, Fang 等[36]回顾了无法抵抗离线关键字猜测攻击的方案特点, 提出了标准模型下能够抵抗离线关键字猜测攻击的关键字公钥可搜索加密方案。

传统的公钥密码算法对明文加密以后, 从密文中很难发现明文的结构, 因为经过公钥密码加密的文本在加密后会呈现一种随机状态。对于无法获取私钥的攻击者, 这些密文完全是随机的, 这是传统公钥密码算法安全保证的基础, 即可以抵抗选择明文攻击与选择密文攻击。非对称可搜索加密(asymmetric searchable encryption, ASE)涉及更复杂的技术, 如有限域、高指数等需要大量计算的算法, 已有的大多数非对称可搜索加密方案还需要用到椭圆曲线上的双线性对计算, 相比哈希函数和块密码的加密方式, 速度更慢, 计算代价更高。在非对称可搜索加密的典型应用方案中, 由于数据不能存储在高效的数据结构中, 所以存储效率较低。

ASE 方案的安全保证实际上比 SSE 更弱，对 ASE 进行多次搜索之后，服务器可以通过对用户搜索模式做一些假设猜测出所搜索的关键字，由此推断某份文档包含哪些关键字，这样会泄露用户有用的信息。然而，即使搜索确实泄露了信息，泄露的内容也是服务器从返回给用户的正确文件中了解到的，这些文件包含某些常见的关键字。换言之，服务器的信息不是加密原语所泄露的，而是正在使用的加密搜索方式所泄露的，即这种泄露是云存储服务所固有的。

非对称可搜索加密具有较高的使用价值，但在效率和安全方面仍存在缺陷，因此，如何提高安全性和搜索效率还是待解决的问题。

4.2.3　多关键字可搜索加密的研究进展

云存储用户可能仅对某部分数据而不是云端所有的数据感兴趣。用户可以通过关键字查找得到自己想要的相关文件。随着实际应用的发展，对云中的加密文件进行单关键字查找已经不能满足用户的需求，因此，引入多关键字查找变得非常迫切。多关键字查找可以让用户输入多个关键字对云中的加密文件进行搜索，也可以自定义关键字之间的与或逻辑关系。例如，用户可以搜索既包含关键字"information"又包含关键字"retrieval"的文件序列，也可以搜索包含关键字"cloud"或者包含关键字"keywords"的文件序列。引入多关键字查找，可以提高搜索结果的准确性，也更加符合用户的搜索习惯。

对多关键字搜索时，用户为每个关键字生成陷门。在搜索时，需要服务器对查询结果进行复杂的计算，或者在服务器上存储额外信息，前者会泄露关键字，后者花费的存储开销几乎呈指数级增长。已知的对称可搜索加密方案中，处理关键字的连接操作是基于椭圆曲线上的线性对计算，和非对称可搜索加密一样，存在效率低的问题。

2004 年，Golle 等首次提出了关键字按与搜索加密的概念，使服务器在搜索时能够判断多个关键字是否存在于关键字密文中，只有搜索的多个关键字都存在于关键字密文中，服务器才会返回该密文对应的数据。同时，他们还给出了两种具体构造，但此构造是基于对称密码的。关键字按与搜索公钥加密是由 Dong 等[37]提出的，他们在 Boneh 等方案的基础上，提出了两个关键字按与公钥可搜索加密方案，第一个方案基于双线性对，计算量相对较大；第二个方案计算量小，但公开参数比较长。Ballard 等[38]给出了关键字按与公钥可搜索加密两个更高效的实现，一个方案是利用 Shamir 门限共享构造的，该方案搜索每个文件都需要计算两次求余，陷门长度与文档数目呈线性增长，且该方案要求用户预先估算搜索次数。然而，在实际应用中这是相当困难的；第二个基于双线性对和数学困难问题，给出了方案的安全性证明，该方案的陷门大小固定，但查询单个文件都需要多次线性对计算，对云存储中的海量数据，计算成本太高。2006 年，Byun 等[39]提出了固定通信和存储开销的在 DBDH

假设下可证明安全的关键字按与公钥可搜索加密方案，并且将其部署到加密数据存储系统中。2007 年，Hwang 和 Lee[40]提出了更加高效的方案，他们基于判定性线性 Diffie-Hellman 假设提出了密文长度更短且计算效率更高(只需 3 个对运算)的关键字按与公钥可搜索加密方案，并且他们还给出了多用户关键字按与公钥可搜索加密的思想和具体的方案构造。同年，Boneh 和 Waters[9]创新性地提出了隐藏向量加密的概念，并利用隐藏向量加密构造了按与、子集和范围搜索的关键字公钥可搜索加密机制，更加丰富了多个关键字之间的运算，不仅使关键字能够按与运算来进行搜索，也能够按或运算来搜索和关键字按与、或混合运算搜索。2008 年，Jeong 和 Kwon[41]对 Ballard 等和 Byun 等的方案进行了分析，指出两个方案均存在安全性弱点，并给出了具体的攻击方法，可惜的是，他们没有给出具体的改进手段。2011 年，Zhang B 和 Zhang F[42]在讨论现有机制弱点的基础上，提出了一个高效的关键字子集的按与公钥可搜索加密机制，并与 Boneh 等的方案相比较，阐述了其方案的高效性。2013 年，Lee 等[43]扩展了 Golle 等提出的关键字按与公钥可搜索加密的安全模型，提出关键字按与公钥可搜索加密需要满足的六个性能和安全目标，通过分析现有的若干此类方案，指出了构造安全的关键字按与公钥可搜索加密方案两个重要的方法。同时，Pan 和 Li[44]结合基于身份加密方案和按与关键字可搜索加密方案，提出了适用于利用基于身份的邮件地址的安全邮件过滤和搜索系统中的按与关键字公钥可搜索加密方案，该方案能够在适应性安全模型下基于判定性 Diffie-Hellman 逆假设抵抗选择关键字攻击达到密文不可区分性。2015 年，Liu 等[45]为多数据源的场景设计了基于对称加密的连接关键字相等搜索算法，允许各数据源以分散的方式生成索引。该算法成功地保护了数据文件和检索结果的隐私，却泄露了数据源数目、数据文件数目以及访问模式和搜索模式等信息。

另外，近年来逐渐发展的谓词加密 (predicate encryption) 是一种涵盖面比较广的密码学原语[46]。Katz 等[47]基于公钥密码算法提出了支持或、多项式方程以及内积的谓词加密。主要思想是在复合阶群上构造支持合取范式、析取范式以及多项式方程的矢量。在复合阶群上构造的双线性对的计算开销是在素数阶群上的 50 倍。Attrapadung 和 Libert[48]通过牺牲属性隐私的方法提高了 Katz 等提出的方法的效率。Li 等[49]基于公钥加密利用分层的谓词加密解决了在加密的个人健康记录上具有隐私保护的关键字搜索问题。这个方案实现了范围查询和子集查询。基于公钥密码算法的谓词加密方案有一个共同的缺点就是不能保护查询隐私。也就是说，云服务器可以了解用户正在查询的内容。这是因为云服务器可以利用公钥加密各种属性值对应的信息，之后对用户提交的查询陷门发起词典攻击。Shen 等[50]发现基于公钥密码算法的谓词加密固有的缺点后，提出了基于公钥密码算法的支持多关键字连接相等查询的谓词加密方案。尽管该内积谓词加密可以扩展为范围谓词加密，但是需要花费相当大的代价。Lu[51]扩展了 Shen 等的方案的功能并支持范围查询，并且提高了搜索效率。

2011 年，Cao 等[52]提出了多关键字排序搜索加密方案，并利用协调匹配的方式更科学地衡量了数据文件与关键字的相关度。Cash 等[53]提出了第一个支持多关键字按与搜索和布尔询问的可搜索对称加密协议，实现了大规模数据库中加密数据搜索时性能和隐私上的平衡，适用于外包加密和大型结构化数据的数据库。Lee 等提出了高效数据插入和删除的多关键字可搜索加密方案，既防止了用户数据的泄露，又支持可移动的数据存储服务。Sun 等[54,55]提出了基于多维 B 树(multidimensional b-tree，MDB-Tree)的搜索方案，这类方案的搜索速度比线性搜索大很多。然而在这些查询方案中，在服务器返回的查询结果中引入了不精确性。Strizhov 和 Ray[56]克服了引入不确定性的缺点，提出多关键字相似性加密可搜索方案 MKSim，该方案的检索时间与文档总数之间存在亚线性关系。然而这类查询仍然是多关键字连接相等查询，只是对返回的结果进行了排序。

4.2.4　多用户可搜索加密的研究进展

云存储用户可以通过可搜索加密技术在外包数据之前对数据进行预处理。用户可对云服务器发送加密数据和索引，在搜索时用户生成一个令牌，向云服务器提出搜索请求。在整个过程当中，云服务器无法获取令牌以及数据的任何内容，但是它可以返回正确的搜索结果。早期提出的单用户的可搜索加密机制仅适用于用户检索自己存储在云端的加密数据，搜索操作只能由一个用户或者分享同一个密钥的一组用户完成。当组内某一个用户不再被授权访问该数据时，密钥的管理将会成为一个棘手的问题。因此，多用户的可搜索加密技术的提出具有重要意义[57]。在多用户的环境下，用户可以与他人分享私人信息。然而，海量数据的计算开销是这类机制最大的瓶颈。

2006 年，Curtmola 等将单用户可搜索加密解决方案结合组播加密技术，首次提出了多用户可搜索加密方案。通过在所有用户之间共享密钥的方式实现多用户搜索，方案中陷门长度与关键字所在的文件的数目呈线性关系，在海量数据存储时，陷门增长速度很快。用户撤销时基于广播加密的方式，是一种对称加密模式。因此，一旦有用户的密钥丢失或泄露，就意味着其他用户的查询密钥也泄露了。当新用户注册或老用户注销时，需要重新计算广播加密，修改用户加密的参数，保证新注册的用户具有相关的检索权限，而撤销的用户无法进行有效操作。单个用户的注册或注销会影响同组其他所有用户，若系统注册用户量很大或用户权限不固定，整个系统需要在管理权限上耗费极大的开销。方案中的加密数据是"只读"的，并且由于加密密钥共享从而导致"不完全的"用户撤销问题。直接将单用户方案扩展来实现多用户检索是很不明智的。Curtmoal 等的方案的安全性也不高，广播加密模式中所有用户都使用数据属主的密钥进行查询，意味着难以判断是由谁发起该查询的，系统收费或安全人员要求提取证据时这种方案就不够智能化。此外，该方案虽然支持多个用户的搜索操作，但仅允许单用户向数据库中写入，而实际应用要求数据库支持多个用户的写入和搜索操作，即多写多读的模式。

Bao 等[58]利用双线性映射提出了一个多用户环境下的可搜索加密方案，解决了 Curtmola 等的方案中的"只读"问题。Yang 等[59]又进一步解决了"不完全的"用户撤销问题。Dong 等[60]随后也提出了两种多用户可搜索加密方案。一个方案是利用 RSA 公钥加密算法以及代理加密技术，而另一个方案是利用 ElGamal 代理加密技术提出了一个具有更新数据能力的多用户环境下的可搜索加密方案，不仅解决了"不完全的"用户撤销问题，而且相对于 Curtmola 等的方案，具有更高的计算效率，但需要更多的存储服务器的空间。

2007 年，Hwang 和 Lee 将多用户与多关键字相结合提出了新的方案，引入多用户多关键字可搜索加密的概念，该方案指出了之前多关键字方案的缺陷。方案中指出若将关键字的连接操作交由服务器执行，会泄露单个关键字的信息，而存储元数据则需要指数级的存储空间，且搜索时间与关键字的数目成正比。因此，该方案为了减少服务器和用户的存储费用，首先构造了简单的多关键字可搜索加密，所构造的密文非常短，且基于双线性映射操作，而不是双线性对操作，因此降低了计算量，提高了计算效率。由于仅需用户存储私钥，也减少了服务器和用户的存储费用，为多用户提供了有效的检索方案，在随机预言模型下基于决策线性 Diffie-Hellman 假设证明了多用户多关键字可搜索加密方案在特定应用下的安全性。若将该方案应用于加密文件共享系统中，用户信息的安全性可以得到保证，并且服务器和用户的存储空间能达到最优，即该方案的计算成本少，并且传输费用低。2013 年，Zhang 等[61]将可搜索加密和基于身份加密相结合，提出了云存储中多用户的云存储加密方案，实现多用户之间的数据共享和用户动态性。

4.2.5　结构化可搜索加密的研究进展

加密算法通过隐藏与明文相关的信息来保证数据的机密性，由于数据经过加密后很难保持原有结构，这也是加密数据能保密的重要原因之一。然而，这种方式会使具有某种结构特征的数据在加密后难以被检索，数据的可用性大大降低，即用户失去了便捷操作数据的能力。在某些环境下，用户可能更希望加密方案能够允许自己执行特殊操作。

若能在保证数据安全的情况下保持原有信息的结构，这种加密会更实用，搜索的效率也会提高。举个简单的例子，在远程存储环境下，数据属主希望将结构化数据存储在受信任的服务器上，如存放许多 Web 页面，而在本地仅保留了少量的相关信息，通常为一些常量值，为了保证数据机密性，数据属主会对数据加密。但是，这种方法往往令人非常失望，因为加密的数据失去了其原有的结构，用户也失去了有效的查询能力。

　　在前面的可搜索加密方案中，只考虑了对文本数据的加密搜索。而在现实应用中，用户可能存储得更多的是结构化的数据，如 HTML 页面、XML 文件、具有图结构或者网状结构的数据(如朋友网中用户之间的关系列表)。当用户将具有某种结构特征的数据存储在云服务器上时，也需要加密。这就使得通常针对文本的加密方式无法满足要求，因为文本加密会破坏数据之间的结构化特征。上述方案虽然在逐步改进，但是仍旧不能很好地满足结构化数据的检索。

　　2005 年，Ballard 等[38]的研究把关注点转向了非文本数据。确实许多大规模的数据集，如图片集合、社交网络数据、位置信息地图等属于非文本数据，因此，迫切地需要使用可搜索加密来处理结构数据。

　　Ballard 等考虑了这一问题，他们所提出的方案中用户可以用私钥生成特定的查询陷门来检索加密的结构化数据，查询过程不会泄露用户信息。利用多项式来表示 XML 结构类型的数据，既对数据内容加密，保证了数据的安全性，也能够在某种程度上保持数据的结构特性。然而，所提出的方案需要数据属主存储一些原始数据，使用户数据的外包不够彻底。

　　2010 年，Chase 和 Kamara[62]明确地提出了结构加密的概念，结构加密应该允许用户对数据加密，而不失去有效检索的能力。提出的方案可以加密结构数据，用户能够有效地查询并保护自己的隐私。扩展了基于索引的对称可搜索加密到复杂结构化数据的加密，并且给出了对二维矩阵、标签数据、图等一些常见数据的结构加密方案。将这些数据分解为文本内容与文本结构，然后分别进行加密，并将加密的数据存储在第三方服务器上。这些方案使用了随机置换、伪随机函数等对称加密算法，方案的效率较高。首先提出对两种简单的结构数据类型执行检索操作的方案，即对矩阵结构数据的查询和标签数据的检索，如给出矩阵的坐标、返回存储在该坐标的值，或者给定标签项集合和关键字，查找包含该关键字的标签；然后，为图结构数据的加密构造了有效的方案，如允许对图结构加密数据的邻接点查询，给定一个图和节点，返回该节点的所有邻接点，或者对图结构加密数据的邻接边查询，给定一个图和某节点，返回该节点的所有邻接边；最后，考虑了一种复杂的标签图数据，如 Web 图，分析了如何对这种结构的数据加密，为了查询 Web 图的某个子图，用到了几种 Web 搜索算法。方案的结构基于标签数据和基本的图加密方案，将基本图加密方案与几种简单的算法结合，对更复杂的查询生成有效的方案。还对可搜索对称加密方案进行了总结，应用于对结构数据的加密中，并使方案应用于云存储环境下。还扩展了适应性的安全性定义到结构化加密的环境下，为各种结构数据构造了适应性安全的结构加密方案，并对结构加密数据的安全性给出了详细定义。Cao 等[63]第一个提出了云数据中加密图像的搜索和回取问题，分析了基于图像的加密数据搜索的一系列安全性需求。他们首先在加密图像上建立基于特征的索引，然后利用过滤并验证的方法在验证步骤之前修剪加密的图像，最后利用内积作为修剪工具来高效地得到过滤后的搜索结果。他们利用安全内积计算来实现图像的语义安全性，并在现有的攻击模型下改进方案使其满足大量的安全隐私性要求。

Chase 等还引入了另一个应用，即可控的暴露。在这类应用中，数据属主仅希望将大量数据集中的一部分访问权限授予其他人。用户将数据存放在远程服务器上，希望服务器对某些数据执行计算，为了服务器能够为自己执行任务，用户实际上愿意泄露一些信息，但也不想服务器知道太多信息。例如，用户将大规模的社交网络数据存储在远程服务器上，需要服务器返回网络中符合条件的部分数据，类似于图结构中的子图查询。若社交网络使用的是经典的可搜索加密方案，用户需要泄露整个网络，但用户此时的需求是数据加密后，暴露一部分数据给服务器，让其为自己处理搜索请求。数据需要在大量的数据集上执行，需要安全的解决方案，是一种对安全、效率和实用性三者之间折中的处理机制。

结构化加密数据用到了安全两方计算、全同态加密等技术。Ballard 等的方案是非交互性的，也是最优的。最坏情况下，查询时间与数据项的数量呈线性关系。然而，Ballard 等的文献中所提到的数据类型只是很少一部分，而且这个方案不支持用户修改存放在第三方服务器上的加密数据。因此，结构化数据的加密搜索仍需大力研究。

对于结构化加密数据的主要问题是服务器执行查询操作的效率，实际上，云存储环境下所处理的是大量数据集，即使搜索操作时间的增长为线性的，方案的可行性也不是很高。

4.3　可信云存储中的密文搜索体系结构

解决可信云存储数据安全问题最直接有效的方法就是数据所有者将数据加密后再上传至云端，加密的方法保证了数据在未经授权的情况下不会被窃取和篡改，数据在云端可控。但是加密处理导致密文数据失去了明文数据原有的相关特性，使数据所有者无法在云端对自己的数据进行查询、更新等操作，从而导致云提供的服务大打折扣，因此研究人员将密文搜索技术应用于云存储系统用以兼顾云存储数据的安全性和可操作性。

基于云存储环境的密文搜索的基本思想可以描述为由数据所有者在客户端用一种特殊的加密方式对其数据进行加密获得加密后的密文并生成对应的查询单射函数；用户发起数据搜索请求时，云可以利用用户发送的查询单射函数，通过密文匹配操作，查找出用户所需数据，且在操作过程中云不会获知数据的明文内容。因此基于云存储的密文搜索技术不但保证了数据存储的安全性，还保证了云的功能性。

　　总结起来，目前密文搜索技术主要有两种典型方法：第一种直接对密文进行线性搜索，即对密文中每个单词进行逐个比对，确认关键字是否存在于文档中以及统计其出现的次数；第二种基于安全索引，先对文档建立关键字索引，然后将文档和索引都加密上传至云端，搜索时从索引中查询关键字是否存在于某个文档中。现有工作能否以统一的体系结构组织起来，并为应用和下一步的研究工作提供基础[64]？

　　经过对现有的密文搜索工作的调研和整理，给出基于云存储的密文搜索体系结构，如图 4-1 所示。密文搜索的组成个体主要有三部分：数据属主、数据用户和云存储服务提供商。数据属主先将数据传给代理（proxy），由代理根据密文搜索方案决定对数据是否建立关键字索引，如果不需要建立索引，直接对明文数据进行加密上传到云端即可；如果需要建立索引，那么先建立关键字索引，然后依照一定的可搜索加密机制分别对索引和数据进行加密，再将加密后的数据和索引上传到云端，在云端进行存储。进行密文搜索时，数据属主分别给予不同的数据用户不同的访问权限的查询单射函数和解密密钥，使用户可以通过云存储服务提供商提供的查询接口进行密文搜索，并且可以对搜索到的密文进行解密。

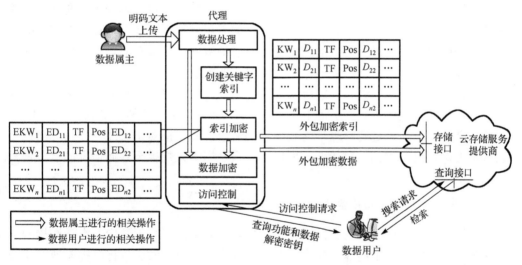

图 4-1　可信云存储中密文搜索体系结构

　　图 4-1 中由代理建立的是倒排索引表，KW_i 代表关键字；D_{ij} 是分配给文档的标识号，是唯一的；TF 是关键字的词频信息，即该关键字在对应文档中出现的次数。Pos 表示关键字的位置信息。通过搜索倒排索引表可以迅速地找出某个关键字具体出现的位置和存在于哪篇文档中。EKW_i 是加密后的关键字，ED_{ij} 表示加密后的文档标识号，加密方案可以是对称加密，也可以是非对称加密。对于密文搜索，在云中的工作流程可以概括地描述为：云存储的查询接口接收到用户的查询请求，根据

用户提交的查询单射函数和关键字(可以是密文,也可以是明文)进行相应的操作(在不同的密文搜索方案中的操作是不同的,如 Song 等的方案中查询单射函数是异或操作,Goh 的方案中是布隆滤波器),根据操作后得到的结果判断该查询关键字是否存在于文档之中。

1. 直接对密文线性搜索的方法

无索引情况下,对密文全文直接进行线性搜索的方法可以进一步分为两个子类:第 1 子类是基于对称密钥的加密搜索,代表是 Song 等提出的对称可搜索加密方案;第 2 子类是基于非对称密钥的加密搜索方案。代表是 Boneh 等提出的基于关键字的公钥加密搜索(public-key encryption with keyword search,PEKS)方案,该方案可以让接收者从发送者发出的文件中搜索出是否包含需要的关键字。该方案的基本思想是数据发送者用公钥分别对指定的关键字集合中的若干关键字执行加密操作运算,计算得到的结果附在发送的消息后面,且由服务器保存;数据接收者用私钥生成查询关键字的查询函数,并将结果提交给服务器。服务器通过执行比对函数,根据结果输出 1 或者 0 判断两者是否是同一个单词。

直接对密文线性搜索算法应用在云存储系统中时,其对文本的加密是在客户端完成的,然后将加密后的数据上传至云端,如果想要搜索存储在云存储中的数据,用户根据所用的加密算法生成对应的查询单射函数发送给云存储,然后由云存储在不会获知明文内容的情况下完成对密文的等值匹配搜索。

直接对密文线性搜索算法能够实现将数据安全地存储在云存储中,保证数据的私密性和可控性,支持在云存储环境中的密文搜索。但是云存储中的数据高度集中,因此安全措施必须满足能够处理海量信息的需求。而直接对密文线性搜索算法在密钥管理方面代价太大且效率较低,所以不太适合用于大规模云存储情况的密文搜索情况。

2. 基于索引的密文搜索方法

直接对密文线性搜索的方法缺点在于搜索效率不高,且无法应对海量数据的搜索场景,为了解决这个问题,研究人员考虑到为密文建立索引以提高搜索速度和搜索范围。基于索引的密文搜索也可以分为两个子类:第 1 子类针对结构化的数据,以数据库为代表,不需要进行分词操作;第 2 子类针对非结构化的数据,以文件系统和 Web 网页内容为代表,需要进行分词操作,且分词会直接影响到搜索效果。

对于结构化数据,数值明文在加密完成后,密文不再具有原来的任何大小特征。这使得对结构化数据最为常用的操作:等值搜索和范围搜索在密文数据中无法进行。为了在密文数据中也能进行相关操作,研究人员考虑用不同的加密方法使得仍然可以对密文进行等值搜索和范围搜索。

　　针对非结构化数据的密文搜索与结构化数据类型不同，非结构化数据中最常见的搜索是等值搜索或模糊搜索。Goh 设计了一种安全加密索引及其密文搜索方法。安全加密索引要解决的基本问题有两个：一是如何对海量密文数据进行搜索；二是如何提高搜索效率。

　　基于索引的密文搜索算法应用在云存储系统中时，客户端首先对文件集合建立索引，然后分别对索引和文件集合进行加密后上传至云端；当用户想要搜索存储在云中的数据时，根据所用的加密算法生成对应的查询单射函数发送给云，然后由云在加密索引中完成密文的搜索过程并返回查找结果，云在搜索过程中不会获知搜索的明文内容。基于索引的密文搜索方法是目前的研究主流，原因是其搜索效率更好，安全性能更高，适用于大规模的云存储密文搜索系统。

4.4　可信云存储中的对称可搜索加密

　　对称密码学算法指的是对信息的加密和解密都使用同一个密钥或衍生于同一个密钥，其优点在于计算的开销小，密钥管理方便，适用于计算量较大的加密。而其缺点是在传送数据前，发送方和接收方需要进行密钥协商，在密钥交换过程中密钥容易泄露，数据变得不再安全。

　　对称可搜索加密机制是指一些基于对称密码算法的可搜索加密机制，主要使用一些伪随机函数发生器、伪随机数发生器、哈希算法和对称密码算法构建而成，适合于单用户创建数据，单用户使用或者与多用户共享密钥的应用场景。当用户需要搜索某个关键字时，可以对该关键字进行随机化处理生成搜索凭证，然后服务器端对搜索凭证按照方案所预设的计算方式进行关键字匹配，如果计算结果符合特定格式，说明该文件包含要检索的关键字。最后，云存储服务器将所有符合特定格式的密文发送给用户，用户只需要对返回的文件进行解密即可。

4.4.1　预备知识

　　对称可搜索加密方案时，常使用以下几个密码学原语。

　　定义 4.1　伪随机发生器(pseudo-random generator)。伪随机发生器 $G:K_G{\rightarrow}S$，其中 $K_G=\{0,1\}^k$ 是伪随机发生器的种子，$S=\{0,1\}^m$。定义敌手 A 攻击 G 的优势为

$$\text{Adv}_A=|\Pr[A(U_{K_G})=1]-\Pr[A(U_S)=1]|$$

式中，U_{K_G} 和 U_S 为 K_G 和 S 上均匀分布的随机变量。如果敌手 A 运行时间最多为 t 的攻击算法，其优势 $\text{Adv}_A<e$，那么认为伪随机发生器 G 是 $<t,e>$ 安全的。这里的伪随机发生器可以视为一个流密码器。

　　定义 4.2　伪随机函数(pseudo-random function)。伪随机函数是一个多项式时间

的确定性的函数 $f\{0,s_1\}^n \to \{0,1\}^m$。考虑输入 x，以及一个保密的随机种子或函数标记 k，那么有 $f(x,k)=f_k(x)$。直观上来看，一个伪随机函数与一个随机函数在计算不可区分时，即给定数据对 $(x_1,f(x_1,k)),\cdots,(x_m,f(x_m,k))$ 给敌手，敌手无法计算出 x_{m+1} 对应的 $f(x_{m+1},k)$。定义敌手 A 攻击 f 的优势为

$$\text{Adv}_A=|\Pr[\,A^{f_k}=1]-\Pr[A^R=1]|$$

式中，R 为 $\{0,s_1\}^n \to \{0,1\}^m$ 映射中随机选取的一个随机函数。对于任意随机语言算法 A 如果最多发起 q 次问询，且每次算法运行时间最多为 t，攻击的优势 $\text{Adv}_A < e$，那么认为 f 是 $<t,q,e>$ 安全的伪随机函数。

定义 4.3　伪随机置换(pseudo-random permutation)。伪随机置换 E，即一个分组密码。如果一个置换函数族 $\{f_s:\{0,1\}^n \to \{0,1\}^n\}$ 满足下列特点，则认为它是一个强伪随机置换函数族。

(1)计算高效：即对于任意种子 s 和输入 $x \in \{0,1\}^n$，存在一个多项式时间算法 $F:F(x,s)=f_s(x)$。

(2)伪随机性：敌手 A 的攻击优势定义为

$$\text{Adv}_A=|\Pr[\,A^{E_k,E_k^{-1}}=1]-\Pr[\,A^{\pi_k,\pi^{-1}}=1]|$$

式中，Adv_A 是一个 n 的可忽略函数。

对于任意随机语言算法 A 如果最多发起 q 次问询，且每次算法运行时间最多为 t，攻击的优势 $\text{Adv}_A < e$。那么认为 E 是 $<t,q,e>$ 安全的伪随机置换。

定义 4.4　IND-CCA2(indistinguishability under adaptive chosen ciphertext attack)。IND-CCA2 即适应性选择密文攻击，是密码学中一种重要的概念。最早的非适应性选择密文攻击由 Naor 和 Yung 提出。Rackoff 和 Simon 提出了更强的安全概念 IND-CCA2，被广泛应用。它定义的安全游戏参与者包括挑战者和敌手，下面描述的游戏过程基于对称密码系统。

初始阶段：根据密钥生成算法，挑战者产生密钥 K，KKeyGen。

问询阶段Ⅰ：敌手可以不限次数地向挑战者问询任意密文的明文，即提交密文给挑战者，挑战者返回对应的明文。

挑战阶段：敌手选择两个消息，分别为 m_0 和 m_1，并发送给挑战者。挑战者随机选择一比特 $b \in \{0,1\}$，并加密 m_b，最后把 $\text{Enc}_k(m_b)$ 发送给敌手。

问询阶段Ⅱ：与问询阶段Ⅰ类似，但是不允许问询消息 m_0 和 m_1 的密文。

猜测阶段：敌手输出一比特 b'，如果 $b'=b$，那么敌手在游戏中获胜。

4.4.2　对称可搜索加密方案

1. 基于伪随机数的可搜索加密方案

Song 等在 2000 年提出可搜索对称密钥加密(searchable symmetric key encryption,

SSKE)方案。该方案的基本思想是采用流密码方法对字符型数据进行加密处理，存储时，它使用流密码算法将原数据与随机发生器产生的随机数进行按位异或后得到的密文存储在加密的文件中；查询时，可以无须解密，直接在加密文本中搜索关键字，即用户用给定的加密后的关键字在密文中进行逐个异或运算，根据异或的结果是否等于该关键字的查询单射函数，确定该关键字是否存在于密文中。

SSKE 方案为每个词都进行了特殊的两层加密，框架如图 4-2 所示。

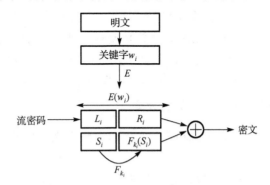

图 4-2　Song 等的 SSKE 框架图

服务器通过给定的查询单射函数可以剥去外层的加密，然后能够判断内层的密文是否存在于文档中，其基本步骤如下。

(1)输入分组加密函数 E、密钥 k 及明文中的单词 w_i(长度经过处理，皆为 n bit)，生成一次加密后的单词 X_i(该过程与 w_i 所处的位置无关)：$X_i=E_k(w_i)$。

(2)用伪随机发生器生成一串伪随机数 $S_1,S_2,\cdots,S_k,S_i(i\in[1,k]$, k 表示文档中单词的个数)的长度皆为 $(n-m)$ bit。

(3)将经过一次加密后的单词分成 L_i 和 R_i 两部分，L_i 的位数是 $n-m$，R_i 的位数是 m。

(4)输入哈希函数 f 和 L_i，生成密钥 k_i：$k_i=f_k(L_i)$。

(5)输入伪随机数 F 和 k_i 对 S_i 进行操作，生成其余的 m bit，即 $F_{k_i}(S_i)$。将 $F_{k_i}(S_i)$ 和 S_i 合并得到 $T_i=S_i\|F_{k_i}(S_i)$，T_i 的长度为 n bit。

(6)将 T_i 与 X_i 按位进行异或运算，得到二次加密后的密文：$C_i=T_i\oplus X_i$。

(7)搜索时，输入加密后的待搜索单词 $E_k(w)$ 依次与密文中的每个单词进行异或运算，即 $T=C_i\oplus E_k(w)$。检测是否存在某个 S_i 的 T_i 与 T 相等，如果相等，则表示文档中存在单词 w；否则表示文档中不存在单词 w。

(8)解密时，先将 S_i 与 C_i 的前 $(n-m)$ bit 进行按位异或运算，得到 L_i 的值，再由 $k_i=f_k(L_i)$ 求出 k_i 的值，得到 k_i 后就可以解密密文文档。

其中步骤(7)在云端完成，云从客户端接收到加密后的待搜索单词 $E_k(w)$ 后与存在云中的密文的每个单词进行异或运算,寻找密文中是否存在用户查询的单词。其余步骤皆在客户端完成。

SSKE 这种方法几乎没有额外存储空间的开销,加/解密速度快,在搜索过程中只是用到简单的异或运算和函数求值,执行效率高,简单易行。但为了保证密文不受到明文攻击和统计攻击,流密码算法中密钥序列不能重复,这样会导致密钥管理难度增大,并且 SSKE 方案只能证明是一个安全加密方案,而不能证明是一个安全的密文搜索方案,原因在于以下几点。

(1)其底层明文的分布结构在抗统计性分析攻击面前是很脆弱的。

(2)SSKE 方案通过逐词匹配密文信息来搜索关键字,所以这种搜索方法在海量数据的情况下难以应用且会泄露搜索关键字在文档中的所处位置。

(3)只能实现对自己加密数据的搜索,与当前所有的文件加密体系都不兼容。

2. 基于布隆过滤器的可搜索加密方案

2003 年 Goh 提出安全索引的概念,实现对海量密文数据的搜索。搜索机制建立在布隆过滤器(BF)之上。

为了解决如何对海量密文数据进行搜索和如何提高搜索效率这两个安全索引面临的问题,Goh 利用 BF 为每个文档生成索引,用户可以通过这个索引来确定关键字是否存在于这个文档中。搜索时,只需要对搜索词 w 进行 h_1 到 h_r 的哈希函数处理,如果计算出的值对应于 $m$bit 数组中的位置上的值全为 1,则表示文档中包含搜索词 w;否则搜索词 w 不在文档中。采用 BF 技术的优势在于使攻击者很难通过解密的方式从索引获知关键字的明文信息。Goh 的方案对于"非自适应选择关键字攻击"是语义安全的,即若一个索引是抵抗选择关键字攻击的不可区分性(indistinguishability against chosen keyword attack,IND-CKA)安全的,表示两个大小相等的加密文档的索引应该看起来有着相同数目的关键字。Goh 方案的安全性已经足够抵御选择关键字攻击(chosen keyword attack,CKA),加上 BF 使搜索效率更高,再配合伪随机函数生成了它的最终方案 Z-IDX。

Z-IDX 方案主要包括以下四个算法。

密钥生成算法 Keygen(s):给定一个安全参数 s,选择一个伪随机函数 $f:\{0,1\}^n \times \{0,1\}^s \rightarrow \{0,1\}^s$,生成主密钥 MSK=$(k_1,\cdots,k_r) \leftarrow \{0,1\}^{sr}$。

陷门生成算法 Trapdoor(MSK,w):输入主密钥和单词 w,输出单词 w 的查询单射函数 $T_w=(f(w,k_1),\cdots,f(w,k_r)) \in \{0,1\}^{sr}$。

索引生成算法 BuildIndex(D,MSK):输入由唯一标识符 $D_{id} \in \{0,1\}^n$ 及单词 $(w_0,\cdots,w_t)$ 组成的文档 D 和 MSK=$(k_1,\cdots,k_r) \leftarrow \{0,1\}^{sr}$。

对每一个唯一单词 w_i,$i \in [0,t]$,计算 Trapdoor:$(x_1= f(w,k_1),\cdots,x_r=f(w,k_r)) \in \{0,1\}^{sr}$。

w_i 在 D_{id} 中的码字为 $(y_1=f(D_{id},x_1),\cdots,y_r=f(D_{id},x_r))\in\{0,1\}^{sr}$。将 $y_1,\cdots,y_r$ 插入文档的 BF 中。

计算文档 D 中的单词数上限值 u。例如，u 的极值可以假定为文档 D 中的字节数（加密后）。令 v 表示在 $(w_0,\cdots,w_t)$ 单词集合中所有出现的单词数目（重复出现的只记一次），然后将 $(u-v)r$ 个 1 均匀随机地插入 BF 内。这相当于在索引中加入 $u-v$ 个随机单词，且不需要进行任何伪随机函数计算。

最后输出 D_{id} 的索引 $I_{D_{id}}=(D_{id},BF)$。

搜索索引算法 SearchIndex(T_w,I_D)：输入单词 w 的查询单射函数 $T_w=(x_1,\cdots,x_r)\in\{0,1\}^{sr}$ 和文档 D_{id} 的索引 $I_{D_{id}}=(D_{id},BF)$。

计算 D_{id} 内 w_i 的码字：$(y_1=f(D_{id},x_1),\cdots,y_r=f(D_{id},x_r))\in\{0,1\}^{sr}$。

检测 $y_1,\cdots,y_r$ 所表示的 r 个位置在 BF 内是否全为 1。

如果全为 1，输出 1；否则，输出 0。

Z-IDX 应用在云存储系统中时，其中 SearchIndex 算法在云端完成，根据查询单射函数和文档生成的 BF 判断查询关键字是否存在于文档中；其余三个算法皆在客户端完成。

因为 BF 数据结构是随机化的，所以它的空间存储效率非常高。构成 BF 的两个基本部分为：k 个相互独立的哈希函数和一个 m 位的数组。初始时该数组的每一位都为 0。如果要表示某个包含 n 个元素的集合，只需要计算出其中的每个元素的 k 个在 $\{1,2,\cdots,m\}$ 的哈希值，然后在数组中找到对应的 k bit：若比特为 0，置 1；若已置 1，则保持不变。但是 BF 虽然高效，却存在一定的正向误检（false positive）概率：即查询时，计算查询元素的 k 个哈希函数值，只要在数组中对应的比特有 1 个为 0 时，表示该集合一定不含此元素；但即便计算出来的 k 个哈希值所对应的数组位全为 1，该集合中也未必包含该元素。

因为 BF 存在这种正向误检概率，所以 Goh 的方案不适用于"零错误"情况。于是 Chang 等提出了 IND-CKA 方案：没有引入公钥加密体系，只用到了启发式伪随机函数。该方案不但可以避免 Goh 方案的正向误检情况，而且抵抗选择关键字攻击能力也比 Goh 方案强，可以抗自适应选择关键字攻击，即便攻击者知道以前的搜索信息也无法获知查询函数。

3. 可验证的基于字典的可搜索加密方案

Chang 和 Mitzenmacher[6]利用关键字索引的概念构造了对远程加密数据隐私保护的搜索方案，用伪随机位表示基于字典的关键字索引，用户生成短的种子来帮助服务器恢复所选择的索引，而索引的其他部分仍为随机的。方案需要占用少量带宽和存储空间，由于索引部分的加密与文件内容的加密是独立的，所以方案也适用于压缩文件和多媒体文件。

2016 年王尚平等[65]提出了一个可验证的基于词典的可搜索加密方案。可验证主要是指搜索结果的正确性和搜索完备性。其中，搜索正确性是指只有符合搜索条件的加密文档才被返回，搜索完备性是指所有符合搜索条件的加密文档都被返回。搜索正确性是目前所有方案都必须满足的性质，而搜索完备性是通过增加关键字的检验和来完成的。根据安全性定义，证明了方案的安全性达到了适应性不可区分。与已提出的方案相比，该方案具有陷门大小固定、适应性安全、更新无须重新计算、可验证等优势。

1) 系统模型

系统由 $\{D, \text{Serv}, \Delta, u\}$ 组成，其中 D 为用户 u 要外包存储的文档集合；Serv 是存储服务器，负责存储与搜索服务；Δ 为关键字词典，包括所有可能的有意义的关键字，D 为其上的文档集合，即 $D \subseteq 2^{\Delta}$。

假设用户 u 有 n 个文档 $D=(D_1, \cdots, D_n)$ 要外包到可能会发生恶意行为的存储服务器 Serv 上，记文档 $D_i (1 \leqslant i \leqslant n)$ 的关键字列表为 $w_i=(w_{i,1}, \cdots, w_{i,m}, \cdots) \subset \Delta$，其中，$w_{i,j}(1 \leqslant j \leqslant |w_i|)$ 为 D_i 的第 j 个关键字。令 SKE=(Gen,Enc,Dec) 表示一个对称加密方案（如 AES），D_i 在密钥 ek 下的加、解密算法分别为 $\text{SKE.Enc}_{ek}(D_i)$ 和 $\text{SKE.Dec}_{ek}(\text{Enc}_{ek}(D_i))$，$|S|$ 表示集合 S 的元素个数，$D(w) \subset D$ 表示含有关键字 w 的所有文档，$a\|b$ 表示两个字符串 a 和 b 的级联，$b \in_R B$ 表示从集合 B 中随机均匀地选取元素 b。negl$(\cdot)$ 表示可忽略的函数，即对任意的多项式 $p(\cdot)$，存在 N_0，使得对任意的整数 $n > N_0$，negl$(n) < 1/p(n)$ 成立。

为了能够让用户 u 验证搜索结果的完备性，u 选择两个秘密的数：一个大素数 p 和一个随机整数 $x(1 < x < p)$，u 为每个文档 $D_i(1 \leqslant i \leqslant n)$ 随机均匀地选择一个唯一标识符 $\text{id}_i \in_R Z_p^*$，对于给定的关键字 $w_j \in \Delta (1 \leqslant j \leqslant |\Delta|)$，$u$ 存储一个 w_j 的检验和 $c_j = \prod_{\text{id}_i \in \text{IDS}(w_j)} (\text{id}_i + x) \bmod p$，其中，IDS$(w_j)$ 表示包含 w_j 的文档的标识符集合，该检验和使文档的增加（乘以 $(\text{id}_i + x)$）和删除（乘以 $(\text{id}_i + x)^{-1}$）都很容易。

为使存储服务器 Serv 能够搜索密文数据，对每个关键字 $w_j \in \Delta (1 \leqslant j \leqslant |\Delta|)$ 都建立一个 n 维数组 A_j，记 A_j 中位置 i 的值为 $A_j[i]$，$A_j[i]$ 的形式为 $\langle v_1, v_2 \rangle$，其中，v_2 是随机均匀选取的 kbit 大小的字符串。对于文档 D_i，若 D_i 包含关键字 w_j，则 $A_j[i]$ 中的 v_1 由伪随机函数生成，否则随机均匀选取 v_1 的值。将所有的 A_j 根据伪随机置换函数组成一个 $|\Delta| \times n$ 的矩阵，记为索引矩阵 M，如图 4-3 所示。

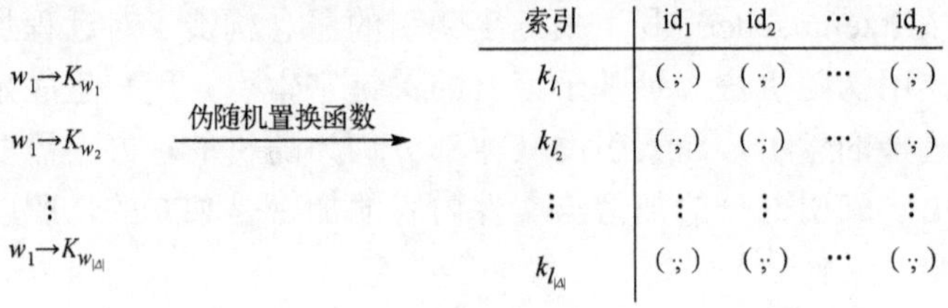

索引		id$_1$	id$_2$	$\cdots$	id$_n$
$w_1 \to K_{w_1}$	k_{l_1}	$(\ ;\ )$	$(\ ;\ )$	$\cdots$	$(\ ;\ )$
$w_1 \to K_{w_2}$	k_{l_2}	$(\ ;\ )$	$(\ ;\ )$	$\cdots$	$(\ ;\ )$
$\vdots$	$\vdots$	$\vdots$	$\vdots$		$\vdots$
$w_1 \to K_{w_{|\Delta|}}$	$k_{l_{|\Delta|}}$	$(\ ;\ )$	$(\ ;\ )$	$\cdots$	$(\ ;\ )$

伪随机置换函数 $\longrightarrow$

图 4-3 索引矩阵的存储结构

可验证的基于词典的可搜索加密方案：位于词典 Δ 上的可验证的基于词典的可搜索加密方案 VDSES=(Init,Enc,Trapdoor,Search,Verify,Dec) 由六个多项式时间算法构成，具体如下。

(1) Init (1^k)：是一个概率密钥生成算法，由用户 u 执行以初始化系统。输入安全参数 k，输出系统密钥 K 和系统参数 params。

(2) Enc (D,K)：是一个概率算法，由用户 u 执行以生成加密文档集合，生成索引矩阵及关键字检验和集合。输入文档集合 D 和系统密钥 K，输出密文集合 $C=(C_1,\cdots,C_n)$、索引矩阵 M 和关键字检验和集合 CS=$(c_1,\cdots,c_{|\Delta|})$。

(3) Trapdoor (w,K)：是一个确定性算法，由用户 u 执行以获得要搜索的关键字的陷门。输入关键字 w 和系统密钥 K，输出关键字 w 的陷门 T_w。

(4) Search (T_w,M)：是一个确定性算法，由存储服务器 Serv 执行以搜索包含关键字 w 的文档标识符。输入陷门 T_w 和索引矩阵 M，输出包含关键字 w 的文档标识符集合 IDS (w)。

(5) Verfy $(\text{IDS}(w),\text{CS},K)$：是一个确定性算法，由用户 u 执行以验证搜索结果的完备性，输入文档标识符集合 IDS (w)、检验和集合 CS 和系统密钥 K，输出验证结果 "1" 或 "0"。

(6) Dec (C_i,K)：是一个确定性算法，由用户 u 执行以解密密文。输入密文 C_i 和系统密钥 K，输出明文 D_i。

方案的正确性：一个可验证的基于词典的可搜索加密方案是正确的，如果对于 $\forall k\in N$，$\forall K\leftarrow\text{Init}(1^k)$，$\forall D\subseteq 2^{\Delta}$，$\forall(M,C,\text{CS})\leftarrow\text{Enc}(D,K)$ 及 $\forall w\in\Delta$：

$$(\text{Search}(\text{Trapdoor}(w,K),M)=\text{IDS}(w))\wedge\text{Verfy}(\text{IDS}(w),K)=1\wedge(\text{Dec}_K(C_i)=D_i),\ 1\leqslant i\leqslant n$$

2) 可验证的基于关键字的可搜索加密方案

(1) Init (1^k)：该算法由用户 u 执行以初始化系统，输入安全参数 k，随机选择大素数 p 及 $1<x<p$；令 $F:\{0,1\}^k\times\{0,1\}^*\rightarrow\{0,1\}^k$，$G:\{0,1\}^k\times\{0,1\}^*\rightarrow\{0,1\}^{k+\log_2 p}$ 为伪随机函数，$Q:\{0,1\}^k\times\{0,1\}^*\rightarrow\{0,1\}^{\log_2|\Delta|}$ 为伪随机置换，随机均匀地选择 3 个 $k$bit 长的字符串 K_1、K_2 和 flag，其中，K_1 和 K_2 分别作为伪随机函数 F 和 Q 的随机种子；为语义安全的对称加密算法 SKE 生成加密密钥 ek$\leftarrow$SKE.Gen (1^k)，发布 params=$(F,G,Q,$ SKE,flag) 作为系统参数，系统密钥为 $K=(K_1,K_2,\text{ek},x,p)$。

(2) Enc (D,K)：该算法由用户 u 执行以加密数据集合、生成索引矩阵及关键字的检验和集合，输入文档集合 D 和系统密钥 K，用户 u 按如下步骤计算。

① 为每个文档 $D_i\in D(1\leqslant i\leqslant n)$ 随机均匀地选择一个唯一的标识符 $\text{id}_i\in_R Z_p^*$，加密文档 D_i 为 $C_i=\text{SKE.Enc}_{\text{ek}}(D_i)$。

② 为每个关键字 $w_j\in\Delta(1\leqslant j\leqslant|\Delta|)$ 生成一个 n 维数组 A_j。

③ 每个数组 $A_j(1\leqslant j\leqslant|\Delta|)$ 按如下过程执行：对每个文档 $D_i\in D(1\leqslant i\leqslant n)$，随机均

匀地选择一个 $k$bit 的字符串 $r_{j,i}$，若 $w_j \in w_i$，这里，$w_i = (w_{i,1}, \cdots, w_{i,m}, \cdots) \subset \Delta$ 为文档 $D_i (1 \le i \le n)$ 的关键字列表，计算 $K_{w_j} = F_{K_1}(w_j)$ 和检验和 $c_j := c_j \times (x + \mathrm{id}_i) \bmod p$，这里，$c_j$ 的初始值为 1，将 $(<\text{flag} \parallel \mathrm{id}_i> \oplus G(K_{w_j}, r_{j,i}), r_{j,i})$ 存储在 $A_j[i]$，其中，flag 为系统参数，是一个固定的 $k$bit 长的字符串；否则，随机均匀地选择字符串 $v_1 \subset \{0,1\}^{k + \log_2 p}$，将 $(v_1, r_{j,i})$ 存储在 $A_j[i]$。

④将所有数组 A_j 组成一个 $|\Delta| \times n$ 的索引矩阵 M，其中，A_j 位于 M 的 $Q_{K_2}(w_j)$ 行。

⑤将索引矩阵 M 和密文集合 $C = (C_1, \cdots, C_n)$ 发送给存储服务器 Serv 存储，检验和集合 $CS = (c_1, \cdots, c_{|\Delta|})$ 由用户 u 保存。

(3) Trapdoor(w, K)：该算法由用户 u 执行以获得关键字的陷门，输入要搜索的关键字 w 和系统密钥 K，计算陷门 $T_w = (Q_{K_2}(w), F_{K_1}(w))$，将 T_w 发送给云存储服务器 CSS。

(4) Search(T_w, M)：该算法由存储服务器 Serv 执行以搜索包含关键字 w 的文档标识符，输入陷门 T_w 和索引矩阵 M，CSS 首先定位到 M 的第 $Q_{K_2}(w)$ 行，记该行为数组 A_w，若无，则返回 $\perp$；否则，初始化一个空集 IDS(w)，对 A_w 中的每个元素的值 $(v_{i,1}, v_{i,2})$ $(1 \le i \le n)$，计算字符串 $v = G(F_{K_1}(w), v_{i,2}) \oplus v_{i,1}$，并判断 first_k_bit$(v)$=flag 是否成立，其中，first_k_bit$(\cdot)$ 为取字符串前 $k$bit 的函数。若成立，则 IDS(w)=IDS$(w) \cup \{\mathrm{get\_id}(v)\}$，其中 get_id$(\cdot)$ 为取字符串中的文档标识符函数，即获得 v 的后 $\log_2 p$bit；若不成立，检验下一个数组 $(v_{i+1,1}, v_{i+1,2})$ $(1 \le i+1 \le n)$，直到最后将 IDS(w) 发送给用户 u。

(5) Verfy$(\mathrm{IDS}(w), \mathrm{CS})$：由用户 u 执行以验证搜索结果的完备性，输入 IDS(w) 和用户自己保存的 CS，用户 u 首先从 CS 中获得关键字 w 的检验和，记为 c_w，并判断下式是否成立：

$$c_w = \prod_{\mathrm{id}_i \in \mathrm{IDS}(w_j)} (\mathrm{id}_i + x) \bmod p$$

若成立，则根据 $\mathrm{id}_i \in \mathrm{IDS}(w)$ 向 CSS 获得相应的密文 C_i；否则返回 $\perp$。

(6) Dec(C_i, K)：由用户 u 执行，用于解密密文数据，输入密文 C_i 和系统密钥 K，用户 u 执行解密算法得到明文，即 $D_i = \mathrm{SKE.Dec}_{ek}(C_i)$。

4. 多关键字可搜索加密方案

由于支持关键字的可搜索加密机制只允许用户一次发送一个关键字的搜索凭证，这极不符合现实生活中多关键字搜索的应用需求，特别是当单关键字无法精确定位到用户所想要的文件时，单关键字搜索的限制可能需要用户使用不同关键字多轮搜索，或者是经过一轮密文搜索后，对返回结果解密，通过在明文上进行搜索来寻找目标文件，而这样的结果将给用户带来极差的操作体验。针对这些不足，支持连接关键字搜索的可搜索加密机制开始得到研究者的关注和研究。

针对之前的搜索机制中只能使用单关键字搜索的不足，Golle 在 2004 年提出了两种支持连接关键字搜索的可搜索加密机制。第一种机制(即 GSW-1)中，每个文件都有固定数量的关键字域，每个域中都有特定的关键字来表征这些文件的特性。例如，在邮件中具有关键字域"主题、发送方、接收方"，而在"主题"域中可能具有关键字"会议"等。这一方案能够达到固定的在线网络开销，固定指的是用户数据所有者进行在线交互的网络开销依赖于每个文件中的关键字域数量，用户需要发送两部分的搜索凭证：第一部分可以在高速网络中离线发送到服务器端，称为"原型凭证(proto-capability)"，其大小与存储在服务器端的文件数量线性相关；第二部分称为"查询部分(query part)"，需要用户与数据所有者进行在线交互而得到。当用户将查询部分发给服务器端时，服务器端会将其与原型凭证整合成完整的搜索凭证，并进行搜索。该机制的安全性建立在 DDH(decisional Diffie-Hellman)问题的复杂性之上。在第二种机制(记为 GSW-2)中使用了固定网络开销的搜索凭证，即搜索凭证对于文件数量而言是固定的，但是依然与关键字域数量线性相关。

　　第一种机制的缺点是关键字的陷门大小与加密文档的数量呈线性关系，可能导致网络开销过大的情况。第二种机制利用双线性映射实现了常量大小的关键字陷门，但是判断一个文档需要计算两次双线性对。对第一种机制步骤描述如下。

　　(1)系统参数和密钥产生。系统参数 $\rho=(G,g,f(\cdot,\cdot),h(\cdot))\leftarrow\text{Param}(1)^k$，其中 g 为 G 的生成元；$f:\{0,1\}^k\times\{0,1\}^*\rightarrow Z_q^*$；$h$ 是哈希函数；密钥产生 $K\in\{0,1\}^k\leftarrow\text{KeyGen}$。

　　(2)加密文档 $\text{Enc}(\rho,K,D_i)$。文件 $D_i=(w_{i,1},\cdots,w_{i,m})$ 代表文件 i 含有的关键字集合。$V_{i,j}=f_K(w_{i,j})$，a_i 是在 Z_q^* 中选的随机数。$\text{Enc}(\rho,K,D_i)=(g^{a_i},g^{a_iV_{i,1}},g^{a_iV_{i,2}},\cdots,g^{a_iV_{i,m}})$。

　　(3)生成凭证。$\text{Gap}=\text{GenGap}(\rho,K,j_1,\cdots j_t,w_{j_1},\cdots,w_{j_t})$。这是原型凭证，在网络中离线发送到服务器端。$s$ 是在 Z_q^* 中选的随机数。原型凭证表示为

$$Q=(h(g^{a_1s}),h(g^{a_2s}),\cdots,h(g^{a_ns}))$$

原型凭证和文件的个数呈线性关系。

用户的查询部分为 $C=s+\sum\limits_{x=1}^{t}f_K(w_{j_x})$。

　　(4)用凭证来验证。服务器计算 $R_i=g^{a_iC}\cdot g^{-a_i\left(\sum\limits_{x=1}^{t}V_{i,j_w}\right)}$。如果 $h(R_i)=h(g^{a_is})$，返回 TRUE，否则返回 FALSE。之后返回所有满足条件的文件 D_i。

　　相对于一次只能搜索一个关键字，基于连接关键字的可搜索加密方案能够产生更精确的搜索结果，如在邮件外包服务中，相对于搜索所有来自于"Bob"的邮件，用户可能仅仅想要那些被标记为"urgent"的来自于"Bob"的邮件，因而存储服务器需要对关键字"Bob"和"urgent"的连接进行搜索。但是这些已经存在的基于连接关键字的可搜索加密方案或多或少存在如下几个问题：①连接关键字的陷门大小

与加密文档的数量呈线性关系；②存储服务器搜索的效率过低；③方案不适合多用户环境，即无法增加和撤销用户。

针对连接关键字可搜索加密方案中的问题，结合现有的多用户环境下的可搜索加密方案，王尚平等[66]采用授权用户和存储服务器先后对关键字加密的方式，在对称密钥环境下提出了一个高效的基于连接关键字的可搜索加密方案，使用户能够利用连接关键字的陷门搜索加密文档。在确定性 Diffie-Hellman 问题假设下，证明了方案的安全性。

系统参与者包括 {D,UM,Serv,U}，其中 D 为用户要外包存储的数据集合；UM 是授权用户的管理机构，负责管理用户，如用户的增加与撤销；Serv 是外包存储服务器，负责存储与搜索服务；U 是授权用户的身份集合，其中用户的身份唯一，如用户的邮箱地址等。

假设用户有 n 个文档 $D=(D_1,\cdots,D_n)$ 需要以加密的形式存储在不完全可信的 Serv 上。为了简化方案的描述，假设每个文档都有 m 个关键字字段，如邮件可以定义 4 个关键字字段：From、To、Subject、Date。另外，有如下假设。

(1) 每个文档中都不包含两个相同的关键字，这可以通过在关键字前加上关键字所属字段来满足。例如，关键字 From: Bob 属于 From 字段，不会与属于 To 字段的关键字 To: Bob 相混淆。

(2) 若某个关键字字段没有内容，则将该关键字字段的内容设为空，如在邮件中，对于那些 Subject 关键字字段没有内容的邮件，可以定义关键字为 Subject: NULL。

(3) UM 是完全可信的，并且所有与 UM 的会话都是安全的。

(4) U 中的用户不会与 Serv 发起合谋攻击。记文档 $D_i(1\leqslant i\leqslant n)$ 的关键字列表为 $w_i=(w_{i,1},\cdots,w_{i,m},\cdots)$，其中 $w_{i,j}$ 为 D_i 的第 j 个关键字字段的关键字。I_i 表示 w_i 加密后生成的 D_i 的索引。对 D_i 的加密采用标准的对称加密算法，如 AES，记密钥 k 下的加/解密算法分别为 $\mathrm{Enc}_k(\cdot)$ 和 $\mathrm{Dec}_k(\cdot)$。$\mathrm{negl}(\cdot)$ 表示可忽略的函数，即对任意的多项式 $p(\cdot)$，存在 N，使得对任意的整数 $n>N$，$\mathrm{negl}(n)<1/p(n)$ 成立。

支持多用户的基于连接关键字的可搜索加密方案描述如下。

(1) $\mathrm{Init}(1^k)$。该算法由用户管理机构 UM 执行以初始化系统，输入安全参数 k，输出阶为素数 q 的循环群 G，g 为 G 的生成元，并且 G 中的 DDHP 是困难的。随机选择 $x\in_R Z_p^*$ 作为 UM 的主密钥，记为 $k_{\mathrm{UM}}=x$，计算 $h=g^x$；UM 选择两个伪随机函数 $f':\{0,1\}^k\times\{0,1\}^*\to Z_q^*$ 和 $f'':\{0,1\}^k\times Z_q^*\to Z_q^*$ 及其随机种子分别为 s' 和 $s''\in_R\{0,1\}^k$，并为语义安全的对称加密算法 $\mathrm{Enc}(\cdot)$ 选择加密密钥 ek，发布 $\mathrm{params}=(G,g,q,f',f'',h,\mathrm{Enc})$ 作为系统参数。

(2) $\mathrm{Enroll}(k_{\mathrm{UM}},u_{\mathrm{ID}})$。该算法由用户管理机构 UM 执行以添加用户，输入 UM 的主密钥 k_{UM} 和用户身份 $u_{\mathrm{ID}}\in U$（用户身份是唯一的，如用户的电子邮件地址），输出 u_{ID} 的密钥和辅助密钥 $(\mathrm{SK}_{u_{\mathrm{ID}}},\mathrm{ComK}_{u_{\mathrm{ID}}})=(x_{u_{\mathrm{ID}}}\in_R Z_q^*,k_{\mathrm{UM}}/x_{u_{\mathrm{ID}}})=(x_{u_{\mathrm{ID}}},x/x_{u_{\mathrm{ID}}})$。将

$(\mathrm{SK}_{u_{\mathrm{ID}}},\mathrm{ek},s',s'')$ 安全地发送给用户 u_{ID}，$(u_{\mathrm{ID}},\mathrm{ComK}_{u_{\mathrm{ID}}})$ 安全地发送给 Serv，Serv 在其用户列表 U-ComK 中加入 $(u_{\mathrm{ID}},\mathrm{ComK}_{u_{\mathrm{ID}}})$。

（3）U-Enc$(\mathrm{SK}_{u_{\mathrm{ID}}},\mathrm{ek},s',D_i,w_i)$。用户执行的加密算法，输入用户密钥 $\mathrm{SK}_{u_{\mathrm{ID}}}$、加密密钥 ek、随机种子 s'、文档 D_i 及其关键字列表 $w_i=(w_{i,1},\cdots,w_{i,m})$，$1{\leqslant}i{\leqslant}m$，随机选择 $r_i\in_R Z_q$，计算 g^{r_i} 和 h^{r_i}，对 $\forall w_{i,j}\in w_i$，计算 $\sigma_{i,j}=f'(s',w_{i,j})$，$w_{i,j}^*=(g^{\mathrm{SK}_{u_{\mathrm{ID}}}})^{r_i\sigma_{i,j}}$，$1{\leqslant}j{\leqslant}m$，令 $I_i^*=(g^{r_i},h^{r_i},w_{i,1}^*,\cdots,w_{i,m}^*)$，记 $C_i^*=(\mathrm{Enc}_{\mathrm{ek}}(D_i),I_i^*)$，将 (u_{ID},C_i^*) 发送给 Serv。

（4）S-Enc(u_{ID},C_i^*)。Serv 执行对 C_i^* 中 I_i^* 的重加密，输入用户身份 u_{ID} 和接收到的 C_i^*，Serv 根据 u_{ID} 在 U-ComK 中查找 $(u_{\mathrm{ID}},\mathrm{ComK}_{u_{\mathrm{ID}}})$，若无，则返回 $\bot$；否则重新计算 C_i^* 中 I_i^* 得索引 $I_i=(g^{r_i},h^{r_i},(g^{\mathrm{SK}_{u_{\mathrm{ID}}}})^{r_i\sigma_{i,1}\cdot\mathrm{ComK}_{u_{\mathrm{ID}}}},\cdots,(g^{\mathrm{SK}_{u_{\mathrm{ID}}}})^{r_i\sigma_{i,m}\cdot\mathrm{ComK}_{u_{\mathrm{ID}}}})=(g^{r_i},h^{r_i},h^{r_i\sigma_{i,1}},\cdots,h^{r_i\sigma_{i,m}})$，将 $C_i=(\mathrm{Enc}_{\mathrm{ek}}(D_i),I_i)$ 存储在 Serv 上。

（5）Trapdoor$(\mathrm{SK}_{u_{\mathrm{ID}}},\mathrm{ek},s',s'',l_1,\cdots,l_d,w_1',\cdots,w_d')$。用户 u_{ID} 执行以生成连接关键字的陷门，输入 $\mathrm{SK}_{u_{\mathrm{ID}}}$、$s'$、$s''$ 和要检索的关键字位置 $1{\leqslant}l_1,\cdots,l_d{\leqslant}m$ 及对应的关键字 $w_1',\cdots,w_d'$，随机选择 $t_1,t_2\in_R Z_q^*$，计算：

$$T_1=\left(t_1+f''(s'',t_2)\sum_{j=1}^{d}f'(s',w_j')\right)\mathrm{SK}_{u_{\mathrm{ID}}}=\left(t_1+f''(s'',t_2)\sum_{j=1}^{d}f'(s',w_j')\right)x_{u_{\mathrm{ID}}}$$

$$T_2=t_1,\quad T_3=f'(s'',t_2)$$

将陷门 $T=(u_{\mathrm{ID}},T_1,T_2,T_3,l_1,\cdots,l_d)$ 发送给 Serv。

（6）Search(T,C_i)。Serv 执行用于搜索加密文档，输入陷门 $T=(u_{\mathrm{ID}},T_1,T_2,T_3,l_1,\cdots,l_d)$ 及密文 $C_i=(\mathrm{Enc}_{\mathrm{ek}}(D_i),I_i)$，Serv 首先在 U-ComK 中查找 $(u_{\mathrm{ID}},\mathrm{ComK}_{u_{\mathrm{ID}}})$，若无，则返回 $\bot$；否则 Serv 初始化空集 Ω，计算 $v=T_1\cdot\mathrm{ComK}_{u_{\mathrm{ID}}}=\left(t_1+f''(s'',t_2)\cdot\sum_{j=1}^{d}f'(s',w_j')\right)x$，对 $C_i(1{\leqslant}i{\leqslant}n)$，判断如下等式是否成立：

$$(g^{r_i})^v/(h^{r_i})^{T_2}=h^{r_i\left(\sum_{j=1}^{d}f'(s',w_j')\right)f''(s'',t_2)}\overset{?}{=}\left(\prod_{j=1}^{d}h^{r_i\sigma_{i,l_j}}\right)^{T_3}$$

若成立，则 $\Omega=\Omega\cup\{C_i\}$。最后将搜索结果 Ω 发送给用户 u_{ID}。

（7）Dec$(\mathrm{Enc}_{\mathrm{ek}}(D_i))$。用户 u_{ID} 执行以解密密文，输入对称密钥 ek 及接收到的 Ω，对 $\forall C_i\in\Omega$，计算 $D_i=\mathrm{Dec}_{\mathrm{ek}}(D_i)$。

（8）RevokeUser(u_{ID})。UM 执行以撤销用户，输入用户身份 u_{ID}，UM 向 Serv 发送撤销用户 u_{ID} 的命令，Serv 执行操作 U-ComK$=U$-ComK$\backslash\{u_{\mathrm{ID}}\}$。

该方案连接关键字的陷门大小固定；存储服务器的搜索效率较高；适用于多用户环境。

5. Curtmola 等的两个可搜索加密安全方案

2006 年，Curtmola 等分析了之前的安全问题，在自适应（adaptive）和非自适应

(nonadaptive)模型下形式化地定义了 SSE 的语义安全(semantic security，SS)和不可区分性安全(indistingsuishability，IND)。Curtmola 等规范化了对称可搜索加密及其安全目标，提出能够在非自适应和自适应攻击模型下达到不可区分性安全的 SSE-1 和 SSE-2 方案。这里，SSE-1 和 SSE-2 都基于"关键字-文件"索引构建思想，服务器只需 $O(1)$ 时间即可完成检索操作。

在具有代表性的非自适应的 SSE 方案 SSE-1 的实现中，用户的文档集合 D 中的所有文档都是使用对称加密方案加密的，其索引 I 主要由以下两个数据结构组成：数组 A、查找表 T。

数组 A：令 $D(w)$ 表示包含关键字 w 的所有文档的 ID 的一个列表。该数据中保存了所有关键字的 $D(w)$ 的加密形式。

查找表 T：用于查找任意关键字 w 对应的文档列表在数组 A 中的位置。

SSE-1 构建索引过程如下。

1)构建数组 A

初始化全局计数器 ctr=1，并扫描明文文件集 D，对于 $w_i \in \Delta$，生成文件标识符集合 $D(w_i)$，记 $\mathrm{id}(D_{ij})$ 为 $D(w_i)$ 中字典序下第 j 个文件标识符，随机选取 SKE 的密钥 $K_{i0} \in \{0,1\}^{\lambda}$($\lambda$ 为安全参数)，然后按照如下方式构建并加密由 $D(w_i)$ 中各文件标识符形成的链表 L_{w_i}：$1 \leqslant j \leqslant |D(w_i)|-1$，随机选取 SKE 密钥 $K_{ij} \in \{0,1\}^{\lambda}$，并按照"文件标识符‖下一个节点解密密钥‖下一个节点在数组 A 的存放位置"这一形式创建链表 L_{w_i} 的第 j 个节点：

$$N_{ij}=\mathrm{id}(D_{ij})\|K_{ij}\|\psi(K_1,\mathrm{ctr}+1)$$

式中，K_1 为 SSE-1 的一个子密钥；$\psi(\cdot)$ 为伪随机函数。使用对称密钥 $K_{i(j-1)}$ 加密 N_{ij} 并存储至数组 A 的相应位置，即 $A[\psi(K_1,\mathrm{ctr})]=\mathrm{SKE.Encrypt}(K_{i(j-1)},N_{ij})$；而对于 $j=|D(w_i)|$，创建其链表节点 $N_{i|D(w_i)|}=\mathrm{id}(D_{i|D(w_i)|})\| 0^{\lambda} \| \mathrm{NULL}$ 并加密存储至数组 A，$A[\psi(K_1,\mathrm{ctr})] = \mathrm{SKE.Encrypt}(K_{i(|D(w_i)|-1)},N_{i|D(w_i)|})$；最后，置 ctr=ctr+1。

2)构建查找表 T

对于所有关键字 $w_i \in \Delta$，构建查找表 T 以加密存储关键字链表 L_{w_i} 的首节点的位置及密钥信息，即

$$T[\pi(K_3,w_i)]=(\mathrm{addrA}(N_{i1})\|K_{i0})\,\mathrm{XOR}\,f(K_2,w_i)$$

式中，K_2 和 K_3 为 SSE-1 的子密钥；$f(\cdot)$ 为伪随机函数；$\pi(\cdot)$ 为伪随机置换；$\mathrm{addrA}(\cdot)$ 为链表节点在数组 A 中的地址。

检索所有包含 w 的文件，只需提交陷门 $T_w=(\pi_{K_3}(w),f_{K_2}(w))$ 至服务器，服务器使用 $\pi_{K_3}(w)$ 在 T 中找到 w 相关链表首节点的间接地址 $\theta=\pi_{K_3}(w)$，执行 $\theta\,\mathrm{XOR}\,f_{K_2}(w)=\alpha\|K'$，$\alpha$ 为 L_w 首节点在 A 中的地址，K' 为首节点加密使用的对称密钥。由于在 L_w 中，除尾节点外所有节点都存储下一节点的对称密钥及其在 A 中

的地址，服务器获得首节点的地址和密钥后，即可遍历链表所有节点，以获得包含 w 的文件的标识符。

SSE-1 避免了关键字查询过程中逐个文件进行检索的缺陷，具备较高的效率。然而，由于 SSE-1 需构建关键字相关链表，并将其节点加密后存储至数组 A，意味着现有文件的更新删除或新文件的添加需重新构建索引，造成较大开销。因此，SSE-1 更适用于文件集合稳定，具有较少文件添加、更新和删除操作的情况。

在 SSE-2 方案中，不用链表 L_{w_i} 存放包含关键字 w_i 的所有文档的 ID，而是用 F_w 来表示含有关键字 w_i 的所有文件。$F_w=\{w\|j\}$，例如，关键字 coin 存在于三个文件中，$F_w=\{coin1, coin2, coin3\}$。然后，建立一个二元关系查找表 T，T 的元素组成为<地址，值>。地址是由伪随机置换函数计算的，而值就是指文件的 ID。

π 为伪随机置换，π：$\{0,1\}^k \times \{0,1\}^p \rightarrow \{0,1\}^p$。

查找表 T 格式为 $T[\pi_s(w_i\|j)]=value$，$value=id(D_{ij})$，$id(D_{ij})$ 是含有关键字 w_i 的组合 $D(w_i)$ 中第 j 个文件的 ID。

Trapdoor(w)：$T_w=(T_{w_1}, T_{w_2}, \cdots, T_{w_{max}})=(\pi_s(w\|1), \cdots, \pi_s(w\|max))$，max 为含有关键字的最多文件的个数。

Search(I, T_w)：文件的 ID=$T[T_{w_i}]$。

SSE-2 方案是自适应的 SSE 安全方案。用户的存储和计算开销都是 $O(1)$，服务器的开销是 $O(|D(w)|)$，$|D(w)|$ 是含有关键字 w 的文件的个数。

6. 支持动态更新的对称可搜索加密方案

基于"关键字-文件"思想的构建方案具有较高的查询效率，但在处理文件更新时，需重建索引；基于"文件-关键字"思想的构建方案具有较高的文件更新效率，但查询速度较慢。如何将这两者的优势结合起来，以同时支持高效的查询和文件更新，是研究者长期关注的一个问题。

直到 2012 年，Kamara 等[67]首次提出了支持子线性时间内的关键字检索和密文文件的高效动态更新的可搜索对称加密（dynamic searchable symmetric encryption，DSSE）方案，并且形式化定义了 DSSE 的安全性。解决了目前所有 SSE 方案都不能同时满足的三个重要性质：搜索时间要尽可能短；能够抗自适应选择关键字攻击；能够对索引进行动态的更新，即能够高效地增加和删除文件。该方案基于 SSE-1（重定义了 SSE-1 中的数组和查找表为检索数组 A_s 和检索查找表 T_s），并结合"文件-关键字"的索引构建思想，引入额外的删除数组 A_d 和相应的删除表 T_d 以记录和追踪每个文件中包含的关键字。搜索和删除数组里的每一位存储的是一对值，分别表示关键字和关键字对应的文档编号，在搜索数组里，根据倒排索引生成对应的指针，将出现相同关键字的文档连接起来，在删除数组里，根据正排索引将所有相同编号的文档用指针连接起来。数组里的指针用伪随机函数进行了加密。搜索表存储的是各关键字在 A_s 中的起始位置，删除表存储的是各文档在 A_d 中的起始位置，同样用伪随机函数（与加密指针的不同）进行了加密。查找时，先从 T_s 中解密得到关键字 w 在 A_s 中的起始位置，然后到 A_s 中根据指针指向，把对应的所有包含关键字 w 的文档搜索出来。增加新文档时，先在 A_s 中找到空闲位，将新的对值放入空闲位，并生成新的指针指向包含相同关键字的文档。删除文档 F 时，先从 T_d 表中找到 F 在 A_d 中的起始位置，然后从起始位置开始将指针连接的相同编号 F 的位置置"0"，然后在 A_s 中将包含 F 的对应位置设置为"free"，并且重新调整 A_d 中的指针指向。

针对以前的方案在添加和删除操作中存在较多隐私信息泄露的问题，Kamara 等还提出了基于红黑二叉树的 DSSE 方案，通过构造树型索引解决了这个问题，但该方案增加了可搜索密文长度并且降低了检索效率。

7. top-k 问题

目前密文搜索着重关注的都是单一关键字或布尔关键字的搜索，很少涉及对密文搜索结果进行有效排序，因此返回的无差别的密文搜索结果质量不高，用户仍需在大量的搜索结果中再次进行搜索，找出自己想要的内容。而基于安全排序多关键字搜索可以更精确且更有效、快速地找到用户需要搜索的内容，因此现实中用户更倾向于使用多个关键字而不是单一关键字进行搜索。

2007 年，Swaminathan 等[68]提出保护隐私的排序搜索算法。该算法使用保序加密算法加密每个文档中关键字的词频信息，当检索请求提交到服务器端后，首先检索出含有关键字密文的加密文档，然后根据保序算法加密的词频进行排序处理，将评价值高的加密文档返回给用户。这种方法对多个可能相关的加密文档进行排序，把最相关的结果返回给用户，提高了检索正确率和返回率，减小了检索过程的通信量和计算量。2010 年，Wang 等指出现有的关键字搜索加密方案的问题，即搜索结果只有匹配或不匹配两种，缺乏对数据文件相关度的衡量。他们提出了排序关键字搜索加密的概念，并通过设定数据文件与关键字相关度决定数据返回的顺序，确保用户首先回取的数据是与搜索关键字最相关的数据。但是他们只给出了在密文中基于单一关键字的安全排序搜索的解决方法。2011 年，Cao 等指出 Wang 等的方案仅支持单个关键字搜索，他们提出了云计算环境下对于密文的基于隐私保护的多关键字排序搜索的一种解决方法，并利用协调匹配的方式更科学地衡量了数据文件与关键字的相关度。

Cao 等的工作能够让服务器对用户所请求搜索的多个关键字，根据每个文件对于所请求关键字的得分排序，并将排名最高的 k 个文件返回给用户，服务器端将无法获得用户搜索的关键字信息、文件是否包含某个关键字信息以及最后每个文件的得分信息。其核心思想是：采用 KNN（K-nearest neighbor）的思想，首先生成两个二进制位串，分别称为文件的数据向量（data vector）和用户的查询向量（query vector）。这两个向量中的每个位都分别与关键字进行一一对应，并以该位的值来表示该文件以及用户的查询请求是否包含某个关键字，然后使用两个互逆的矩阵分别对这两个位串加密，保证文件包含关键字的信息和用户查询语句对云端服务器不可见。在计算得分的时候，还需要对两个位串的乘积通过加入随机数来进行随机化处理。这种方法与前面的连接关键字搜索的不同之处在于：普通的连接关键字搜索是返回的文件需要保证包含每个域上的关键字；而在这里的多词搜索中，即使某个文件没有全部包含所请求的关键字，但只要其得分位列于前 k 中，依然可以被返回。另外，随机数的引入也导致了最终得分的不精确性，当引入随机变量的正态分布标准差 $\sigma=1$ 时，最后结果的不准确度最高可达到 20%。

4.5　可信云存储中的公钥可搜索加密

对称可搜索加密只允许由持有私钥的用户对数据进行加密，也只能由持有私钥的用户对数据进行搜索，是一种单写单读的模式，相当于一个加密的个人存储系统。在数据交流频繁的现在，这种应用模式显然不能完全满足用户的需求。

在可搜索公钥加密模式中，任何人都可以使用公钥加密数据，而仅仅相应私钥的拥有者可以生成正确的陷门，执行检索操作并解密密文，用户也可将私钥委托给受信任的人。公钥可搜索加密方案可看成多写单读模式，任何人都可以使用公钥加密数据，只有私钥拥有者能够生成正确的陷门并解密密文。

使用公钥可搜索加密模式，索引的加密方式需要满足三个最基本要求：首先，给定一个关键字的陷门，用户可以检索加密文件的指针，该指针指向包含关键字的文件；其次，在没有陷门的情况下，索引被隐藏；最后，陷门仅由私钥和关键字相关的信息产生，检索过程中，服务器除了能够了解某文档包含关键字，不会泄露与文件内容相关的信息给第三方。因此，非对称可搜索加密所提供的安全保证为：第一，在没有得到关键字的陷门时，服务器除了数据的长度，无法了解其他与数据内容相关的信息；第二，给定某个关键字的陷门，服务器可以查询出哪些加密文档包含该关键字。这个安全保证较弱，服务器可以通过统计对陷门的字典攻击，并指出用户正在搜索哪个关键字，然后服务器可以通过陷门进行搜索，并指出哪些文档包含该关键字。

公钥可搜索加密具有较高的实用价值，但在效率和安全方面仍存在缺陷，因此，如何提高安全性和搜索效率还是待解决的问题。

4.5.1　公钥可搜索加密方案

1. 带关键字公钥可搜索加密方案

为了实现智能加密电子邮件路由选择，即实现第三方可以检测或者验证密文中是否含有某些关键字而非解密密文，Boneh 等[21]在 2004 年提出了带关键字搜索公钥加密（public key encryption with keyword search，PEKS）方案。考虑如下场景：假设用户 Alice 需要在不同设备（笔记本电脑、台式计算机、手机等）上阅读其 E-mail，Alice 的邮件服务器支持根据关键字把不同的邮件发送到合适的终端上的功能。例如，如果 Bob 发送的邮件中包含了关键字"紧急"，则服务器把该邮件发送到 Alice 的手机上；如果 Bob 的邮件中包含了关键字"午饭"，服务器则发送到台式计算机上，等待 Alice 有空时查收。假设 Bob 要发送加密邮件给 Alice，Bob 用 Alice 的公钥对邮件的内容和关键字都进行了加密。在这种情况下，因为邮件服务器无法区分关键字密文，所以它无法决定如何投递。因此，如何在不触犯用户隐私的条件下安全地处理邮件成为要解决的关键问题[69]。PEKS 的目标是让 Alice 通过给服务器检查关键字的能力，从而得到关键字"紧急"是否包含在邮件中，在此过程中服务器不能得到关于邮件的任何信息。

PEKS 方案可以让接收者从发送者发出的文件中搜索出是否包含需要的关键字。该方案的基本思想是数据发送者用公钥分别对指定的关键字集合 w 中的若干关键字 $w_1 \sim w_n$ 执行加密操作运算，计算得到的结果 $C_{w_1} \sim C_{w_n}$ 附在发送的消息后面，且由服务器保存；数据接收者用私钥生成查询关键字 w' 的查询函数，并将结果 T_w 提交给服务器。服务器通过执行比对函数，根据结果输出 1 或者 0 判断两者是否是同一个单词。PEKS 方案的执行流程如图 4-4 所示。

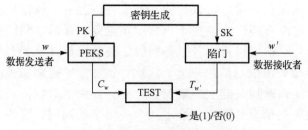

图 4-4　公钥加密搜索工作流程

在介绍具体方案之前，首先介绍 PEKS 方案中应该包含的几个实体。

数据发送者（sender）：可以是任何人，使用数据接收者的公钥来加密数据和建立索引。

数据接收者（receiver）：实际上是数据拥有者，也是搜索过程的发起者。只有数据接收者发送正确的陷门信息，服务器才能正确地进行搜索。

服务器(server)：数据的存储者，存储数据发送者发送来的数据。同时服务器还能利用数据接收者发来的关键字陷门信息，来完成搜索过程。

PEKS 主要由四部分组成，该方案执行过程如下。

(1)由安全参数 s 生成公钥私钥对(PK,SK)：
$$(PK,SK) = KeyGen(s)$$

(2)输入公钥 PK 和指定关键字集合 w，分别对集合中的关键字 $w_1 \sim w_n$ 进行加密，输出得到 w 的密文集合 C_w：
$$C_w = PEKS(PK,w)$$

(3)输入接收者的 SK 和某一查询关键字 w'，生成 w' 的查询单射函数 $T_{w'}$：
$$T_{w'} = Trapdoor(SK,w')$$

(4)搜索时，输入公钥 PK、查询单射函数 $T_{w'}$ 和密文集合 C_w，计算 Test(Trapdoor (SK,w')，$PEKS(PK,w_m)$)，$m \in [1,n]$。如果结果为 1，即 $w_m = w'$，表示搜索到关键字；否则表示没有搜索到关键字。

其中步骤(1)～(3)在客户端完成，步骤(4)由云端完成，云端收到用户发送的查询单射函数后，根据用户所给的公钥，在密文集合中进行 Test 操作，查找关键字是否存在于密文集合中。

PEKS 的安全目标是当 $T_{w'}$ 有效时，PEKS 密文不泄露关于 w' 的任何信息。PEKS 的安全性保证了方案能够抵抗从任意 w' 得到 $T_{w'}$ 的主动敌手。即使是这种能够对任意 w' 得到 $T_{w'}$ 的主动敌手，敌手在没有得到 w_0 和 w_1 的陷门信息的情况下也不能够区分包含关键字 w_0 的加密邮件和包含关键字 w_1 的加密邮件。PEKS 方案抗主动敌手 A 的安全性是由以下敌手与挑战者的游戏来定义的。

PEKS 安全性游戏如下。

(1)挑战者运行 KeyGen(s) 算法来生成 PK 和 SK，并将 PK 发送给敌手 A。

(2)敌手 A 适应性地询问挑战者任意关键字 $w' \in \{0,1\}^*$ 的陷门 $T_{w'}$。

(3)敌手 A 发送给挑战者任意选择的等长关键字 w_0 和 w_1，并且他没有询问过关键字 w_0 和 w_1 的陷门，挑战者收到 w_0 和 w_1 后，任意选择 $b \in \{0,1\}$ 生成 $C=PEKS(PK,w_b)$，将 C 作为挑战密文发送给敌手。

(4)敌手 A 继续询问关键字 $w'(w' \neq w_0,w_1)$ 的陷门 $T_{w'}$。

(5)最后，敌手 A 输出 $b' \in \{0,1\}$，如果 $b = b'$，则敌手赢得游戏。

在 PEKS 方案中，任何用户只要握有公钥就可以将数据加密上传，但是只有数据所有者可以用私钥生成查询单射函数进行搜索，该方法可用于邮件服务器。PEKS 方法的缺点也很明显：非对称加密方案的运算相对复杂，加密、解密效率较低，搜索效率也不高，另外还会泄露用户的搜索类型。

2. 基于关键字更新的公钥可搜索加密方案

Beak 等指出 Boneh 等的 PEKS 方案需要在接收者和服务器之间建立一个安全信道来传输关键字搜索时的陷门，但建立安全信道是一项昂贵的操作，如建立 SSL。为解决此问题，他们借鉴指定验证人签名概念提出了指定搜索者的关键字搜索公钥加密 (searchable public key encryption with designated tester，dPEKS) 的概念。在 dPEKS 方案中，去掉了安全信道。与此同时，Boneh 等的方案中并未讨论查询多关键字与如何高效地生成多关键字的密文。在实际的应用中总是重复地检索一些关键字，为了防止服务器私自存储接收到的陷门信息，该方案还提出了"关键字更新 (refreshing keywords)"的概念。这个概念是指为这些高频的关键字增加一些时间信息。例如，检索者发布了某个高频的关键字的陷门信息并且这个关键字被加上的时间信息是 5 小时，那么在这 5 小时之内服务器即使没有收到相关的陷门信息也可以检索与这个关键字相关的信息。因此 Baek 等的方案的三个特点分别是关键字更新、远程安全信道 (remove security channel)、多态关键字 (multiple keywords)。

dPEKS 方案的部分构成如下。

(1) 全局参数生成算法：$\text{KeyGen}_{\text{Param}}(k) \rightarrow (\text{cp})$。选择两个群 G_1、G_2，它们的素数阶是 q。双线性映射 $e{:}G_1 \times G_1 \rightarrow G_2$，哈希函数 H_1 和 H_2，其中 $H_1{:}\{0,1\}^* \rightarrow G_1^*$，$H_2{:}\ G_2 \rightarrow \{0,1\}^k$。该算法返回全局参数 $\text{cp}=(q,G_1,G_2,P,H_1,H_2,d_w)$，其中 d_w 代表关键字的空间。

服务器密钥生成算法：$\text{KeyGen}_{\text{Server}}(\text{cp}) \rightarrow (\text{PK}_s,\text{SK}_s)$。选择一个随机数 $x \in Z_q^*$，并计算 $X=xP$。选择一个随机数 $Q \in G_1^*$，返回 $\text{PK}_s=(\text{cp},Q,X)$、$\text{SK}_s=(\text{cp},x)$ 作为服务器的公钥和私钥。

检索者密钥生成算法：$\text{KeyGen}_{\text{Reciever}}(\text{cp}) \rightarrow (\text{PK}_r,\text{SK}_r)$。选择一个随机数 $y \in Z_q^*$，并计算 $Y=yP$，返回 $\text{PK}_r=(\text{PK}_s,Y)$、$\text{SK}_r=(\text{PK}_r,y)$ 作为检索者的公钥和私钥。

(2) 密文生成算法：$\text{SCF-PEKS}(\text{cp},\text{PK}_s,\text{PK}_r,w) \rightarrow S$。选择一个随机数 $r \in Z_q^*$，并计算 $S=(U,V)$，$(U,V)=(rP,H_2(k))$，其中 $K=(e(Q,X)e(H_1(w),Y))^r$。

(3) 陷门生成算法：$\text{Trapdoor}(\text{cp},\text{SK}_r,w) \rightarrow T_w$。计算 $T_w=yH_1(w)$，返回 T_w 作为关键字 w 的陷门。

(4) 判断：$\text{Test}(\text{cp},T_w,\text{SK}_s,S) \rightarrow \text{TRUE/FALSE}$。计算 $H_2(e(xQ+T_w,rP))=V$ 是否成立，如果等式成立返回 TRUE，否则返回 FALSE。

在实际应用中，进行多关键字检索的情况比较多。为了使方案能够支持多关键字检索，作者又进一步扩展提出了一个支持多关键字的方案。

(1) 密钥生成算法 $\text{KeyGen}_{\text{Reciever}}(\text{cp}) \rightarrow (\text{PK}_r,\text{SK}_r)$。选择两个群 G_1、G_2，它们的素数阶是 q。双线性映射 $e{:}G_1 \times G_1 \rightarrow G_2$，哈希函数 H_1 和 H_2，其中 $H_1{:}\{0,1\}^* \rightarrow G_1^*$，$H_2{:}G_2 \rightarrow \{0,1\}^k$。选择一个随机数 $y \in Z_q^*$，并计算 $Y=yP$，返回 $\text{PK}_r=(q,G_1,G_2,e,P,Y,H_1,H_2)$、

$SK_r = (q,G_1,G_2,e,P,y,H_1,H_2)$ 作为数据接收者的公钥和私钥。

（2）密文生成算法：MPEKS $(PK,w) \rightarrow S$。其中 $w=(w_1,\cdots,w_n)$，选择一个随机数 $r \in Z_q^*$，并计算 $S=(U,V_1,\cdots,V_n)$，其中 $U=rP$，$V_1=H_2(e(H_1(w_1),Y)^r),\cdots,V_n = H_2(e(H_1(w_n),Y)^r)$。返回 S 作为密文。

（3）陷门生成算法：Trapdoor $(SK_r,w) \rightarrow T_w$。计算 $T_w = yH_1(w)$，返回 T_w 作为关键字 w 的陷门。

（4）判断：Test $(T_w,(U,V_i)) \rightarrow$ TRUE/FALSE。对于 $i \in \{1,2,\cdots,n\}$，检查 $H_2(e(T_w,U)) = V_i$ 是否成立，如果等式成立返回 TRUE，否则返回 FALSE。

dPEKS 方案的安全性依然用抵抗关键字猜测攻击的不可区分性来定义。具体地说，dPEKS 方案保证在服务器没有陷门的情况下不能够区分关键字的 dPEKS 密文，而且外部攻击者在没有陷门的情况下也不能区分，即使他可以询问除挑战关键字外的其他关键字的陷门且可以询问任意的陷门和关键字密文是否匹配。

3. 基于身份的公钥可搜索加密方案

基于身份的加密是一种非对称的加密，用户的身份就是公钥。其主要优势是：由于用户的数字身份是公开可获得的信息且唯一表示用户，所以无须认证权威机构提供证书来验证用户公钥的有效性。

1984 年 Shamir 提出 IBE 的基本思想，但是直到 1996 年 Maurer 和 Yacobi 才完成首个基于身份加密方案的构造，并且是非常不实用的。2001 年，Boneh 和 Franklin[70] 提出首个实用的方案，并在随机预言模型证明下具有适应性身份的安全性（adaptive-ID security）。紧接着，2003 年，Canetti 等[71]提出针对 IBE 身份攻击的相对较弱的安全概念——选择身份安全性（selective-ID security），并在标准模型下构造了一个低效率的 IBE 方案。Boneh 和 Boyen[72]在标准模型下提出选择身份安全的 IBE 方案。尽管他们也构造了适应性身份（adaptive-ID）IBE 方案，但其方案不太实用。随后，Waters[73]为提高其效率进行了简单的扩展。Naccache[74]扩展了方案以达到更短的公共参数。

最近，Wu 等[75]提出了在基于身份密码系统下的 dPEKS 方案，称为 dIBEKS 方案，并在随机预言模型下，证明了方案满足 dIBEKS 密文和陷门的不可区分性。王少辉等[76]对指定测试者的基于身份可搜索加密方案进行了研究，指出 Wu 等所提方案并不是完全定义在基于身份密码系统架构上的，而且方案也不能满足 dIBEKS 密文不可区分性。首次提出了基于身份密码系统下的指定测试者可搜索加密方案的定义和安全需求；特别证明了 dIBEKS 密文不可区分性是抵御离线关键字猜测攻击的充分条件；进而提出了一个高效的指定测试者的基于身份可搜索加密方案，并证明了新方案在随机预言模型下满足适应性选择消息攻击的 dIBEKS 密文不可区分性、陷门不可区分性，从而可以有效抵御离线关键字猜测攻击。

王少辉等的方案不考虑数据文件加密的问题，只考虑搜索密文、陷门的生成和匹配测试等问题。方案具体设计如下。

(1) ParaSetup(λ)。输入系统安全参数 λ，输出 PKG 的主私钥 MSK 和系统给的公共参数 PP。

给定安全参数 λ，PKG 首先生成双线性映射 $e:G_1 \times G_1 \rightarrow G_2$，其中 G_1 和 G_2 分别是阶为大素数 $q>2^\lambda$ 的加法循环群和乘法循环群。PKG 随机选择主密钥 $s \in Z_q^*$，并计算 $P_{pub}=sP$ 作为系统公钥，其中 P 是群的生成元。另外，PKG 选择三个哈希函数如下：

$$H_1:\{0,1\}^* \rightarrow G_1, \quad H_2:\{0,1\}^* \rightarrow G_2, \quad H_3:G_2 \rightarrow Z_q^*$$

系统的公共参数定义为

$$PP=\{e,G_1,G_2,q,P,PK,H_1,H_2,H_3\}$$

(2) KeyExtract$_{Server}$(MSK,ID$_S$)。该算法由 PKG 执行，以 PKG 主私钥 MSK 和云服务器身份信息 ID$_S$ 作为输入，输出服务器私钥 DID$_S$。

给定服务器的身份 ID$_S \in \{0,1\}^*$，PKG 首先计算 QID$_S$=H_1(ID$_S$)，生成并返回云服务器私钥 DID$_S$=sQID$_S$。

(3) KeyExtract$_{Clinet}$(MSK,ID$_C$)。该算法同样由 PKG 执行，以主私钥 MSK 和数据接收者的身份信息 ID$_C$ 作为输入，输出数据接收者的私钥 DID$_C$。

给定文件接收者的身份 ID$_C$，PKG 返回私钥 DID$_C$=sQID$_C$，其中，QID$_C$=H_1(ID$_C$)。

(4) dIBEKS(w,ID$_S$,ID$_C$)。给定云服务器身份 ID$_S$、文件接收者身份 ID$_C$、搜索关键字 w，文件发送者随机选择 $r_1,r_2 \in Z_q^*$，并计算 dIBEKS 密文 $C=(C_1,C_2,C_3,C_4)$，其中 $C_1=r_1P$，$C_2=r_2P$，$C_3=r_2H_1$(ID$_S$)，$C_4=H_3(e(r_1H_1(\text{ID}_S)+r_2H_1(\text{ID}_C),PK) \, e(H_2(\text{ID}_S,w),C_2))$。

(5) dTrapdoor(w,DID$_C$,ID$_S$)。给定服务器的身份 ID$_S$ 和搜索关键字 w，利用其私钥 DID$_C$，文件接收者随机选择 $k \in Z_q^*$，并计算 $T_{w_1}=kP$，$T_{w_2}=H_3(e(kH_1(\text{ID}_S),PK))$，$T_{w_3}=\text{DID}_C+H_2(\text{ID}_S,w)-kT_{w_2}H_1(\text{ID}_S)$。文件接收者向服务器发送陷门 $T_w=(T_{w_1},T_{w_3})$，这里 T_{w_2} 不被发送。

(6) dTest(C,DID$_C$,ID$_S$,T_w)。给定陷门 $T_w=(T_{w_1},T_{w_3})$，对每一个 dIBEKS 密文 $C=(C_1,C_2,C_3,C_4)$，利用自身的私钥 DID$_S$，云服务器首先计算 $T_{w2}=H_3(e(\text{DID}_S,T_{w_1}))$，然后判断下式是否成立：

$$C_4=H_3(e(\text{DID}_S,C_1) \, e(T_{w_3},C_2) \, e(T_{w_3},C_3) \, T_{w_2})$$

如果成立，说明密文和陷门匹配一致，将密文 C 所对应的加密文件发送给数据接收者。否则说明生成密文 C 和陷门 T_w 的关键字并不一致。

4. 基于 SDH 假设的公钥可搜索加密方案

大部分的公钥可搜索加密方案是基于双线性对的，但是双线性对的计算相对复杂，耗时较高。在实际的应用中，由于用户的带宽有限，所以这类复杂操作对于用户来讲难以承担。Luo 和 Tan[77]提出了一种基于 SDH 假设的公钥可搜索加密方案，该方案只涉及少量的双线性对的计算，大大降低了用户的计算负担，与其他方案相比，效率也有所提高。

公钥可搜索加密方案作为信息保护的一种手段，已经得到大量研究。现有的很多 ASE 方案都需要计算多次双线性对，该类方案虽然能满足加密信息共享的需求，但是，双线性对计算复杂，耗时较高，从用户的角度看，由于带宽有限，难以承担这类复杂操作，而从云服务提供商的角度来看，云存储中处理的是海量数据，所以将所有的计算任务都交由服务器来为用户实现也不实际。该方案基于 SDH 假设构造了一种新的可搜索公钥加密方案。操作更多的是基于指数的运算和哈希函数，仅涉及少量的双线性对操作，通过对比发现该方案在效率上有所提高。对该方案进行了可行性与安全性分析，结果表明该方案应用于云存储环境下是可行的。其中安全性证明有一部分基于 Boneh-Boyen 短签名方案的证明过程。

该方案的主要结构：基于关键字检索的公钥可搜索加密方案是一种新型保密技术，不仅不会泄露加密文档的内容给非信任的服务器，而且用户可以检索指定的关键字。使用该类方案，任何人可以使用公钥对数据加密，将密文发送到远程服务器端，只有私钥持有者能够生成陷门信息 T_w，并进行搜索。服务器端收到陷门之后，需要为用户执行测试算法来定位包含关键字 w 的所有文档，并将相关文档返回给用户。在此过程中，除了给定的陷门，服务器端不会得到任何其他与明文相关的信息。在已有的可搜索加密方案中，将这种协议称为非交互的公钥可搜索加密，也简称为可搜索公钥加密。

基于 SDH 假设的公钥可搜索加密方案由以下四个算法组成，分别用于生成密钥对、加密关键字、生成陷门和测试。

(1) 密钥生成(λ)：给定安全参数 λ，算法产生两个素数阶群 G_1 和 G_2，q 为 G_1 和 G_2 的阶。算法随机选择生成元 $g \in G_1$，随机选择 $s \in Z_q^*$，计算 $u = g^s$，$z = (g,g) \in G_2$，算法输出公钥 PK$=(g,u,z)$，私钥 SK$=s$。系统将公钥公开，私钥保留为私密的。

(2) 可搜索密文(PK,w)：给定一个关键字 $w \in Z_q^*$，随机选择 $r \in Z_q^*$，计算 $S=(u \cdot g^w)^r$ 和 $Z=z^r$，则 PEKS(PK,w)$=[S,Z]$为可搜索的密文，用户将其发送到云存储服务器端存储。

(3) 生成陷门(SK,w)：给定用户的私钥 $s \in Z_q^*$ 和关键字 $w \in Z_q^*$，输出陷门 $T_w=g^{1/(s+w)}$。此处为了算法的统一，将 $1/(s+w)$ 定义为模 p 的运算，$1/0$ 定义为 0。在不可能事件 $s+w=0$ 发生时，可以得到 $T_w=1$。然后，用户将所生成的陷门发送给服务器端。

(4) 测试(PK,PEKS,T_w)：给定公钥 PK$=(g,u,z)$、加密的关键字 PEKS($\cdot$)和陷门 T_w，服务器端将可搜索加密的密文分为 S 和 Z，服务器端测试公式 $e(S,T_w)=Z$ 是否成立。若成立，测试结果为 TRUE，如果 $S=1$ 且 $T_w=1$，输出 TRUE，否则测试结果为 FALSE。最后，服务器端将测试结果为 TRUE 的文档返回给用户。

5. 多用户可搜索加密方案

在云存储环境中，当数据属主希望与其他用户共享数据时，数据与接收方之间是一对多的关系。随着多用户查询需求不断增加，显然单个用户查询不能直接有效地应用到多用户查询中。例如，单个用户查询中并没有考虑用户查询权限的变更，而这在多用户查询中是非常重要的。

Curtmola 等首先提出多用户可搜索加密并利用广播加密对单用户方案进行扩展，实现了一个高效的单写多读的方案。随后各种多写多读模式的解决方案被提出。Bao 等、Dong 等、Zhao 等、Li 等和 Liu 等均采用了完全可信的用户管理中心，负责用户权限的添加和撤销。Bao 等利用双线性映射的性质，由可信中心向每个用户发送唯一的密钥，用来生成索引及查询陷门；向服务器端发送用户的对应密钥，保证只有合法用户才能进行写和读。Dong 等同样采用服务器端保留用户的对应密钥的方式，分别利用基于 RSA 和 ElGamal 的代理重加密构建了多写多读的可搜索加密方案。Zhao 等[78]利用基于密文策略的属性加密将用户私钥关联到一个属性集，而将密文关联到一棵访问结构树，若属性集满足该访问结构树，则用户具有解密该数据的能力；但是用户在搜索时需要先生成自己基于属性的签名，且增加了管理的复杂度。同样利用属性基加密实现方案的还有 Li 等[79]和 Zhao 等[80]。Liu 等[81]采用广播加密的方法实现了粗粒度访问控制，类似于 Curtmola 等的 S/M 方案的扩展，只需要一个随机数来验证身份，但需要借助完全可信的私有云，且用户每次查询之前要与公有云和私有云进行交互，通信复杂度过高。

目前，借助可信第三方来实现多写多读的可搜索加密研究较多，但是这类方案对第三方的依赖较强，用户密钥的分发、用户权限的添加和撤销等全都交给可信第三方来处理，不能实现用户的动态自主授权。而且，现实中往往不存在被多方用户都信赖的第三方，因此，有些文献开始研究不使用可信第三方的方案。Tang[82]采用了每文档一密的思想来去掉可信第三方，直接将搜索权限附在每篇文档的索引之后，这样可以由用户来指定每篇文档的不同授权；但是每篇文档的索引后面加入所有可以授权的用户信息，在一定程度上加大了索引表的复杂性，且数据属主需要更改某文档的授权信息时需要重传整个索引。

考虑类似这样一种应用场景：一些商业合作伙伴作为数据属主，为了寻求别人与自己合作，需要将自己特定类别的产品文档共享给特定用户；数据使用者为了更精准地寻求合作伙伴，在搜索某产品时，可选择具有一定特性，如合作过的或口碑高的数据属主等，从而节约搜索时间和范围。所以，需要实现数据属主按文档指定访问权限；用户在进行按关键字搜索的同时可指定搜索对象。另外还需满足动态授权，即支持数据属主随时撤销或者添加数据属主的权限。而且由于这些用户隶属于不同机构，所以不易在现实中找到所有人都信任的第三方，因此不使用可信第三方来管理用户的方式具有更好的实用性。

李真等[83]针对上述问题提出一个自主授权的多方用户加密数据查询方案，具体贡献如下。

(1) 弱化可信第三方的功能。只需要用户从一个可信的密钥中心获取公钥和私钥即可，这可由现有的认证中心实现，不需要其他的可信中心。

(2) 动态权限分配。由数据属主定义自己文档的权限分配向量，这些权限可以动态添加和撤销，只需要将对应的权限元素发给服务器，而不需要重传索引表。

(3) 自主选择搜索范围。用户可指定搜索一个或多个数据属主的文档。

(4) 非交互式查询。用户既可以作为数据属主又可以作为用户，且在分配权限以及生成搜索陷门时不需要与其他用户交互。

(5) 提供了高效的密钥分配方案。不需要使用专用的密钥交换协议或密钥分发中心来获得用于解密文档的密钥，而是利用 CSP 在返回搜索结果的同时发送给用户一个解密陷门，使用户可使用自己的私钥获取解密密钥，将数据属主的文档解密。

该方案中，不考虑搜索自己的文档这种情况，因为这种情况可以使用更高效的对称加密方案实现。如果在这个方案中兼顾实现这种情况，要么方案过于复杂，要么存在一定信息泄露的风险。

一个可由用户自主授权的多用户可搜索加密系统由系统建立、数据上传、增删权限以及数据查询这四个阶段构成。

(1) 系统建立。系统建立阶段主要包括系统参数生成算法、密钥生成算法以及权限矩阵的初始化算法。

①系统参数生成算法($PP \leftarrow Setup(\lambda)$)：输入安全参数 λ，输出公共参数 PP。记 $\psi = (q, G_1, G_2, G_r, e, g_1, g_2)$，其中 G_1、G_2、G_r 是 3 个 q 阶循环群，g_1 是 G_1 的生成元，g_2 是 G_2 的生成元，e 是双线性映射；$H_1: \{0,1\}^* \to G_1$，$H_2: \{0,1\}^* \to G_2$ 是两个抗碰撞哈希函数，则 $PP = (\psi, H_1, H_2)$。

②密钥生成算法($PK_i, SK_i \leftarrow KeyGen(PP)$)：用户 $u_i (1 \leq i \leq n)$ 调用此算法，输入安全参数，得到自己的公钥 PK_i 和 SK_i。其中 $SK_i = x_i$，$PK_i = g_2^{1/x_i}$，$x_i \in_R Z_q$。

③权限矩阵的初始化算法：CSP 初始化一个 n 行 n 列的权限矩阵 A。其中每个元素 $\pi_{ji} = \{A_{jil} | l \in \{1, 2, \cdots, \rho\}\}$ 为一个集合。用来表示作为数据属主的用户 u_i 对作为用户的用户 u_j 授权访问 u_i 的级别为 l 的文档。若有授权，其初始值 $\pi_{ji} = \{A_{jil} | l = 1, 2, \cdots, \rho\}$；若无授权，其初始值 $\pi_{ji} = \varnothing$。

也就是说，权限矩阵的每行表示作为用户的用户已拥有的所有权限，每列表示作为数据属主的用户已分配给其他用户的所有权限。

（2）数据上传。这个阶段的算法由数据属主执行，包括索引密钥生成算法、文档密钥生成算法、索引生成算法及文档加密算法。

①索引密钥生成算法（$CK_{il} \leftarrow CKGen(PP)$）：由每个作为数据属主的用户 u_i 随机选择每个级别为 l 的文档索引密钥 $CK_{il}(1 \leqslant i \leqslant n, \ 1 \leqslant l \leqslant \rho)$，$CK_{il} \in_R Z_q$。

②文档密钥生成算法（$DK_{ilk}, r_{ilk} \leftarrow DKGen(Sk_i, CK_{il})$）：由每个作为数据属主的用户 u_i 为自己每篇文档 D_{ilk} 生成加密密钥 $DK_{ilk} = H_2(e(r_{ilk}, g_2^{CK_{il}/x_i}))$，$r_{ilk} \in_R G_1$，其中 $1 \leqslant i \leqslant n, \ 1 \leqslant l \leqslant \rho, \ 1 \leqslant k \leqslant \sigma$。

③索引生成算法（$C_{ilk} \leftarrow GenIndex(CK_{il}, w_s, SK_i, r_{ilk})$）：由作为数据属主的用户 u_i 为自己的每篇文档 D_{ilk} 生成索引项，$w_s(1 \leqslant s \leqslant m)$ 为此文档包含的一个关键字。r_{ilk} 与每篇文档的加密密钥 DK_{ilk} 生成算法中的随机数一致，并且同一文档中的多个关键字使用同一个随机数以及同样的方法。对文档的每个关键字计算 $X_s = H_2(r_{ilk}, e(H_1(w_s), g_2)^{CK_{il}/x_i})$，记 $C_{ilk} = (r_{ilk}, X)$，其中 X 为一个集合 $X = \{X_s | s \in \{1, 2, \cdots, m\}\}$。用户对自己的所有文档执行 GenIndex 算法，最后将由 $id(D_{ilk})$ 和 C_{ilk} 组成的索引表 C_i 发给 CSP。

④文档加密算法（$D'_{ilk} \leftarrow EncDoc(DK_{ilk}, D_{ilk})$）：由作为数据属主的用户 u_i 为自己的每篇文档 D_{ilk} 加密，加密后的文档记为 D'_{ilk}，$D'_{ilk} \leftarrow AES_{DK_{ilk}}(D_{ilk})$。

（3）增删权限。这个阶段由数据属主对自己的不同级别的文档进行按用户的授权，并将权限信息发送给 CSP，由 CSP 存入权限矩阵。这个过程的两个算法都满足动态更新性，也就是说用户可随时改变某些用户的访问权限，包括用户授权算法和权限撤销算法。

①用户授权算法（$A_{jil} \leftarrow Grant(SK_i, PK_j, CK_{il})$）：由作为数据属主的 u_i 对作为用户的 u_j 授予对他的 l 级别的文档的搜索权限，此权限值为 $g_2^{CK_{il}/x_i x_j}$，记为 A_{jil}。重复调用用户授权算法，可对 u_j 进行多个级别文档的授权，记集合 $A_{ji} = \{A_{jil} | l = 1, 2, \cdots, \rho\}$ 表示 u_j 拥有的所有权限，u_i 发送 $Grant(u_j, u_i, A_{ji})$ 给 CSP，CSP 更新 π_{ji} 为 $\pi_{ji} \cup A_{ji}$。

②权限撤销算法（$A_{jil} \leftarrow Revoke(SK_i, PK_j, CK_{il})$）：由作为数据属主的 u_i 对作为用户的 u_j 删除对他的 l 级别的文档的搜索权限，此权限值为 $g_2^{CK_{il}/x_i x_j}$，记为 A_{jil}。重复调用权限撤销算法，可对 u_j 进行多个权限的删除，记集合 $A_{ji} = \{A_{jil} | l = 1, 2, \cdots, \rho\}$ 表示需要删除的 u_j 的所有权限，u_i 发送 $Revoke(u_j, u_i, A_{ji})$ 给 CSP，CSP 更新 π_{ji} 为 π_{ji} / A_{ji}。其中"/"运算表示集合相减。

更新权限的操作可由先执行权限撤销，再执行用户授权这两个算法来完成，所以不需额外定义。并且，由于对文档的增删操作和对用户的授权操作互不影响，所以数据属主可随时更新自己的文档而不影响已有的授权，同时可随时更新授权而不影响已有的文档。

（4）数据查询。此阶段由用户向 CSP 发送访问请求，CSP 执行搜索算法返回结果以及相应文档的解密陷门，包括搜索陷门生成算法、搜索执行算法及解密文档算法。

①搜索陷门生成算法($\mathrm{Tr}(w_s)\leftarrow\mathrm{Query}(\mathrm{SK}_j,w_s)$)：由作为用户的用户 u_j 利用自己的私钥生成关键字 w_s 的搜索陷门 $\mathrm{Tr}(w_s)=H_1(w_s)^{x_j}$，记 $T_w=(u_j,U_j,\mathrm{Tr}(w_s))$，其中 $U_j=\{u_i|i\in\{1,2,\cdots,n\}\wedge i\neq j\}$。也就是说，$u_j$ 可以指定一个或多个想要搜索的用户。如想搜索所有给自己权限的用户，就用 U 来表示。由 u_j 发送 T_w 给 CSP。

②搜索执行算法($Z\leftarrow\mathrm{Search}(T_w,n,C_i)$)：由 CSP 执行，算法描述如下。

输入：用户的访问请求 T_w、权限矩阵 n 和所有目标索引表 C_i。

输出：目标文档及相应的解密陷门构成的集合 Z。

初始化 $Z=\varnothing$；

for each $u_i\in U_j$ do /*对 u_j 想搜索的每个对象 u_i */

for each $A_{jil}\in\pi_{ji}$ do /*对 u_i 赋予 u_j 的所有权限*/

　　for each $D_{ilk}\in D_i$ do /*遍历 u_i 的所有文档*/

　　　　$\mathrm{Tr}'(w_s)=e(\mathrm{Tr}(w_s),A_{jil})$；

　　　　if　$H_2(r_{ilk},\mathrm{Tr}'(w_s))=X_s$

　　　　　　$\mathrm{DK}'_{ilk}=e(r_{ilk},g_2^{\mathrm{CK}_{il}/x_ix_j})$；$Z=Z\cup\{(D'_{ilk},\mathrm{DK}'_{ilk})\}$

　　　　end if

　　end for

end for

end for

算法执行完毕后，CSP 发送 Z 给 u_j。

③解密文档算法($D_{ilk}\leftarrow\mathrm{DecDoc}(\mathrm{SK}_j,Z)$)：用户 u_j 计算 $H_2((\mathrm{DK}'_{ilk})^{x_j})$，此值即 DK_{ilk}，用此密钥解密 D'_{ilk} 得到 D_{ilk}。

该方案的优势是：①不需要一个可信的用户管理中心，而是由数据属主自主决定授权并可实现不同文档的不同授权；②更新权限时不需要在用户中再进行交互，也不需要更新文档的索引表，保证了授权操作与数据的独立性；③实现让用户利用自己的私钥解密文档的功能，不需要共享加密密钥，适合多用户文档共享的场景。

6. 基于属性的可搜索加密方案

已有可搜索加密方案大都是针对关键字密文与查询方之间的关系是一对一的情形，在越来越多的信息共享的大背景下，这些方案显然不适合关键字可被多方查询的需求。例如，数字电视、视频点播、个人微博、个人藏品展示等都可以存储在第三方服务器上，此时数据与接收方是一对多的关系，也就是说数据可以被多个用户进行查询，传统的可搜索加密方案只能解决数据被唯一对应用户查询访问的问题。此时若加密方想要将一个信息和对应的关键字让目标的一群人得以分享，以现在的系统只能针对每一个人的私钥进行加密，将不同的加密结果在公共信道传送至对应的人群。查询者先根据关键字查询到一些相关信息，然后将对应消息解密。在这种情况下用已有的可搜索加密方案进行查询，无论在效率还是实际应用方面都是难以让人满意的。

基于属性的加密机制于 2005 年首次被提出。在这种加密机制中加密者无须知道每个解密者的具体身份信息，而只需要掌握解密者一系列描述的属性，然后在加密过程中用属性定义访问结构对消息进行加密，当用户的密钥满足这个访问结构时就可以解密该密文。

李双和徐茂智[84]利用基于属性的加密方案实现一对多的通信特性，提出了基于属性的可搜索加密方案，给出了一般定义、具体算法构造、复杂度分析和安全性分析。基于属性的可搜索加密方案与基于身份的可搜索加密方案相比，解除了关键字密文只能被唯一用户正确查询的限制，使关键字密文可以被多个用户共享检索，节省了网络存储空间，提高了检索效率，特别适合网络迅猛发展下的各种应用。

基于属性的可搜索加密(attribute based PEKS，ATT-PEKS)方案，是在基于属性的加密方案的基础上提出来的，基于属性的可搜索加密方案引入属性的概念，从而使满足相关属性的用户均可以对加密数据进行查询，不同于基于身份的可搜索加密，每个关键字密文与唯一查询用户对应。

在 ATT-PEKS 方案中，目标是实现查询方 Bob 发送一个关键字的门限值 T_w，这个门限值是利用 Bob 个人私钥和关键字 w 生成的。网络服务器根据关键字门限值 T_w 搜索到所有包含关键字 w 且属性满足访问结构的消息，服务器对关键字一无所知，但是服务器可以为满足属性的多个用户查询相同关键字的密文。

假设双线性 Diffie-Hellmen 问题是难解的，该方案的构造是在 Goyal 等的基于属性的加密算法基础上提出来的。关键字在一个属性集$| \gamma |=n$(由属性集 Z_p^* 中 n 个元素组成)下进行加密，ATT-PEKS 由五个多项式时间随机算法 Setup、KeyGen、PEKS、Trapdoor、Test 组成。

1) $\text{Setup}(1^\lambda)$：$(PP,MSK) \leftarrow \text{Setup}(1^\lambda)$

其中，λ 是系统参数，Setup 是由系统参数 λ 生成公共参数 PP 和主密钥 MSK 的概率多项式算法。

首先选取两个随机数 $y, \alpha \in Z_p$，令 $g_0 = g^\alpha$，$g_1 = g^y$，$g_2 \in G_1$ 是随机选取的。接着从 G_1 中随机选取互不相等的元素 $t_1, \cdots, t_{n+1}$，要求 $t_i \neq t_j$，对于 $i, j \in N$，其中 $N = \{1, 2, \cdots, n+1\}$。同时定义一个函数 T 如下：

$$T(X) = g_2^{X^n} \prod_{i=1}^{n+1} t_i^{\Delta_{i,N}(X)}$$

T 可以看作函数 $g_2^{X^n} g^{h(X)}$，其中 h 是 n 阶多项式。

输出公共参数 PP=$(g_0,g_1,g_2,t_1,\cdots,t_{n+1})$ 和主私钥 MSK$\leftarrow(y,\alpha)$。

2）KeyGen（PP,MSK,A）：Priv$_x$$\leftarrow$KeyGen（PP,MSK,$A$）

密钥生成中心以访问树 A、公共参数 PP 和主私钥 MSK 作为输入，为用户（访问树中的节点 x）输出密钥。持有这个密钥，用户可以解密由属性集γ加密的消息，只要满足条件 $A(\gamma)=1$。

3）PEKS（PP,w,γ）：$C$$\leftarrow$PEKS（PP,$w$,$\gamma$）

发送方利用公共参数 PP 和属性γ加密关键字 w，生成可搜索关键字的密文 C，只有属性满足访问结构的用户才能对关键字密文进行解密。其中 PEKS 是由系统公共参数 PP、关键字 w 和属性γ生成关键字密文的概率多项式算法。

加密关键字 w，先计算哈希函数 $H_1(w)$。接着，选择一个随机值 $s\in Z_p$，计算 $t=e(H_1(w),g_0^s)$，然后计算关键字密文 E，并用属性集γ标记：

$$E=(\gamma,E'=H_2(t)\cdot e(g_1,g_2)^s,E''=g^s,\{E_i=T(i)^s\}_{i\in\gamma})$$

4）Trapdoor（SK$_x$,w）：$T_w$$\leftarrow$Trapdoor（SK$_x$,$w$）

接收方利用个人私钥 SK$_x$ 计算查询关键字 $w\in\{0,1\}^*$ 的门限值 T_w 发送给网关服务器，其中 Trapdoor 是由用户私钥 SK$_x$ 和关键字 w 生成关键字门限 T_w 的概率多项式算法：

$$T_w=[W,U,V]$$

式中，$W=H_1^\alpha(w)$；$U=D_x$；$V=R_x$。

5）Test（T_w,E,x）：$b$$\leftarrow$Test（$T_w$,$E$,$x$）

该算法以关键字的门限 T_w、关键字密文 E 和树的一个节点 x 作为输入，输出判断值 b。现在有密文 E、访问树 A 以及属性，如果 $A(\gamma)=1$，则进行如下解密操作；否则返回$\perp$。

定义一个递归算法 DecryptNode（E,T_w,x），它的输入是密文 E、门限 T_w 和树的一个节点 x，而输出群 G_2 上的一个值或者$\perp$。

解密算法只需调用该函数在根节点的值。当且仅当密文属性满足访问树，即 $A_r(\gamma)=1$ 时，可计算出 DecryptNode（E,T_w,x）$=e(g,g_2)^{ys}=e(g,g_2)^s$。再由 $E'=H_2(t)\cdot e(g_1,g_2)^s$，判断算法根据 E'/DecryptNode（E,T_w,x）是否都等于 $H_2(e(T_w,E''))$ 的值来给出判断值 b。

4.5.2 支持模糊处理的可搜索加密

由于存储在云服务器上的数据都是密文形式，以不规则的乱码形式存储，所以传统的信息检索方法不适用于云存储安全的检索。基于加密数据的关键字搜索方案可以让用户在隐私保护的前提下检索自己感兴趣的相关文件。之前介绍的方案只能提供英文关键字的精确查找，已无法满足用户的需求。用户在使用关键字查找时，输入的关键字经常会有拼写错误或者格式不一致的问题。在明文环境中，对于这种问题已经有了很好的容忍方法，即模糊检索功能，搜索引擎会返回可能的搜索结果，并返回给用户一些修改提示。而在密文环境中，由于安全性考虑，无法直接使用明文环境中的模糊检索方案，为了使密文环境下的检索支持模糊检索，一些支持模糊检索的可搜索加密方案被提出。

1. 相关研究

支持模糊检索的可搜索加密是指使用该方案时，如果数据使用者在关键字输入过程中发生较小的输入错误或者输入的查询关键字和索引项中的关键字格式不匹配，服务器仍然能够在保证隐私信息安全的前提下，将可能的检索结果返回给用户。例如，数据使用者希望检索包含关键字"fuzzy search"的文档，在关键字输入过程中发生输入错误，提交了关键字"fuzzy swarch"，此时服务器会返回与关键字"fuzzy swarch"相似的索引项对应的文档，返回结果与具体方案有关。

目前基于密文的模糊查询研究工作不多，相对于精确的密文查询，模糊密文查询难度更高，这是由于在加密强度较高的算法中，明文之间 1bit 的微小误差在对应密文中可能产生巨大的差异，用户输入过程中的细节错误会直接导致异常的查询结果。

Bringer 等[85]提出的模糊搜索方案是基于两个实体的，即利用局部敏感的哈希函数与布隆过滤器实现存储。局部敏感哈希函数用来减小类似数据哈希值出现差异的概率，因此不同的数据仍然保持根本的差异。布隆过滤器存储是扩展的布隆过滤器。它是一个数据结构，用来响应集合成员查询，同时反映索引与查询成员的关系。布隆过滤器可能产生一些错误的结果，为了减少发生错误的概率，必须增加哈希函数的数量，当然这就会影响方案的效率。Park 等在 2007 年提出了基于汉明距离的模糊查询算法，采用了伪随机函数和椭圆曲线实现对索引的安全性保护，获得了很高的安全性，但算法计算复杂度较高，且以汉明距离为基础的相似度度量体系对用户提出了较高的专业背景要求，因此系统可用性难以保证。Li 等提出了解决隐私保护的加密数据的模糊搜索，在他们的方案中利用编辑距离量化关键字的类似度。一个用户在数据外包前必须为每个关键字构建和存储一个基于通配符的模糊关键字集合，这将需要巨大的存储空间。Kuzu 等提出了一种基于局部敏感哈希的相似性检索方案。Chuah 和 Hu[86]在 Zhang 等[87]提出的基于 B+树的模糊检索方案的基础上，提出相应的密文模糊检索方案。Moataz 等[88]在词干提取算法的基础上，提出了一个密文语义检索方案，在检索过程中只支持具有相同词干关键字的相似性查找。Liesdonk 等[89]研究了一个在模糊的形式下基于有噪的关键字可搜索的私钥加密方案，用汉明距离来量化关键字的类似度。利用模糊提取器，从每一个有噪关键字中以容噪的方式提取一个均匀随机的串。这些提取的串作为用密钥加密的文档，它们关联这些关键字。此方案的缺陷是用户必须花费额外的时间多轮搜索关键字。

上述模糊检索方案无法对检索结果进行相似度的比较，所以只能将所有可能的检索结果都返回给用户，返回的结果数量较多。为了解决该问题，基于内积加密的密文模糊检索方案被提出，Wong 等[90]在内积加密的基础上提出一种安全 KNN 算法，该算法可以通过关键字和索引项之间的相似度对检索结果进行排序，只返回相似度最高的若干个结果。该方案将关键字映射到欧几里得空间，使用欧几里得距离来衡量关键字之间的相似度，因此只能对长度相近的关键字进行检索，不能很好地支持多关键字检索。Cao 等在 KNN 算法基础上进行了改进，提出了多关键字有序的密文搜索(multi-keyword ranked search over encrypted，MRSE)方案。该方案是向量可搜索加密的经典方案，能够使用户的查询结果更加精确。MRSE 方案第一次定义了支持云存储中隐私保护有序的多关键字检索方案。Cao 等在安全内积分的基础上提出了 MRSE 的基本框架，然后根据不同的威胁、模型，又提出了两个改进的MRSE 方案来满足不同用户的不同需求。

2. 基于通配符的密文模糊检索方案

2010 年 Li 等引入了编辑距离衡量关键字之间的相似度，简化了数据相似度的计算，同时采用通配符"*"替代关键字不同位置的字母元素，使特定位置字符取值的可能性由 26 种变为 1 种，减少了关键字模糊集合的存储空间。关键字查询时，用户计算待查询关键字在编辑距离门限下的模糊陷门集合并交给服务器，服务器使用陷门集与存储的模糊关键字集进行一一匹配，返回可能包含 w 的密文文件集合。然而，模糊查询的实现基础仍然是以关键字模糊集合为基础的枚举模式，查询效率受到了极大影响。Bösch 等[91]提出包含通配符的关键字检索方法，类似于 Z-IDX，也将文件包含的关键字插入布隆过滤器。所不同的是，为避免关联攻击，该方法产生基于文件标识符的伪随机数，用以对布隆过滤器的二进制向量进行遮蔽。最后，在包含通配符的关键字检索功能的实现上，该方法通过预先为关键字生成所有通配检索形式(例如，关键字 flower 的所有通配检索形式包括 flower，*flower，flower*，*lower，…，flowe*，*ower，…，flow*，*wer，f*er，fl*r，flo*，*er，f*r，fl*，*r，f*等)，插入索引，从而将包含通配符的关键字检索转化为精确匹配检索。

Sedghi 等[92]使用隐向量加密方案(hidden vector encryption scheme，HVE)构造包含通配符的 PEKS 方案。HVE 中，每个密文 C 和密钥 K 都分别与一个二进制属性向量 $X=(X_1,X_2,\cdots,X_n)$ 和 $Y=(Y_1,Y_2,\cdots,Y_n)$ 相关联，这里，Y 中的某个分量不存在时，记为"*"。K 可以用来解密 C 当且仅当 X 与 Y 除"*"外的所有分量都相同。包含通配符的 PEKS 中，将每个关键字视为属性向量：发送者使用邮件包含的关键字作为公钥，对该邮件执行 HVE 加密；接收者发送给服务器的陷门是待检索关键字的解密密钥，服务器试图执行 HVE 解密，如果解密成功，说明两个关键字除"*"外所有分量都相同，从而达到包含通配符的关键字检索的目的。

2012 年，Wang 等进一步研究基于通配符的密文检索方案，并给出了形式化的安全性证明。通过将所有关键字和查询关键字分别转换为相应的通配符集合，然后比较两个通配符集合之间的相似度来确定查询结果。

在索引生成阶段，数据拥有方使用通配符算法，根据指定的编辑距离对每个关键字生成通配符集合。然后使用现有的对称加密算法对通配符集合中的每一个关键字进行加密，将加密后的关键字发送给服务器端，为了保证安全性，数据拥有方在发送之前会在通配符集合中加入一些随机的单词作为干扰项。

在数据检索阶段，数据使用方同样会生成通配符集合，插入干扰关键字，然后对通配符集合进行加密，将加密后的关键字结合发送给服务器。服务器在收到数据检索方提交的关键字后，首先使用未经过通配符扩展的关键字进行精确匹配，如果匹配成功则返回匹配的结果；如果精确匹配失败，则进行模糊匹配。对于用户提交的每个加密后的通配符，在索引中匹配相同的索引项，然后把符合要求的结果返回给用户。Wang 等在基于通配符检索方案的基础上通过基于树结构来优化检索效率。

在通配符模型中，索引项的计算和检索的计算是相同的，因此只需要证明索引的安全性。假设本书提出的可搜索加密模型在选择密文攻击环境下，无法保证索引的安全性，也就是说存在一个攻击者 A 可以从索引中获得关键字的基本信息。假定一个算法 B，使用 B 来判断是否存在伪随机函数 f_1，使得 $f_1(\cdot)$ 等价于索引生成函数 f。攻击者随机生成两个具有相同长度和编辑距离的关键字 w_0 和 w_1。B 生成一个随机数 $i \in \{0,1\}$，然后将 w_i 发送给挑战者，然后 B 收到一个返回值 x，x 是通过 $f(SK,x)$ 或者随机函数计算得到的。B 将 x 返回给 A，假设 A 能够猜对 i 的概率是不可忽略的，也就是说 x 的值不是随机计算的。B 确定 f_1 不是伪随机函数。最后，在对伪随机函数和一些真正的随机函数的假设的基础上，A 猜对 b 的概率最大是 1/2，因此可以保证搜索的安全性。

该类方案的优点在于首次提出并且实现了支持模糊检索的可搜索加密方案。缺点在于，首先在进行通配符扩展的时候，每个关键字会产生较大的通配符扩展集合；扩充后的通配符集合不仅在发送的过程中占用大量的带宽资源，而且增加了服务器在索引项中进行查找的次数，增大了服务器的负载；而且，通配符方法在进行模糊检索的时候，会返回大量的不相关结果。

3. 基于局部敏感哈希的密文模糊检索方案

Kuzu 等利用局部敏感哈希(locality-sensitive hashing，LSH)的原理来实现容错，由于发生输入错误或者格式不匹配的关键字与索引项中的关键字之间的编辑距离不会很大，使用 LSH 使发生输入错误或者格式不匹配的关键字的 LSH 值与正确关键字的 LSH 值相等。

在索引生成阶段，数据拥有方计算所有关键字的 LSH 值，将具有相同 LSH 值的关键字对应的文档存放在同一个索引项对应的节点中，以该 LSH 值作为索引项的关键字。

在数据检索阶段，数据检索方对查询关键字同样计算 LSH 值，当服务器端收到数据检索方发送的 LSH 值后，在索引中进行相等匹配，将匹配成功的索引项对应的结果给数据使用方。数据使用方在收到服务器返回的数据后，对其进行加密后在本地查找符合自己要求的文档，然后向服务器请求对应的文档。服务器在收到用户发送的请求后，根据文档 ID 返回相应的文档。

在进一步的扩展方案中，Kuzu 提出一种双服务器的方案，使该方案可以对检索结果进行排序。

提出的安全方案可能被攻击者所掌握的信息如下。

Search Pattern(S_p)：攻击者通过截取数据包，从多次连续的查询过程中寻找相同的查询。通过该信息，攻击者可掌握某个关键字的查询频率等信息。

Access Pattern(A_p)：攻击者通过截取服务器返回的信息，可以知道每个陷门所对应的查询结果。

Similarity Pattern(S_i)：攻击者截取多次查询的关键字向量，通过子向量间的比较来确定两次查询关键字的相似度。

History(H_n)：攻击者通过截取数据包，收集多次查询的关键字。

Trace(T_r)：攻击者能够掌握的最大信息{密文标识号，密文的长度，S_i，A_p}。

View(V_i)：正常情况下可以被任何人获得的信息{密文标识号，加密后的文档，安全索引，每次查询使用的陷门}。

如果一个模拟攻击者在概率型多项式时间内从 Trace 中获得真实攻击者能够获得的所有 View 的概率近似接近于 1，则说明该方案符合适应性语义安全。换句话说，如果该方案满足适应性语义安全，则该方案除了数据属主愿意公开的信息，不会泄露任何其他信息。

假设模拟攻击者为 S，对于 n 次连续查询的历史记录 H_n，正常情况下允许攻击者可以知道的信息为

$$V_R(H_n) = \{(id(C_1), \cdots, id(C_l)), (C_1, \cdots, C_l), I, (T_{f_1}, \cdots, T_{f_n}))\}$$

攻击者最多可以知道的信息为

$$T_r(H_n) = \{(id(C_1), \cdots, id(C_l)), (|C_1|, \cdots, |C_l|), I, S_p(H_n), A_p(H_n)\}$$

模拟攻击者生成或获得的模拟信息为

$$V_s(H_n)=\{(\text{id}(C_1)^*,\cdots,\text{id}(C_l)^*),(C_1^*,\cdots,C_l^*),I^*,(T_{f_1}^*,\cdots,T_{f_n}^*)\}$$

加密文档的安全性分析：S 生成 l 个随机值 $\{C_1^*,\cdots,C_l^*\}$，其中 C_i^* 满足条件 $|C_i^*|=|C_i|$。由于该方案采用的文档加密算法应该满足 PCPA 安全要求，所以密文 $\{C_1,\cdots,C_l\}$ 是计算上不可区分的。

安全索引的安全性分析：假设 b_{id} 和 b_{vector} 分别为桶标识符和加密的位向量的长度，max 表示用户的数据集中可能出现的最大的关键字数量，b_{id} 表示一次查询时陷门中的关键字数量。S 选择 $\max \cdot b_{id}$ 个随机的二元组 (R_{i1},R_{i2})，其中，$|R_{i1}|=b_{id}$，$|R_{i2}|=b_{vector}$。S 新建一个索引 I^*，并将所有二元组插入索引中，假设 $(\pi_s,\sigma_{V_s})\in I$，其中 $\pi_s=\text{Enc}_{\text{Kid}}(s)$，$\sigma_{Vs}=\text{Enc}_{\text{Kpayload}}(V_s)$，$I$ 和 I^* 均包含 $\max \cdot b_{id}$ 条记录，由于伪随机序列和满足 PCPA 安全要求的加密方案都是计算上不可区分的，所以 I 和 I^* 中的每一条记录均是不可区分的，从而保证了 I 和 I^* 也是计算上不可区分的。

用户查询陷门的安全性分析：S 根据相似度信息 S_i 建立模拟的陷门 $\{T_{f_1},\cdots,T_{f_n}\}$，其中 $T_{f_i}=\{\pi_{i1},\pi_{i\lambda}\}$，$T_i[j]$ 是第 i 个陷门的第 j 个子向量，b_{id} 是加密后的桶标识符的长度。如果相似度信息 S_i 中第 i 个陷门的第 j 个子向量与第 p 个陷门的第 r 个子向量（其中，$1\leqslant p<i$，$1\leqslant j$，$r\leqslant\lambda$）相同，则将 $T_i[j]^*$ 的值赋值为 $T_p[r]^*$，否则，将 $T_i[j]^*$ 的值赋值为伪随机向量 R_{ij}，其中 $|R_{ij}|=b_{id}$，并且 $R_{ij}\neq T_i[j]^*$（其中，$1\leqslant p<i$ 并且 $1\leqslant r\leqslant\lambda$），由于 $T_i[j]$ 是通过伪随机函数得到的，而 $T_i[j]^*$ 是随机生成的，所以 $T_i[j]$ 和 $T_i[j]^*$ 是计算上不可区分的，模拟生成的陷门和真正的陷门也是计算上不可区分的。

该方案的缺点在于仅仅使用 LSH 算法进行相似度匹配，返回结果的误差率较高，尤其在单关键字检索的时候，会返回大量的不相关结果。双服务器的引入虽然能够在返回结果的精度上有一定的提高，但是需要服务器端进行重加密和服务器间的数据交换，这不但降低了方案的安全性，还导致了用户使用云平台的成本增大。

4. 基于向量的可搜索加密方案

现有的基于向量的可搜索加密方案大多都将 Wong 等提出的 KNN 方案作为基础，进行改进和扩展。该方案是一种在加密数据库上实现安全 KNN 计算的方案——非对称标量加密（asymmetric scalar-product-preserving，ASPE）方案，支持对加密数据进行 KNN 查询计算。KNN 查询基于特征的相似搜索，是数据库管理系统中代表性的查询方式之一，它将 k 个与查询点最接近的对象作为查询结果返回。采用保距变换（distance-preserving transformation，DPT）的方法来加密数据，加密之后的数据和加密之前的数据距离一样，就能进行 KNN 查询。但是，因为保距变换不能对抗统计攻击和已知密文及一些明文的攻击，所以 ASPE 是一种距离不可恢复加密方案。

Cao 等在 KNN 基础上进行了改进，提出了 MRSE 方案。该方案是向量可搜索加密的经典方案，能够使用户的查询结果更加精确。MRSE 方案第一次定义了支持云存储中隐私保护有序的多关键字检索方案。Cao 等在安全内积分的基础上提出了 MRSE 的基本框架。然后根据不同的威胁、模型，又提出了两个改进的 MRSE 方案来满足不同用户的不同需求。

在总体结构上 MRSE 同样由三个实体组成：数据属主、云存储服务器和数据使用者。为了检索更加高效，MRSE 采用将关键字制造成索引的方式来提高检索效率。数据属主通过将想要检索的关键字生成相应的陷门，并发送给云存储服务器，云存储服务器会根据所收到的陷门，对数据属主所存储的密文进行检索，然后将检索结果返回给数据使用者。

MRSE 方案中，在关键字的检索精度方面，因为云存储服务器所检索的结果是根据某些设定的因素进行排序的，所以提高了关键字检索的精确度。而在通信的开销方面，为了减少通信开销，数据使用者可以选择云服务器返回 k 个与检索最相关的文件。

为了使数据使用者尽可能多地获得相关的数据文件，提出了"协同匹配"方案。在该方案的索引结构中，对每一个文件都使用了一个二维向量来作为该文件的分类索引。数据使用者的查找操作也是由一个二维向量来表示的，二维向量的每一位表示数据使用者所查找的关键字是否属于集合，所以 MRSE 方案通过查询向量和数据向量的内积来提高相似度计算的精确度。

协同匹配可以使数据使用者的检索更加灵活，但是在数据使用者对密文进行检索时，将数据向量和查询向量直接发送给云存储服务器的过程是不安全的。为了保证用户数据的安全性和隐私性，在 KNN 方案的基础上，提出了使用"内积相似度"来判断两个文件之间的相似度。具体来说，假设 D 是文件 F 的一个二进制的数据向量，其中 D 每一位 $D[i]$ 都代表 F 的相关关键字 W_i 是否存在，Q 是用户的查询向量，其中 Q 每一位 $Q[i]$ 都代表用户查询指令 w 中的关键字 W_i 是否存在。这里文件 F 和查询指令 w 的相似度就可以用它们之间的内积相似度来表示，也就是 $D \cdot Q$。为了做到有序性，要求云存储服务器必须有对检索结果中的不同文件的相似度进行比较的能力，而因为用户数据的安全性和隐私性，云存储服务器不能知道 D 和 Q 以及它们的内积 $D \cdot Q$。具体的步骤如下。

(1) 初始化。首先数据属主会在本地产生一个 $n+2$ 位的二进制向量 $S(n+2)X(n+2)$ 的可逆矩阵 $\{M_1, M_2\}$，以及一个密钥 $SK\{S, M_1, M_2\}$。

(2) 建立索引 (F, SK)。对每一个文件 F_i，数据属主都会产生一个相应的向量 D_i，其中 D_i 每一位 $D_i[j]$ 都代表 F 的相关关键字 W_i 是否存在。然后 D_i 进行扩维和分裂，生成一个明文的索引 Dt'。与 KNN 方案相似，除了 Dt' 的第 $n+1$ 位被设置为随机数 α，第 $n+2$ 位被设为 1，所以这里可等价于 $(D_i, \alpha, 1)$，将 Dt 随机划分为 Dt' 和 Dt'' 两个子向量，使得 $Dt = Dt' + Dt''$，每个加密文件的子索引是 $I_i = \{M_1^T, Dt', M_2^T, Dt''\}$。

(3) 陷门 (w)。数据使用者输入 w，生成一个二进制的向量 Q，其中 Q 每一位

$Q[i]$都代表用户查询指令 w 中的关键字 W_i 是否存在。将 Q 扩展为 $n+1$ 维，并且将值设为 1，再将其进行随机缩放。得到了一个 $n+2$ 维的向量 Q'，该向量的最后一位设为随机数 t。所以 Q 等价于 (rQ,r,t)。然后和索引建立相同，进行分裂和加密，将 Q 划分成 Q' 和 Q''，使 $Q=Q'+Q''$，生成陷门 $T_w=\{ M_1^{-1}Q', M_2^{-1}Q'' \}$。

(4)查询 (T_w,k,I)。数据使用者将陷门 T_w 发送给云存储服务器，云存储服务器再计算 T_w 与每一个文件 F_i 的相似度，并将结果进行排序，然后将排序高的文件返回给数据使用者。具体的相似度计算公式如下：

$$I_i \cdot T_w = \{ M_1^{\mathrm{T}}, Dt', M_2^{\mathrm{T}}, Dt'' \} \cdot \{ M_1^{-1}Q', M_2^{-1}Q'' \}$$
$$= D_i \cdot Q' + Dt'' \cdot Q''$$
$$= Dt \cdot Q$$
$$= (D_i,\alpha,1) \cdot (rQ,r,t)$$
$$= r(D_i \cdot Q + \alpha) + t$$

5. 基于霍夫曼编码和布隆过滤器的模糊关键字查询方案

针对现有工作在查询效率、数据存储和数据安全方面的不足，李晋国等[93]通过分析 DaaS 数据文件关键字索引的特征及其对密文查询效率的影响，提出了一种基于霍夫曼编码和布隆过滤器的安全模糊查询(Huffman code and Bloom filter-based fuzzy keyword search，HB-FKS)方案。HB-FKS 以关键字的 TF×IDF 评分为基础构建霍夫曼树型结构，重新对数据文件索引进行组织，同时利用布隆过滤器在数据存储方面的性能优势减少模糊关键字集合的存储功耗，确保以较高的效率实现基于密文的模糊查询。

通常主要包含三种角色：数据属主(DO)、数据库服务提供方(DSP)和用户(DU)。该方案采用的模型引入了完全可信第三方(trusted third party，TTP)，负责查询服务中的复杂计算任务，主要包含对 DO 数据进行加密预处理、索引计算，并对 DU 查询条件进行相应编码转换。TTP 降低了查询服务模型中 DU 和 DO 的计算负担，但为了保护 DU 查询条件和 DO 数据的机密性，TTP 必须独立于外包服务提供商，由第三方权威机构提供。例如，DaaS 模式下的线上医疗信息系统中，患者需上传病历等敏感信息为医生看诊提供辅助材料，可通过 TTP 提供的可信服务将这些信息加密并建立索引，存储到医疗信息中心；医生根据看诊需求查询病历信息时，通过 TTP 提供的可信服务将查询信息转换成相应加密编码，并发送至医疗信息中心；信息中心在不对查询编码和病历信息解密的情形下，通过计算将相应的文件反馈给被授权的医生(TTP 授权)。该系统的 TTP 可以由政府相应监管部门承担；DaaS 模式下的数据库通常规模庞大，在现有的基于密文查询的相关研究工作中，查询关键字通常是系统利用数据库中的存储文件预先计算的，可降低关键字更新频率，避免文档样本不足导致的相关参数计算误差。因此，在该方案提出的模糊关键字查询机制中，合法 DU 和 DO 之间约定的常用查询关键字 $w_1,w_2,\cdots,w_k$ 是由 TTP 通过对数据库服务器 DSP 中存储的文档数据库 $F=\{f_1,f_2,\cdots,f_n\}$ 进行计算后得到的。数据库拥有数量充分的文档样本，对于查询关键字的更新需求较低。

算法在保护数据私密性的同时以较低的功耗实现较高效率的查询处理，主要分为预处理、霍夫曼编码索引树建立和保护隐私的查询转换三个部分，算法的具体细节如下。

1）预处理

系统对数据文件的预处理主要包含三个部分，即对文件集合关键字的 TF×IDF 评分计算、相关加密算法和密钥的约定以及对 DO 数据文件的加密存储，具体细节如下。

（1）由可信第三方 A 对准备存储至数据库服务器中的文件 $F=\{f_1,f_2,\cdots,f_n\}$，通过执行文件集合 TF×IDF 评分算法进行关键字关联度计算，获取 TF×IDF 评分最高的 k 个关键字 $w_1,w_2,\cdots,w_k$，并以此为基础建立各个存储文件的索引树 I。

（2）A 和授权用户共享加密函数 En 和密钥 k_{A_u}，用以实现安全通信。

（3）文件 $f_1,f_2,\cdots,f_n$ 被加密后得到 $\mathrm{cf}_1,\mathrm{cf}_2,\cdots,\mathrm{cf}_n$。密文结果和相应索引树 I 被传输至 DSP 服务器进行存储。

2）霍夫曼编码索引树建立

索引生成的基本思想：首先，根据文件索引关键字的 TF×IDF 评分构建霍夫曼索引树并生成相应编码，评分越高的关键字在索引树中的深度越小，随后，将各个关键字的模糊集合存储到相应的布隆过滤器，节省存储空间。

（1）叶子节点的生成。为了支持模糊查询机制，采用基于编辑距离的相似度量化方法来衡量关键字之间的相似程度。为了降低存储开销，基于 Li 等提出的关键字模糊元素集合计算方案，结合具有存储优势的布隆过滤器构造叶子节点。具体如下：可信第三方 A 首先针对关键字 w_i 计算其不同编辑距离下相应的关键字模糊元素集合 $S_{w_{i\_1}},S_{w_{i\_2}},S_{w_{i\_3}},\cdots$。随后根据不同的编辑距离，将相应的模糊元素集合中的各个关键字先加密再分别映射至不同的布隆过滤器 $B_{w_{i\_1}},B_{w_{i\_2}},B_{w_{i\_3}},\cdots$ 以构造对应各个关键字的叶子节点。加密函数为 En，密钥为 k_{A_u}。

（2）基于叶子节点及其父节点的子树生成。在该算法中，叶子节点根据编辑距离划分共有三类，对应的编辑距离分别为 1、2、3，其父节点为相应关键字的 TF×IDF 评分。例如，叶子节点 $B_{w_{i\_1}}$、$B_{w_{i\_2}}$、$B_{w_{i\_3}}$ 对应父节点的存储信息为 sc_{w_i}。叶子节点和其父节点构成相应霍夫曼子树 $t_{w_1},t_{w_2},\cdots,t_{w_k}$ 对应的各个关键字。

（3）霍夫曼树的生成和节点编码计算。上述子树 $t_{w_1},t_{w_2},\cdots,t_{w_k}$ 经过进一步计算合并处理构建霍夫曼树。具体如下：可信第三方 A 首先在上述子树组成的森林 T 中选择根节点 TF×IDF 评分信息最小的两棵子树 t_i 和 t_j 并进行合并，组成一棵新树 t_{i_j}。新树根节点的 TF×IDF 评分信息值为子树 t_i 和 t_j 根节点评分信息之和，且这两棵子树分别作为新树 t_{i_j} 的左右子树。随后 A 将新树 t_{i_j} 加入森林 T，同时删除子树 t_i 和 t_j。重复上述过程直到森林 T 只包含一棵树，此时，霍夫曼树建立。

节点霍夫曼编码的计算方式如下：可信第三方 A 从 TF×IDF 评分信息最低的两个节点开始，左节点设置为 0，右节点设置为 1，对各个节点进行相应编码 haf_i。由上述树型结构和霍夫曼编码构成相应的索引树 I，经 A 发送至数据库服务器进行存储。索引树 I 的各个节点不包含 TF×IDF 评分信息，叶子节点为布隆过滤器编码，其余部分则为霍夫曼编码，同时各个关键字 w_i 的霍夫曼编码即各个叶子节点父节点的编码。

3）保护隐私的查询转换

用户 DU 的查询条件将被 TTP 转换成相应密文和编码，再由 DSP 执行查询。

（1）用户查询条件转换。用户首先将查询条件 $Q=(c_{w_q}|d_q)$ 传输至 A 进行转换（$d_q \leqslant 3, c_{w_q}=En(w_q,k_{A\_u})$）。$A$ 对查询条件解密后，首先计算和 w_q 编辑距离小于或等于 d_q 的相似关键字 $w_i,w_{i+1},\cdots$。随后将关键字 $w_i,w_{i+1},\cdots$ 转换成对应的密文和霍夫曼编码，形成新的查询条件 $Q'=(c_{w_i}|haf_{w_i}, c_{w_{i+1}}|haf_{w_{i+1}},\cdots)$，再发送至数据库存储服务器进行查询。

（2）执行查询。数据库服务器对比霍夫曼编码 $haf_{w_i}, haf_{w_{i+1}},\cdots$ 和索引树 I，查找相应的节点 $N_{w_i}, N_{w_{i+1}},\cdots$。随后使用查询结果 $N_{w_i}, N_{w_{i+1}},\cdots$ 各个子节点的布隆过滤器对密文 $c_{w_i}, c_{w_{i+1}}$ 进行映射，判断 $B_{w_{i\_1}}, B_{w_{i\_2}},\cdots$ 是否包含该元素。具体算法如下。

输入：霍夫曼编码 haf_{w_i}，其长度为 colen，索引树 I 根节点 root 和节点集合 $N=\{N_1,N_2,\cdots\}$。

输出：查询结果 N_{w_i}。

（1）设置 N_t 初始值为索引树 I 的起始查询节点，即 N_t=root；

（2）使用计数器 count 记录霍夫曼编码 haf_{w_i} 各比特的相应下标，其初始值为 count=0；

（3）if count≤colen

　　　if haf_{w_i} [count]==1 && N_t.leftchild!=NULL

　　　　　N_t=N_t.leftchild;

　　　　　count++;

　　　　　Search（haf_{w_i},N_t）;

　　　else if haf_{w_i} [count]==0 && N_t.rightchild!=NULL

　　　　　N_t=N_t.leftchild;

　　　　　count++;

　　　　　Search（haf_{w_i},N_t）;

　　　end if

　　end if

(4) if count=colen

  if N_t.leftchild= =NULL ||N_t.rightchild= =NULL

   N_{w_i} =N_t;

  end if

 end if

(5) return　N_{w_i}

根据布隆过滤器成员隶属关系判断规则，当 $h_1(c_{w_i}),h_2(c_{w_i}),\cdots,h_m(c_{w_i})$ 均为 1 时，c_{w_i} 以概率 $1-p$ 存在于 B_{w_i} 中，数据库服务器将向用户返回 $B_{w_{i\_i}}$ 指向的加密数据文件 cf。用户通过解密 cf 得到相应的文件 f。其中，$h_1,h_2,\cdots,h_m$ 是布隆过滤器 B_{w_i} 对应的独立同分布哈希映射函数。参照布隆过滤器的假阳性计算公式，概率 $p=(1-(1-1/\text{BL})^{mn})^m \approx (1-e^{-mn/\text{BL}})^m$，其中，BL 为布隆过滤器的比特数，$m$ 为布隆过滤器对应的哈希函数个数，n 为布隆过滤器中插入的元素个数。

HB-FKS 算法在索引生成和查询条件生成时，由于需要执行布隆过滤器映射计算，算法执行时间比现有的 WFKS 和 TTSS 算法更长，但在安全性能和存储开销方面更具优势。在执行查询算法时，布隆过滤器和霍夫曼编码带来的优势得到了充分体现，HB-FKS 实现了高效率模糊查询。

6. 支持中文同义词的密文模糊检索方案

目前可搜索加密方案解决了密文环境下英文关键字的安全快速模糊搜索问题。由于中文的特殊性，若按英文关键字的处理方式，把任意两个中文间的差异都用一个编辑距离来表示，则增加了模糊匹配过程中的模糊程度，所以现有方案不适用于基于密文的中文关键字模糊搜索。中文字除了字形外还包含拼音和含义两部分，拼音由声母和韵母组成。因此，在正常情况下一个中文关键字有很多同义词、近义词及拼音相似的词等。目前国内外在语义与语音相近的中文关键字搜索方面的研究较少。方忠进等[94]提出了基于关键字的加密云数据模糊搜索策略，探索在云存储环境下中文模糊音和同义关键字的模糊搜索的执行方法。

1) 系统与威胁模型

数据属主可以是个人或者企业用户，他们将拥有的数据文件集合 $C=(F_1,F_2,\cdots,F_n)$ 存储在云服务器上。与文件集合 C 相关的不同关键字集合预先进行定义并且表示为 $W=\{w_1,w_2,\cdots,w_p\}$。为了保证敏感数据不被未授权的人使用，数据集合 C 在外包至云存储服务器之前需要进行加密处理。由于中文存在大量的近音和同义词，为了提高云数据利用效率和检索成功率，该体系结构需要提供加密数据的模糊音和同义词的模糊搜索功能。为了实现该服务，数据属主需要将搜索请求生成私钥 SK 并分发给其他授权用户，如团队成员或企业员工。当私钥分配完成后，对于任一个输入的关键字 w，为了能够安全地搜索出相关的文件集合，被授权用户利用私钥 SK 和单向生成函数将需要查询的关键字转换成一个搜索请求，并且提交给云服务器。云服务器在未解密数据的情况下执行搜索并且将搜索到的与关键字 w 或 w 的模糊音或同义词相关的目标文件集合（记为 FID_w）发送给数据查询者。

云存储数据服务体系结构中所涉及的云存储服务器可以正确执行指定的协议规范，但是又会通过用户的输入来推断和分析相关信息。因此，在设计同义关键字搜索方案时，仍然遵循传统对称加密中所涉及的安全定义。除了搜索结果和搜索模型以外，不应该泄露与存储的文件及索引相关的其他任何内容。

2) 系统框架

模糊搜索的目标是根据不同用户输入的关键字，尽可能返回所有与该关键字相似（包括同义和模糊音）的结果。然而，这种基于关键字同义和模糊音词的模糊搜索对于云端数据的匹配具有很大的挑战性。任意两个中文词在明文状态下很容易获取其所具有的模糊音词或者同义词，但是在经过单向加密函数加密（如伪随机函数或其他加密算法）后就很难发现其中相似的规律。传统的加密搜索策略是通过用户提交的搜索陷门和可搜索加密索引之间的相等比较进行搜索的，但这在模糊搜索中是无法使用的。

为了解决这个问题，方忠进等提出了分步方案来降低与云端加密数据模糊匹配的难度。第一步，数据属主在客户端构建模糊关键字集合，该集合主要包含三部分，即关键字、关键字的拼音及模糊音、关键字对应的英文单词，相应的索引信息就包含三张表，即中文关键字及文件 ID 表、中英文关键字对照表和拼音及模糊音对照表。第二步，基于该模糊关键字集合，设计安全高效的模糊搜索方法。对于外包于云端的数据，除了安全问题，用户在使用中最为关心的就是操作的效率。因此，该方案采用对称加密作为可搜索加密框架。

3) 预备知识及符号表示

C：外包的文件集合，表示为 n 个数据文件的集合，即 $C=(F_1,F_2,\cdots,F_n)$。

W：提取自文件集合 C 的不同关键字集合，表示为 p 个词的集合，即 $W=\{w_1,w_2,\cdots,w_p\}$。

I：为模糊关键字搜索而建立的索引。

T_w：陷门，即用户输入搜索关键字 w 后由单向函数所生成的搜索请求。

FID_{w_i}：文件集合 C 中包含关键字 w_i 或其近音或同义的文件 ID 集合。

$f(\text{key},\cdot)$，$g(\text{key},\cdot)$：伪随机函数，定义为 $\{0,1\}^* \times \text{key} \to \{0,1\}^l$。

$\text{Enc}(\text{key},\cdot)$，$\text{Dec}(\text{key},\cdot)$：基于语义安全的对称密钥加/解密函数。

编辑距离：对于给定的单词 w 和整数 d，用 $S_{w,d}$ 表示与其相似的单词 w'，满足 $\text{ed}(w,w') \le d$。

$SP_{w,d}$：关键字 w 的模糊拼音所对应的关键字集合。对于给定的中文关键字 w 和整数 d，其拼音 PY_w 对应的模糊音集合 $SP_{w,d}=\{w_1',w_2',\cdots\}$，满足与关键字 w 的拼音的编辑距离小于 d 的所有类似拼音的关键字集合，表示为 $ed(PY_w,PY_{w'})\leqslant d$。即对任意 $w_i'\in SP_{w,d}$，有 w_i' 的拼音 $PY_{w_i'}\in S_{PY_{w,d}}$。

SY_w：与关键字 w 同义的关键字集合。在同一种语言中描述同一事物的不同关键字集合 $SY_w=(w_1',w_2',\cdots)$，转换为另一种语言时，w_i' 一般会对应相同的关键字 w_e，则称集合 $SY_w=(w_1',w_2',\cdots)$ 为关键字 w 的同义词集合，其中，$syn(w)=syn(w_i')$，$syn(\cdot)$ 是同义转换函数。该方案使用中文和英文实现同义转换。

模糊关键字搜索：给定由 n 个加密后的数据文件所构成的集合 $C=(F_1,F_2,\cdots,F_n)$，预定义的不同中文关键字集合 $W=\{w_1,w_2,\cdots,w_p\}$，输入搜索关键字 w 和 d，执行同义关键字搜索后将返回文件 ID 集合 $\{FID_{w_i}\}$，其中 $w_i=w$，$w_i\in SY_w$ 或者 $w_i\in SP_{w,d}$。

4）方案实现

在设计中文模糊关键字搜索系统框架时首先考虑模糊关键字集的建立，然后分析如何生成搜索请求，最后分析如何实现安全且高效的加密数据搜索。

（1）建立模糊关键字集。建立关键字集合是进行高效模糊搜索的前提。给出关键字 w 和相似约束条件 d，则要生成 $SP_{w,d}$ 和 SY_w，若 $w'\in SP_{w,d}$ 需满足 $ed(PY_w,PY_{w'})\leqslant d$；若 $w'\in SY_w$ 需满足 $syn(w)=syn(w')$。具体实现如下。

①模糊拼音关键字集合建立。中文字的拼音主要由声母和韵母组成，且声母与韵母的组合符合特定规律，以下列出了具体集合。

声母集合：{b,p,m,f,d,t,n,l,g,k,h,j,q,x,zh,ch,sh,r,z,c,s,y,w}。

单韵母集合：{a,o,e,i,u,ü}。

复韵母集合：{ai,ei,ui,ao,ou,iu,ie,üe,er}。

前鼻韵母：{an,en,in,un,ün}。

后鼻韵母：{ang,eng,ing,ong}。

中文拼音不会出现类似英文单词那样的任意组合的情况，如声母是 b 时，韵母所构成的集合中只能包含固定数量：{a,o,i,u,ai,ei,ao,ie,an,en,in,ang,eng,ing,ian,iao}。而且在中文拼音拼写中最容易出错的就是模糊音，如声母中的平舌音和翘舌音（l 和 n）等，韵母中的前鼻音和后鼻音（ian 和 iang 以及 uan 和 uang）。因此，建立模糊音关键字集合最简单的方法就是可以枚举出可能的拼音组合，进而找出与这些组合相同拼音的关键字集合。举例如下：假设用户给定的 $d=2$，输入关键字 w 的拼音是 lin，则根据拼音构成规则生成对应的模糊音关键字组合 $SP_{w,d}=\{w_1',w_2',\cdots\}$，其中 w_i' 的拼音应该包含于集合 {lin,nin,ling,ning,*in} 中。

②同义词集合建立。中文中存在很多含义相同或相近的词，而这些在近义词词典中却无法体现出来，如"计算机"、"电脑"、"微机"。这三个中文词含义一致，用户在执行云端数据搜索时，与这三个词相关的文件 ID 都应该返回给用户，

但如何实现类似的同义词比较却一直没有很好的办法。通过对比中文和英文在描述同一个事物时的表达方式,提出了利用语言间的表达差异来实现同义词转换的方法,如上述三个词的英文单词均是"computer",这样如果中文关键字 w_i 对应的英文翻译一致,那么就说明这些词是同义词。执行过程如下:假设用户输入的关键字为 w,执行函数 syn(w),将 w 翻译为英文单词 w_e,然后在中英文对照表中查找英文翻译为 w_e 的中文关键字并返回关键字集合 SY_w。生成相应的模糊音和同义词集合后,调用加密函数 Enc$(key,\cdot)$ 将得到的 $SP_{w,d}$ 和 SY_w 进行加密,并连同加密后的文件一起发送到云端进行保存。

(2)生成搜索请求。当用户输入关键字 w 后,系统执行模糊搜索,返回相应的文件 ID 集合 $\{FID_{w_i}\}$,其中 $w_i=w$, $w_i \in SY_w$ 或者 $w_i \in SP_{w,d}$。搜索请求的生成过程与关键字索引的生成方式类似,即根据输入的 w 和 d,调用模糊拼音和同义词生成函数得到模糊拼音关键字集合 $SP_{w,d}$ 和同义词集合 SY_w,将 w、$SP_{w,d}$ 和 SY_w 加密后生成搜索陷门,提交给云服务器,即完成搜索请求生成工作。

(3)模糊搜索方案。在云服务系统中,为了避免云端获取敏感信息,部分工作需要在客户端执行,如搜索索引的建立、陷门的生成等;而在大量数据中执行搜索是非常消耗资源的工作,这些则交由云服务器去完成。基于关键字的加密云数据模糊搜索方案执行流程如下。

系统预处理阶段:

①数据属主随机选择两个数 a 和 b 作为私钥 SK。

②构建索引。索引 $I_1=\{f(a,w_i'),Enc(SK_{w_i'},FID_{w_i})\}$, $w_i' \in SP_{w,d}$, $I_2=\{f(a,w_i'),Enc(SK_{w_i'},FID_{w_i})\}$, $w_i' \in SY_w$,其中 $1 \leqslant i \leqslant p$,密钥 $SK_{w_i'}=g(b,w_i')$。

③将索引表 I_1 和 I_2 以及加密数据文件外包到云服务器存储。

搜索阶段:

①用户输入 SK、w 和 d,客户端系统生成 $SP_{w,d}$ 和 SY_w,同时生成陷门 $T_{1w'}=(f(a,w'),g(b,w'))$, $w' \in SP_{w,d}$ 及 $T_{2w'}=(f(a,w'),g(b,w'))$, $w' \in SY_w$。将陷门集 $T_{1w'}$ 和 $T_{2w'}$ 发送到云端。

②云服务器将接收到的陷门 $T_{1w}=f(a,w')$, $w' \in SP_{w,d}$ 及 $T_{2w'}=f(a,w')$, $w' \in SY_w$ 分别与索引 I_1 和 I_2 进行比较得到符合条件的文件 ID 集合 $\{FID_{w_i}\}$,其中 $w_i=w$, $w_i \in SY_w$ 或者 $w_i \in SP_{w,d}$,并将结果发送给用户端。

③用户端使用相应的 $g(b,w')$ 解密文件 ID,并取回需要的文件,调用 Dec$(key,\cdot)$ 解密后使用。

该方案很好地解决了中文环境下搜索容易出现的输入的文字和用户想找的词存在的模糊音和同义问题,同时通过使用伪随机函数有效避免了查询过程中的信息泄露问题。

目前来说,现有的密文模糊检索方案在效率上与实际应用有一定的差距,与现有的明文搜索引擎相比较，在功能上也有很大的差距。因此未来还需要在保障安全的前提下，继续在执行效率、检索精度和完善功能方面不断地进行研究。

4.6　本章小结

密文检索技术是云存储中不可或缺的组成部分，具有广泛的应用前景。本章首先介绍了可搜索加密的研究背景、研究内容、研究现状等内容，然后主要描述了具有代表性的对称可搜索加密方案、公钥可搜索加密方案和支持模糊搜索的可搜索加密方案。

参 考 文 献

[1] 沈志荣, 薛巍, 舒继武. 可搜索加密机制研究与进展. 软件学报, 2014, 25: 880-895.

[2] 李经纬, 贾春福, 刘哲理, 等. 可搜索加密技术研究综述. 软件学报, 2015, 26: 109-128.

[3] 徐鹏, 金海. 可搜索加密的研究进展. 网络与信息安全学报, 2016, 2: 1-9.

[4] Song D, Wagner D, Perrig A. Practical techniques for searches on encrypted data//The IEEE Symposium on Security and Privacy, Berkeley, 2000: 14-17.

[5] Goh E. Secure indexes. IACR Cryptography, 2003: 216.

[6] Chang Y, Mitzenmacher M. Privacy preserving keyword searches on remote encrypted data// Applied Cryptography and Network Security. Berlin: Springer-Verlag, 2005: 442-455.

[7] Abdalla M, Bellare M, Catalano D, et al. Searchable encryption revisited: Consistency properties, relation to anonymous IBE, and extensions//Advances in Cryptology. Berlin: Springer-Verlag, 2005: 205-222.

[8] Curtmola R, Garay J, Kamara S, et al. Searchable symmetric encryption: Improved definitions and efficient constructions//The ACM Conference on Computer and Communications Security, Alexandria, 2006: 79-88.

[9] Boneh D, Waters B. Conjunctive, subset, and range queries on encrypted data//The 4th Theory of Cryptography Conference, Amsterdam, 2007: 535-554.

[10] Golle P, Staddon J, Waters B. Secure conjunctive keyword search over encrypted data//The 2nd International Conference on Applied Cryptography and Network Security, Yellow Mountain, 2004: 31-45.

[11] Bellare M, Rogaway P. Optimal asymmetric encryption//Advances in Cryptology. Berlin: Springer-Verlag, 1995: 92-111.

[12] Kurosawa K, Ohtaki Y. How to update documents verifiably in searchable symmetric encryption//Cryptology and Network Security. Berlin: Springer-Verlag, 2013: 309-328.

[13] Liu C, Zhu L, Wang M, et al. Search pattern leakage in searchable encryption: Attacks and new construction. Information Sciences, 2014, 265: 176-188.

[14] Wang C, Cao N, Li J, et al. Secure ranked keyword search over encrypted cloud data//The 30th IEEE International Conference on Distributed Computing Systems, Genoa, 2010: 253-262.

[15] Li J, Wang Q, Wang C, et al. Fuzzy keyword search over encrypted data in cloud computing//The IEEE International Conference on Computer Communications, San Diego, 2010: 441-445.

[16] Liu C, Zhu L, Li L, et al. Fuzzy keyword search on encrypted cloud storage data with small index//The IEEE International Conference on Cloud Computing and Intelligence Systems, Beijing, 2011: 269-273.

[17] Cheung D, Mamoulis N, Wong D, et al. Anonymous fuzzy identity-based encryption for similarity search//The 21st International Symposium on Algorithms and Computation, Jeju Island, 2010: 61-72.

[18] Wang C, Ren K, Yu S, et al. Achieving usable and privacy-assured similarity search over outsourced cloud data//The IEEE International Conference on Computer Communications, Orlando, 2012: 451-459.

[19] Kuzu M, Islam M, Kantarcioglu M. Efficient similarity search over encrypted data//The 28th IEEE International Conference on Data Engineering, Arlington, 2012: 1156-1167.

[20] Wang J, Ma H, Tang Q, et al. Efficient verifiable fuzzy keyword search over encrypted data in cloud computing. Computer Science & Information Systems, 2013, 10: 667-684.

[21] Boneh D, Crescenzo D, Ostrovsky R, et al. Public key encryption with keyword search//The International Conference on the Theory and Applications of Cryptographic Techniques, Interlaken, 2004: 506-522.

[22] Baek J, Safavi-Naiani R, Susilo W. Public key encryption with keyword search revisited//The International Conference on Computational Science and Its Applications, Perugia, 2008: 1249-1259.

[23] Gu C, Zhu Y, Pan H. Efficient public key encryption with keyword search schemes from pairings//The 3rd International Conference on Information Security and Cryptology, Xining, 2007: 372-383.

[24] Rhee H, Prak J, Susilo W, et al. Improved searchable public key encryption with designated tester//The 4th International Symposium on Information, Computer and Communications Security, Sydney, 2009: 376-379.

[25] Rhee H, Susilo W, Kim H. Secure searchable public key encryption scheme against keyword guessing attacks. IEICE Electronics Express, 2009, 6: 237-243.

[26] Hu C, Liu P. A Secure searchable public key encryption scheme with a designated tester against keyword guessing attacks and its extension//The International Conference on Computer Science,

Environment, Ecoinformatics, and Education, Wuhan, 2011: 131-136.

[27] Hu C, Liu P. An enhanced searchable public key encryption scheme with a designated tester and its extension. Journal of Computers, 2012, 7: 716-723.

[28] Rhee H, Park J, Susilo W, et al. Generic construction of designated tester public-key encryption with keyword search. Information Sciences, 2012, 205: 93-109.

[29] Liu Q, Wang G, Wu J. Secure and privacy preserving keyword searching for cloud storage services. Journal of Network and Computer Application, 2012, 35: 927-933.

[30] Hsu S T, Yang C C, Hwang M S. A study of public key encryption with keyword search. International Journal of Network Security, 2013, 15: 71-79.

[31] Byun J, Rhee H, Park H, et al. Off-line keyword guessing attacks on recent keyword search schemes over encrypted data//The 3rd VLDB Workshop on Secure Data Management, Seoul, 2006: 75-83.

[32] Jeong I, Kwon J, Hong D, et al. Constructing PEKS schemes secure against keyword guessing attacks is possible. Computer Communications, 2009, 32: 394-396.

[33] Rhee H, Park J, Susilo W, et al. Trapdoor security in a searchable public-key encryption scheme with a designated tester. Journal of Systems and Software, 2010, 83: 763-771.

[34] Yau W, Phan R, Heng S, et al. Security model for delegated keyword searching within encrypted contents. Journal of Internet Services and Applications, 2012, 3: 233-241.

[35] Yang H, Xu C, Zhao H. An efficient public key encryption with keyword scheme not using pairing//The 1st International Conference on Instrumentation, Measurement, Computer, Communication and Control, Beijing, 2011: 900-904.

[36] Fang L, Susilo W, Ge C, et al. Public key encryption with keyword search secure against keyword guessing attacks without random oracle. Information Sciences, 2013, 238: 221-241.

[37] Dong J P, Kim K, Lee P. Public key encryption with conjunctive field keyword search//The 5th International Conference on Information Security Applications, Jeju Island, 2004: 73-86.

[38] Ballard L, Kamara S, Monrose F. Achieving efficient conjunctive keyword searches over encrypted data//The 7th International Conference on Information and Communications Security, Beijing, 2005: 414-426.

[39] Byun J, Lee D, Lim J. Efficient conjunctive keyword search on encrypted data storage system//The 3rd European PKI Workshop: Theory and Practice, EuroPKI, Turin, 2006: 184-196.

[40] Hwang Y, Lee P. Public key encryption with conjunctive keyword search and its extension to a multi-user system//The 1st International Conference on Pairing-Based Cryptography, Tokyo, 2007: 2-22.

[41] Jeong I, Kwon J. Analysis of some keyword search scheme in encrypted data. IEEE Communication Letters, 2008, 12: 213-215.

[42] Zhang B, Zhang F. An efficient public key encryption with conjunctive-subset keywords search. Journal of Network and Computer Applications, 2011, 34: 262-267.

[43] Lee C, Yang C, Hwang M. A study of conjunctive keyword searchable schemes. International Journal of Network Security, 2013, 15: 311-321.

[44] Pan C, Li S. Adaptively secure encryption for sensitive conjunction-keywords search and application in email delivery systems. Journal of Computational Information Systems, 2013, 9: 9745-9752.

[45] Liu C, Zhu L, Chen J. Efficient searchable symmetric encryption for storing multiple source data on cloud. Sydney: University of Technology, 2015: 451-458.

[46] 张丽丽, 张玉清, 刘雪峰, 等. 对加密电子医疗记录有效的连接关键字的搜索. 软件学报, 2016, 27: 1577-1591.

[47] Katz J, Sahai A, Waters B. Predicate encryption supporting disjunctions, polynomial equations, and inner products//The 27th Annual International Conference on the Theory and Applications of Cryptographic Techniques, Istanbul, 2008: 146-162.

[48] Attrapadung N, Libert B. Functional encryption for inner product: Achieving constant size ciphertext with adaptive security or support for negation//The 13th International Conference on Practice and Theory in Public Key Cryptography, Paris, 2010: 384-402.

[49] Li M, Yu S, Cao N, et al. Authorized private keyword search over encrypted data in cloud computing//The International Conference on Distributed Computing Systems, Minneapolis, 2011: 383-392.

[50] Shen E, Shi E, Waters B. Predicate privacy in encryption systems//The 6th Theory of Cryptography Conference, San Francisco, 2009: 457-473.

[51] Lu Y. Privacy-preserving logarithmic-time search on encrypted data in cloud//The Network and Distributed System Security Symposium, 2012: 1-17.

[52] Cao N, Wang C, Li M, et al. Privacy-preserving multi-keyword ranked search over encrypted cloud data//The IEEE International Conference on Computer Communications, Shanghai, 2011: 829-837.

[53] Cash D, Jarecki S, Jutla C, et al. Highly-scalable searchable symmetric encryption with support for Boolean queries//The 33rd Annual Cryptology Conference, Santa Barbara, 2013: 353-373.

[54] Sun W, Wang B, Cao N. Verifiable privacy-preserving multi-keyword text search in the cloud supporting similarity-based ranking. IEEE Transactions on Parallel and Distributed Systems, 2014, 25: 3025-3035.

[55] Sun W, Wang B, Cao N. Privacy-preserving multi-keyword text search in the cloud supporting similarity-based ranking//The 8th ACM Symposium on Information, Computer and Communication Security, Hangzhou, 2013: 71-82.

[56] Strizhov M, Ray I. Multi-keyword similarity search over encrypted cloud data//The 29th IFIP International Conference, Marrakech, 2014: 52-65.

[57] 陈龙, 肖敏, 罗文俊, 等. 云计算数据安全. 北京: 科学出版社, 2016.

[58] Bao F, Deng R, Ding X, et al. Private query on encrypted data in multi-user setting//The 4th International Conference on Information Security Practice and Experience, Sydney, 2008: 71-85.

[59] Yang Y, Lu H, Weng J. Multi-user private keyword search for cloud computing//The 3rd International Conference on Cloud Computing Technology and Science, Athens, 2011: 264-271.

[60] Dong C, Russello G, Dulay N. Shared and searchable encrypted data for untrusted servers. Journal of Computer Security, 2011, 19: 367-397.

[61] Zhang Y, Jia Z, Wang S. A multi-user searchable symmetric encryption scheme for cloud storage system//The 5th International Conference on Intelligent Network and Collaborative Systems, Xi'an, 2013: 815-820.

[62] Chase M, Kamara S. Structured encryption and controlled disclosure//The 16th International Conference on the Theory and Application of Cryptology and Information Security, Singapore, 2010: 577-594.

[63] Cao N, Yang Z, Wang C, et al. Privacy-preserving query over encrypted graph-structured data in cloud computing//The 31st International Conference on Distributed Computing Systems, Minneapolis, 2011: 393-402.

[64] 项菲, 刘川意, 方滨兴, 等. 云计算环境下密文搜索算法的研究. 通信学报, 2013, 34: 143-153.

[65] 王尚平, 刘利军, 张亚玲. 可验证的基于词典的可搜索加密方案. 软件学报, 2016, 27: 1301-1308.

[66] 王尚平, 刘利军, 张亚玲. 一个高效的基于连接关键字的可搜索加密方案. 电子与信息学报, 2013, 35: 2266-2271.

[67] Kamara S, Papamanthou C, Roeder T. Dynamic searchable symmetric encryption//The ACM Conference on Computer and Communications Security, Raleigh, 2012: 965-976.

[68] Swaminathan A, Mao Y, Su G, et al. Confidentiality-preserving rank-ordered search//The ACM Workshop on Storage Security and Survivability, Alexandria, 2007: 7-12.

[69] 方黎明. 带关键字搜索公钥加密的研究. 南京: 南京航空航天大学, 2011.

[70] Boneh D, Franklin M. Identity-based encryption from the Weil pairing//The 21st Annual International Cryptology Conference, Santa Barbara, 2001: 213-229.

[71] Canetti R, Halevi S, Katz J. A forward-secure public-key encryption scheme//The International Conference on the Theory and Applications of Cryptographic Techniques, Warsaw, 2003: 255-271.

[72] Boneh D, Boyen X. Efficient selective-ID identity based encryption without random oracles//The

International Conference on the Theory and Applications of Cryptographic Techniques, Interlaken, 2004: 223-238.

[73] Waters B. Efficient identity based encryption without random oracles//The 24th Annual International Conference on the Theory and Applications of Cryptographic Techniques, Aarhus, 2005: 114-127.

[74] Naccache D. Secure and practical identity-based encryption. IET Information Security, 2007, 1: 59-64.

[75] Wu T, Tsai T, Tseng Y. Efficient searchable ID-based encryption with designated server. Annals of Telecommunications, 2014, 69: 391-402.

[76] 王少辉, 韩志杰, 肖甫, 等. 指定测试者的基于身份可搜索加密方案. 通信学报, 2014, 35: 22-32.

[77] Luo W, Tan J. Public key searchable encryption without random. Journal of Computational Information System, 2013, 9: 4765-4772.

[78] Zhao F, Nishide T, Sakurai K. Multi-user keyword search scheme for secure data sharing with fine-grained access control//The 14th International Conference on Information Security and Cryptology, Seoul, 2011: 406-418.

[79] Li J W, Li J, Chen X, et al. Efficient keyword search over encrypted data with fine-grained access control in hybrid cloud//The 6th International Conference on Network and System Security, Wuyishan, 2012: 490-502.

[80] Zhao F, Nishide T, Sakurai K. Realizing fine-grained and flexible access control to outsourced data with attribute-based cryptosystems//The 7th International Conference on Information Security Practice and Experience, Guangzhou, 2011: 83-97.

[81] Liu Z, Wang Z, Cheng X, et al. Multi-user searchable encryption with coarser-grained access control in hybrid cloud//The 4th International Conference on Emerging Intelligent Data and Web Technologies, Piscataway, 2013: 249-255.

[82] Tang Q. Nothing is for free: Security in searching shared and encrypted data. IEEE Transactions on Information Forensics and Security, 2014, 9: 1943-1952.

[83] 李真, 蒋瀚, 赵明昊. 一个自主授权的多用户可搜索加密方案. 计算机研究与发展, 2015, 52: 2313-2322.

[84] 李双, 徐茂智. 基于属性的可搜索加密方案. 计算机学报, 2014, 37: 1017-1024.

[85] Bringer J, Chabanne H, Kindarji B. Error-tolerant searchable encryption//The IEEE International Conference on Communications, Dresden, 2009: 1-6.

[86] Chuah M, Hu W. Privacy-aware bedtree based solution for fuzzy multi-keyword search over encrypted data//The 31st International Conference on Distributed Computing Systems Workshops, Mineapolis, 2011: 273-281.

[87] Zhang Z, Hadieleftheriou M, Ooi B, et al. Bed-tree: An all-purpose index structure for string similarity search based on edit distance//The ACM International Conference on Management of Data, Indianapolis, 2010: 915-926.

[88] Moataz T, Shikfa A, Cuppens-Boulahia N, et al. Semantic search over encrypted data//The 20th International Conference on Telecommunications, Casablanca, 2013: 1-5.

[89] Liesdonk P, Sedghi S, Doumen J, et al. Computationally efficient searchable symmetric encryption//The 7th Workshop on Secure Data Management, Singapore, 2010: 87-100.

[90] Wong W, Cheung D, Kao B, et al. Secure KNN computation on encrypted databases//The ACM International Conference on Management of Data, Rhode Island, 2009: 139-152.

[91] Bösch C, Brinkman R, Hartel P, et al. Conjunctive wildcard search over encrypted data//The 8th VLDB International Conference on Secure Data Management, Seattle, 2011: 114-127.

[92] Sedghi S, Van P, Nikova S, et al. Searching keywords with wildcards on encrypted data//The 7th International Conference on Security & Cryptography for Networks, Amalfi, 2010: 138-153.

[93] 李晋国, 田秀霞, 周傲英. 面向 DaaS 保护隐私的模糊关键字查询. 计算机学报, 2016, 39: 414-427.

[94] 方忠进, 周舒, 夏志华. 基于关键字的加密云数据模糊搜索策略研究. 计算机科学, 2015, 42: 136-139.

第 5 章　可信云存储中的数据完整性证明

为了确保信息和程序只能在指定和授权方式下才能改变，防范不正当的信息修改和破坏，数据完整性证明技术应运而生。在可信云存储环境中，数据同样面临着完整性破坏的风险，甚至有些可信云存储服务提供商考虑到自身的利益，可能会向用户隐瞒关于数据完整性的真实信息。因此在可信云存储环境下，保护数据的完整性面临着很大的挑战。在可信云存储环境下，基于对通信开销、成本、效率等因素的考虑，将整个存储在云端的数据下载到本地后，再来检查该数据的完整性的做法显然是不可行的。那么当数据存储在云端时，如何高效地检查数据的完整性，并在数据发生丢失或损坏时采取必要的恢复措施成为一个亟待解决的问题。

5.1　面向可信云存储的数据完整性概述

当客户端使用云存储服务商提供的存储服务功能时，因为客户不在本地保存数据副本，所以在云端服务器上的数据就显得十分重要。客户希望并且要求自己存储的数据在云端没有被损坏，也没有丢失，在任何时间都可以保证能访问该数据，这就涉及数据完整性证明的问题。

5.1.1　完整性证明模型

目前对云端数据完整性证明技术按照执行实体可以分为两类，即用户与云存储服务提供商交互来完成证明和用户授权可信第三方进行数据完整性证明。无论哪种方式都需遵循尽量减小客户端的存储、计算和通信开销，以及尽量减轻云端负担的原则，以便能够得到更好的服务质量。

云存储数据完整性证明模型如图 5-1 所示，包含三个参与方：云存储用户、云存储服务提供商和可选的第三方审计者(third party auditor，TPA)[1]。数据属主创建数据，并将数据存储到云服务器上，将数据的维护、管理和计算等任务委托给云存储服务提供商。用户可以是个体消费者或者是公司、组织，数据属主可以有多个共同拥有者；云服务器存储数据属主的数据，拥有巨大的存储空间和计算资源以管理用户的数据，由众多的云存储服务器实现，由云存储服务提供商管理，并为数据属主提供数据访问许可；第三方审计者是可选的，当引入第三方审计者时，第三方审计者为数据属主和云存储服务提供商提供数据完整性证明服务,接收用户的请求后,可以长期代表用户检验数据是否存储正确,周期性地开展云存储服务的安全性评估。第三方审计者拥有云用户不具备的专业知识和能力。

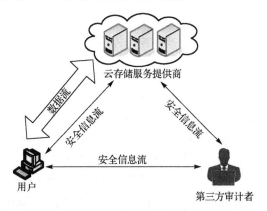

图 5-1　云存储数据完整性证明模型

由于接入云的设备受计算资源的限制,用户不可能将大量的时间和精力花费在对远程节点的数据完整性证明上。通常,云用户将完整性证明任务移交给经验丰富的第三方来完成。采用第三方证明时,证明方只需要掌握少量的公开信息即可完成完整性证明任务。

目前,根据不同的应用环境和要求,多种云存储数据完整性证明模型被提出。按照存储数据是否可恢复分类,完整性证明模型可分为数据持有性证明(PDP)和可恢复性证明(POR)[2]。两种方案都可验证存储数据完整与否,PDP 能快速判断远程节点上的文件是否已损坏,而 POR 不仅能识别已损坏的文件,而且尝试着去恢复文件已损坏的部分。两种机制拥有不同的应用背景,PDP 机制更多地注重检测效率,而 POR 机制则注重于如何让存储在远程云中的数据具有可恢复的能力。对于某些文件,尽管只损坏很小一部分,但仍可能造成整个数据不可用,如压缩文件的压缩表、加密文件。

按照数据性质分类,完整性证明可分为静态数据完整性证明和动态数据完整性证明。其中,动态数据完整性证明支持存储数据的动态操作。

按照方式分类,完整性证明可分为单一审计、抽样审计、批量审计。其中,批量审计又可分为支持多数据属主的、支持多云服务器的、支持多数据属主与多服务器的批量审计[3]。

5.1.2　完整性证明研究进展

PDP 机制最先运用于网格计算和 P2P(peer to peer)网络中。用户为了获取更强的存储能力,选择将数据备份到远程节点上。Deswarte 等[4]考虑利用散列消息认证

码（hashed message authentication code，HMAC）哈希函数来实现远程数据的完整性
证明，数据存储到远程节点之前，预先计算数据的消息认证码（message authentication
code，MAC）值，并将其保存在本地。证明时，用户从远程节点上取回数据，并计
算此时的 MAC 值，比对证明者手中的 MAC 值来判断远程节点上的数据是否是完
整的。由于需要取回整个数据文件，该机制需要较大的计算代价和通信开销，无法
满足大规模的应用。

2003 年，Deswarte 等基于 RSA 的哈希函数，提出了第一个远程数据完整性验
证方案。该方案原理是数据属主在本地计算原数据 F 的哈希值 h，保存 $a=g^h \bmod N$，
数据属主随机选择 r 并将 g^r 作为挑战发送到服务器，服务器对数据属主存储的数据
进行哈希运算 $h'=H(F)$，然后返回 $s=(g^r)^{h'} \bmod N$ 作为响应。数据属主计算并验证
$s=a^r \bmod N$ 是否成立，即可验证远程数据的完整性。由于该方案基于 RSA 与哈希函
数的公钥密码技术，计算花费很大。Oprea 等[5]、Filho 和 Barreto[6]需要验证完整的
存储文件，服务器付出昂贵的计算开销和通信开销；Sebé 等[7]要求数据属主线性存
储数据；Schwarz 等[8]的方法不能提供服务器正确、真实占有数据的安全保证。

Ateniese 等[9]在做了大量研究工作后，于 2007 年首次在 PDP 的定义中考虑到公
共审计的问题，提出了适用于静态数据的 S-PDP 和 E-PDP 两种方案，二者都使用
了同态可验证标签（homomorphic verifiable tags，HVT）技术，该技术的重要性将在
后续研究中体现，提供存储数据的隐私保护。对于给定的消息块 m_i，数据属主生成
相应的同态可验证标签 T_{m_i}，并将所有标签连同文件一同存储到远程服务器上。在
PDP 方案中，服务器与数据属主的计算开销都是 $O(t)$，通信开销为 $O(1)$，但 PDP 方
案并不支持动态完整性证明和批量审计。

2007 年，Juels 和 Jr Burton[10]提出了 POR 方案，专注于大型文件的静态存储。
不仅能够验证远程数据的完整性，当数据遭到损坏时还可以以一定的概率恢复数据。
POR 方案的有效性在很大程度上取决于数据属主在存储文件到服务器前要执行预
处理步骤：利用伪装的数据块（一般称为"哨兵"）随机插入普通数据之间，用于检
测被服务器修改或已损坏的数据。文件 F 被加密，用于隐藏这些"哨兵"，纠错码
用来恢复被损坏的数据。然而，POR 方案不支持任何有效的扩展，同样也不支持动
态操作，只能简单地将文件 F 替换更新为 F'。另外，由于"哨兵"的个数有限，数
据属主可以执行挑战的次数也是固定的。Shacham 和 Waters[11]提出了一个改进方案：
紧凑的 POR，但他们的解决方案仍然是基于静态数据的，不支持动态操作，也不提
供隐私保护。

上述方案都只适用于静态数据的完整性证明，包括与其他 PDP 相关的方案。为
了支持动态完整性证明，Ateniese 等[12]又研究提出一个支持动态操作的
Scalable-PDP，称为可扩展的 PDP 方案。数据属主在存储数据之前预先计算一定数
量的数据占有验证令牌，每个令牌都覆盖一些数据块。数据属主可以选择将预先计

算的令牌保存在本地，也可以以一种认证加密的方式存储到服务器，然后真实数据才被上传到服务器端。正因为如此，数据属主执行挑战和数据动态操作的次数有限，而且该方案无法执行数据块插入操作，只能在原数据尾部执行数据块的追加式插入操作。每次更新之后，都要重新创建所有剩余验证令牌，这对大数据文件来说非常不利。在这些限制下，无论用户计算开销、服务器计算开销，还是通信开销，可扩展的 PDP 的最优渐进复杂性都为 $O(1)$。其他文献也给出了可扩展的 PDP 方案在随机预言机模型下是可证明安全的。

2009 年，Erway 等[13]在 Ateniese 等的可扩展的 PDP 基础上，扩展了 PDP 模型使其支持存储数据的动态更新，提出了两个动态的可证明数据占有方案 DPDP-Ⅰ、DPDP-Ⅱ。DPDP-Ⅰ方案使用了一个基于等级信息的认证哈希字典建立跳表，计算开销为 $O(\log n)$，检测出错误数据的概率与原始 PDP 方案相同。DPDP-Ⅱ方案则是给出了另一种可选的结构，基于 RSA 树的认证哈希字典，服务器计算开销较大，检测错误数据的概率提高。DPDP 方案无法提供数据的隐私保护，也不具备批量完整性证明的功能。

数据属主验证数据完整性通常是基于无第三方的存储审计协议，但这种完整性验证方式有其安全缺陷。在云存储系统中，无论数据属主还是云存储服务器，都不适合执行数据完整性证明，因为二者都无法保证能够提供公正、可信的审计结果。在这种情况下，一种最好的选择就是在云存储服务中引入第三方公共审计。下述方案都用到了同态可验证标签技术和数据分段技术。

2009 年，Wang 等[14,15]提出了基于 TPA 的云存储安全性和可公开验证方案，使第三方审计者能够从客观、独立的角度为数据属主和云服务器提供审计服务。当数据属主作为验证者是不可靠的或没有足够的计算能力执行连续不断的验证时，可公开验证方案允许数据属主授权 TPA 来执行完整性验证。以 BLS(Boneh-Lynn-Shacham)签名技术为基础，同时引入了 RSA 结构，与 Erway 等的方案相同，只支持部分动态操作，但不提供隐私保护。文献[14]在分布式情况下考虑动态存储，指出已经被提出的用于验证数据完整性的挑战——应答协议都可以用来确定数据的正确性和定位可能的错误数据。2010 年，Wang 等[16]提出了改进方案，在云存储服务中实现隐私保护的公共审计方案，数据属主将数据存储到云服务器后即可删除本地的原数据，TPA 仍可以执行完整性证明工作，实现隐私保护。在高效的完整性证明过程中，利用同态密钥随机掩码技术保证 TPA 不能够从存储在云服务器的数据中获得任何有用信息。该方案支持 TPA 以批处理的方式为多用户提供完整性证明服务。2011 年，Wang 等[17]又提出新的改进方案，为了实现高效的数据动态完整性证明，通过对块认证标签进行默克尔哈希树型结构的操作，改善存储模型的现有证据。文章进一步探讨了双线性聚合签名技术，使 TPA 能够更高效地执行多用户、多任务的数据完整性批量审计。计算开销和通信开销为 $O(\log n)$。然而，由于同时为多用户提供完整性服务，数据块标签量巨大，容易导致服务器开销太大，使云存储服务质量下降。另外，这种方法可能会将数据内容泄露给审计者，因为云存储服务器需要将数据块的双线性组合发送给第三方审计者。

Zhu 等[18,19]提出了一种协作的可证明数据占有方案，可支持多云服务器的批量完整性证明，也可扩展支持动态完整性证明。但是都不支持多用户批量完整性证明，因为这两个方案中，各个用户生成数据标签的参数是不同的，第三方审计不能线性组合来自不同用户的数据标签进行批量完整性证明。另一个缺点是在对多云服务器的批量审查过程中，Zhu 等的方案需要一个额外的可信方向审计者发送一个承诺，因为他们的方案应用了掩码技术确保存储数据的隐私性。然而，在云存储服务中增加一个额外的可信方是不实际的。Wang 等的方案和 Zhu 等的方案都会招致审计者繁重的计算开销，使审计者的性能大受影响。

最近，Yang 和 Jia[20]提出了一个高效、安全的动态完整性证明协议。把密码技术与双线性对的双线性性质相结合，提供数据隐私保护，而非使用掩码技术。因此，该方案能够为多用户提供多云服务器的动态完整性证明、批量审计，无须任何额外的组织者。审计者计算开销和通信开销相比 Zhu 等的方案少，从而提高了云存储数据完整性审计性能。但是该完整性证明协议是脆弱的，易受到主动敌手的攻击，因为它不提供响应认证，建议使用一个安全的数字签名方案来防止证据被修改[21]。

5.1.3　存在问题

目前，学术界和工业界已经对面向云存储的数据完整性证明机制展开了初步的探索与研究，并取得了一定的成果。但当前大部分的验证方法在检测云中数据完整性时存在以下不足：尽管识别出已损坏数据但无法恢复、不能支持数据动态更新、采用第三方验证时负担过重及安全模型单一等[22]。

1. 在现有验证机制下，如何恢复已失效的数据

现有的云存储系统大多采用分布式的方式存储数据，而采用容错编码恢复失效数据。对于一些对可靠性有更高要求的用户而言，容错编码方式所能提供的恢复能力是非常有限的。因此，如何设计一种具有更强的恢复能力的数据完整性验证方法是面临的一个严峻的问题。

2. 在执行完整性验证的同时，如何支持数据的动态更新操作

用户为了验证云中数据的完整性，必须在数据存储到云中之前，对数据进行预处理，计算验证元数据，而这些信息的生成需要加入数据的位置信息。在用户执行动态更新操作后，数据块位置的偏移往往会造成之前验证元数据失效，从而导致无法继续进行完整性验证。此外，云端是否真实地按照用户要求执行了动态更新操作

也是需要验证的问题。因此，如何设计一种支持可验证动态更新操作的数据完整性验证方法是面临的一个严峻问题。

3．采用公开验证时，如何简化验证者的密钥管理

考虑大的外包数据和用户端有限的计算资源，云用户通常无法承受烦琐的验证任务，而通过公开验证机制，用户可以委托认可的第三方替代自己来执行数据完整性验证，如用户委托具有丰富验证经验且可信的 TPA 代替用户完成验证。但在 TPA 每次验证的过程中，都需与证书颁发机构交互来完成用户身份的合法性验证。当 TPA 面临的验证工作量较大时，密钥管理将成为 TPA 的负担。因此，设计一种能简化密钥管理的数据完整性验证方法是面临的一个严峻挑战。

4．面临新型计算体系时，如何设计更安全的验证机制

在量子计算模型下，大数分解、离散对数等计算难问题能在亚指数时间（ $2^{O(n^{1/3})}$ ）范围内得到有效的解决，使已有基于大数分解和离散对数等计算难问题的安全模型的验证方法难以适用于量子计算这一新型计算体系结构下。因此，如何在云平台上构造实现新型计算体系下的数据完整性验证方法是面临的一个严重问题。

5.2　可信云存储中的数据完整性证明机制

当用户将数据存储在云端时，其数据已不在自己的安全控制范围内，很有可能遭到恶意的修改、破坏或者硬件失效导致丢失等问题，从而影响到数据的机密性、可用性和完整性。基于此，学术界和工业界提出了大量的机制来保证用户的数据安全，其中绝大多数机制是针对保护数据的机密性和可用性的，对数据的完整性保护机制的研究还不够成熟。

5.2.1　数据完整性证明基本框架

要证明用户数据得到安全存储，核心是要证明服务方存储的数据具有完整性。数据具有完整性就表明数据具有存储安全性。目前已有的完整性验证方案众多，为方便读者理解各种不同的技术方案，本节基于技术的发展趋势，将数据完整性证明的基本框架阐述如下。

一个数据完整性证明方案由初始化阶段和验证阶段组成。在各种信息准备完成、妥当存储的基础上，通常采用抽样的策略，由验证者对存储在云存储中的数据文件发起完整性验证请求，然后由服务方提供证据，验证者进行验证、核实以得到结论。具体实现由六个多项式时间内算法组成。

1. 初始化阶段

用户首先运行密钥生成算法生成密钥对，然后对存储的文件进行分块并为文件中每一个数据块生成同态标签集合，然后将数据文件和签名集合同时存入云中，删除本地的备份。

(1)密钥生成算法：KeyGen$(1^k) \rightarrow$(SK,PK)。由用户在本地执行，k 为安全参数，返回一个匹配的公钥、私钥对(PK,SK)。

(2)数据块标签生成算法：TagBlock(SK,F)$\rightarrow \Phi$。先对存储的文件进行分块 $F=(m_1,m_2,\cdots,m_n)$，TagBlock($\cdot$)算法由用户执行，为文件的每个数据块生成具有同态性质的标签(签名)，最终得到标签集合 $\Phi=\{\sigma_i\}_{1 \leqslant i \leqslant n}$，作为认证的元数据。该算法输入参数包括私钥 SK 和数据文件 F，返回认证的元数据 Φ。删除本地的$\{F,\Phi\}$。

2. 验证请求阶段

用户或 TPA 作为验证者,周期性地发起完整性验证。从文件 F 分块索引集合$[1,n]$中随机选取 c 个块索引$\{s_1,s_2,\cdots,s_c\}$，并且为每一个索引 s_i 选取一个随机数 v_i，将两者组合到一起生成挑战请求 chal$=\{i,v_i\}_{s_1 \leqslant i \leqslant s_c}$ 发送给服务器。

服务器作为证明者，根据存储在其服务器上的数据文件$\{F,\Phi\}$，调用证据生成算法 GenProof($\cdot$)生成完整性证据 P，返回给验证者。验证者接收证据后，执行证据检测算法 CheckProof($\cdot$)验证证据是否正确。

(1)证据生成算法：GenProof(PK,F,Φ,chal)$\rightarrow P$。该算法由服务器运行，生成完整性证据 P。输入参数包括公钥 PK、文件 F、挑战请求 chal 和认证元数据集合 Φ；返回该次请求的完整性证据 P。

(2)证据检测算法：CheckProof(PK,chal,P)$\rightarrow$("TRUE","FALSE")。由用户或 TPA 运行，对服务器返回的证据 P 进行判断。输入参数为公钥 PK、挑战请求 chal 及 P，返回验证成功或失败。

当存储在云中的文件需要支持动态操作时，还需要以下两个算法支持。

(1)更新执行算法：ExecUpdate(F,Φ,Update)$\rightarrow$(F',Φ',V_{Update})。算法由服务器运行，将文件 F、相应标签 Φ 及数据请求 Update 作为输入，输出一个更新文件 F' 和更新标签集合 Φ' 及相对应的更新证据 V_{Update}。

(2)更新验证算法：VerifyUpdate(PK,Update,P_{Update})$\rightarrow$("TRUE","FALSE")。该算法由用户执行，返回更新操作成功或失败。

5.2.2　PDP 方案

1. 基于 MAC 的 PDP 方案

传统的完整性证明一般采用哈希对比检验。用户方自己存储数据文件的哈希数据，当需要完整性检验时，下载回原有数据文件，自行重新计算数据文件的哈希值，与用户自行存储的哈希数据进行比较。若两者相同，数据具有完整性；否则，数据已有变化，不具有完整性[23]。

消息认证码也称带密钥的哈希函数。针对云存储服务器(远程)上数据完整性的问题，进行前述哈希对比检验方法需要在知道密钥的情况下才能计算出正确的哈希值。所以，完整性验证需要的 MAC 值存储任务或者 MAC 值计算任务中的一项可由服务方承担。

1) 简单 MAC 方案

一个简单的 MAC 方案：数据的拥有者计算整个文件的消息认证码，然后再将文件外包，存储到云服务器。用户方自己存储数据的 MAC 值。当用户需要检查数据的完整性时，发送一个请求来取回文件，重新计算整个文件的 MAC，并将重新计算得到的 MAC 与先前存储的值比较。若两者相同，则数据具有完整性；否则，数据已有变化，不具有完整性。另一种选择是用户可以不取回文件，用户方发送密钥给服务方，服务方计算得到 MAC 值传回给用户，用户继续比较，得到相应结论。显然，用户自己不取回文件、不计算 MAC 值，则该方案只能验证一次。之后，由于服务方知道了密钥，也知道了 MAC 值，用户自行存储 MAC 的办法已无法约束服务方的行为。

2) 多 MAC 方案

为了克服上述困难，用户可使用不同密钥计算多个 MAC，每次验证时提交一个密钥，由服务方计算，发回 MAC，用户进行比较验证。显然，用户需要存储多个 MAC 值，并且一个密钥只能使用一次，验证次数有限。

3) 分块的 MAC 方案

为了避免取回整个数据文件，可对文件进行分块，并根据需要验证指定的文件块，或者随机选择一些数据块进行验证。用户不再计算整个文件的 MAC，而是将数据文件 F 分成若干数据块 $\{d_1, d_2, \cdots, d_n\}$，计算每个数据块 d_i 的 MAC 值 σ_i；$\sigma_i = \text{MAC}_{\text{SK}}(i \| d_i)$，$i = 1, 2, \cdots, n$。用户方将数据文件 F 和所有 MAC 值 $\{\sigma_i\}_{1 \leqslant i \leqslant n}$ 发送到云服务端进行存储。用户方删除文件的本地副本，并且只存储密钥 SK。在验证过程中，验证者请求一组随机选择的块和它们相应的 MAC，使用密钥 SK 重新计算每个取回块的 MAC，并将重新计算的 MAC 与从服务器端取回的值进行比较。此方法的合理性是提供某种需要的概率来认可数据的完整性、正确性，验证文件的一部分远远比验证整个文件更容易。此时的通信数量与查询数据块大小及验证次数呈线性增长，当可用带宽非常有限时，此方案不切实际。对于简单的应用场景，可以采用上述方案。由于分块的 MAC 方案适用场合的限制，云存储的数据完整性验证一般不采用该方案。

基于 MAC 可行的 PDP 机制存在固有缺陷：只能进行有限次验证；验证者必须

保存大量辅助验证信息，如密钥信息、验证元数据等；无法支持动态更新操作，只能用于静态的数据完整性验证。

2. 基于 RSA 签名的 PDP 方案

为了实现任意多次的验证，Deswarte 等对之前基于 MAC 值的验证机制进行修改，考虑利用 RSA 签名机制来构造完整性验证机制。RSA 签名机制通常利用形如 $\sigma=a^m \bmod N$ 的公式来计算数据签名，这里 a 为随机数，m 为数据值，而 N 为 RSA 模数，通常为 1024 位。该公式具有良好的幂指数性质，即 $(a^d)^r=(a^r)^d=a^{dr}$。利用该性质可以实现无限多次的完整性验证。用户首先将数据用一个大数 d 表示，随后随机选取一个随机数 $a \xleftarrow{R} Z_N$ 并计算 $M=a^d \bmod N$，将 M 作为验证元数据。最后，将 $\{a, M\}$ 发送给验证者。验证时，验证者选取一个随机数 $r \xleftarrow{R} Z_N$，并计算 $A= a^r \bmod N$，将 A 作为验证请求发送给证明者。证明者收到验证请求后，计算 $B = A^d \bmod N$，并将其作为证据返回给验证者。验证者判断等式 $B \overset{?}{=} M^r \bmod N$ 是否成立，若成立，则表明存储在远程端的数据是完整的。很明显，该机制虽能进行无限多次完整性验证，但在协议过程中，需要将整个数据文件用一个大整数来表示，导致无法验证大文件数据的完整性。具体实现过程如下。

（1）初始化阶段。

①选择两个长度为 1024 位的素数 p 和 q，并计算 RSA 模数 $N=p \cdot q$。

②计算欧拉函数 $\Phi(N)=(p-1)(q-1)$。

③将文件 F 用整数 d 表示，计算验证元数据：$M=a^d \bmod N$，$r \xleftarrow{R} Z_N$。

④将 F 存储到远程服务器上，并将 a 发送给验证者。

（2）验证阶段。

①验证者随机选择 $r \xleftarrow{R} Z_N$，计算 $A=a^d \bmod N$，将 A 作为验证请求发送给远程服务器。

②证明者计算 $B = A^d \bmod N$，将 B 作为证据返回给验证者。

③验证者判断等式 $B \overset{?}{=} M^r \bmod N$ 是否成立。若成立，表明数据是完整的。

Filho 等在 Deswarte 等提出的设计基础上，利用欧拉函数 $\Phi(N)$ 的性质进一步优化验证元数据的生成过程。定义一个哈希函数 h：$h(d)= d \bmod \Phi(N)$，通过哈希函数可以将大的数据文件压缩成小的哈希值后，再用于运算，减轻了验证元数据的计算代价。为了辅助完成完整性验证，还需定义另一个具有同态特性的哈希函数 H：$H(d)= r^d \bmod N$。由于 $\Phi(N)$ 是群 Z_p^* 的阶，据此可以构建函数 h 与函数 H 的对应关系，即 H：$H(d)= r^d \bmod N=r^{d \bmod \Phi(N)}=r^{h(d)} \bmod N$。协议尝试着利用这一性质来减轻计算验证元数据的代价。相比前一机制而言，该验证机制在一定程度上减轻了计算验证元数据的代价，但同样存在与 RSA-PDP I 一样的缺点，即用一个大整数来表示整个文件并不太现实。具体实现过程如下。

（1）初始化阶段。

①选择两个长度为 1024 位的素数 p 和 q，并计算 RSA 模数 $N=p \cdot q$。

②将文件 F 用整数 d 表示，计算验证元数据：$h(d) = d \bmod \Phi(N)$。

③将 F 存储到远程服务器上，并将 a 发送给验证者。

（2）验证阶段。

①验证者随机选择 $r \xleftarrow{R} Z_N$，将 r 作为验证请求发送给远程服务器。

②证明者计算 $R = r^d \bmod N$，将 R 作为证据返回给验证者。

③验证者计算 $R' = r^{h(d)} \bmod N$。

④验证 $R' \overset{?}{=} R$ 是否成立。若成立，表明数据是完整的。

基于前两者，Ateniese 等考虑先对文件分块，然后分别计算数据块签名，以此满足更大规模的数据应用。通常，在数据存储到远程节点之前，用户首先对数据文件进行分块 $F=\{m_1, m_2, \cdots, m_n\}$。然后，利用 RSA 签名机制计算每个数据块 m_i 的签名 σ_i。最后，将各个数据块签名集合 $\Phi=\{m_1, m_2, \cdots, m_n\}$ 组成验证元数据，并将其与数据文件一起存储到远程节点上。在验证阶段，为了提高验证效率，该机制提出采用抽样的策略同样可以获取高的损坏识别率。通过该方法，可以有效地减少验证者的计算代价，同时也降低了协议的通信开销。

在具体实现上，Ateniese 等提出了两种基于 RSA 签名的 PDP 机制，即 S-PDP 机制和 E-PDP 机制。S-PDP 机制在指数知识假定（KEA-r）下是安全的，具有更强的数据持有性确保，而 E-PDP 机制在 RSA 假定下被证明是安全的，是一种弱化的数据持有性证明机制。但随后的研究表明，E-PDP 机制并不安全。S-PDP 具体实现过程如下。

选取公共参数：f 是伪随机函数，π 是伪随机置换函数，H 是密码学哈希函数。

（1）初始化阶段。

①选择两个长度为 1024 位的素数 p 和 q，并计算 RSA 模数 $N=p \cdot q$。

②选取 g 作为 QR_N 生成元，QR_N 是模 N 的二次剩余集合。

③生成公私密钥对 $PK=(N,g,e)$，$SK=(d,v)$，满足关系 $e \cdot d=1 \bmod (p-1)(q-1)$。

④选取唯一的文件标识 $v \xleftarrow{R} \{0,1\}^K$，对文件 F 进行分块：$F=\{b_1, \cdots, b_n\}$，生成认证元数据集合 $\Phi=\{\sigma_i\}_{1 \leqslant i \leqslant n}$，这里 $\sigma_i=(h(v\|i) \cdot g^{m_i})^d$。

⑤将 $\{F, \Phi\}$ 存储到远程服务器上，并其从本地存储中删除。

（2）验证阶段。

①验证者对 c 个数据块发出挑战请求 chal：首先，随机选择两个密钥 $k_1 \xleftarrow{R} \{0,1\}^K$，$k_2 \xleftarrow{R} \{0,1\}^K$，其中 k_1 为置换密钥，k_2 为伪随机数生成密钥；之后，选取随机数 $s \xleftarrow{R} Z_N^*$，计算 $g_s=g^s \bmod N$。令 chal$=(c,k_1,k_2,g_s)$，并将其发送给证明者。

②证明者收到请求 chal 后，首先计算 $i_j=\pi_{k_1}(j)$，$a_j=f_{k_2}(j)$，$1 \leqslant j \leqslant c$；之后，计

算证据 $T=\prod\limits_{j=i_c}^{i_c}\sigma_j^{a_j}=\prod\limits_{j=i_1}^{i_c}H(v\|j)^{a_j}g^{a_jm_f}$；最后，计算证据 $\rho=H(g_s^{a_1m_1+\cdots+a_im_c})$，将$\{T,\rho\}$发送给证明者。

③验证者接收到证据$\{T,\rho\}$后，首先计算 $\tau=T^e$；然后，对于 $1\leqslant j\leqslant c$ 计算 $i_j=\pi_{k_1}(j)$，$a_j=f_{k_2}(j)$，$\tau=\dfrac{\tau}{h(v\|i_j)^{a_j}}$；最后，计算 $\rho'=H(\tau^s)\bmod N$，判断 $\rho\overset{?}{=}\rho'$。

④验证 $R'\overset{?}{=}R$ 是否成立。若成立，表明数据是完整的。

E-PDP 具体实现如下。

(1) 初始化阶段。

①选择两个长度为 1024 位的素数 p 和 q，并计算 RSA 模数 $N=p\cdot q$。

②选取 g 作为 QR_N 生成元，QR_N 是模 N 的二次剩余集合。

③生成公私密钥对 PK=(N,g,e)，SK=(d,v)，满足关系 $e\cdot d=1\bmod(p-1)(q-1)$。

④选取唯一的文件标识 $v\xleftarrow{R}\{0,1\}^K$，对文件 F 进行分块：$F=\{b_1,\cdots,b_n\}$，生成认证元数据集合 $\Phi=\{\sigma_i\}_{1\leqslant i\leqslant n}$，这里 $\sigma_i=(h(v\|i)\cdot g^{m_i})^d$。

⑤将$\{F,\Phi\}$存储到远程服务器上，并其从本地存储中删除。

(2) 验证阶段。

①验证者对 c 个数据块发出挑战请求 chal：首先，随机选择两个密钥 $k_1\xleftarrow{R}\{0,1\}^K$，$k_2\xleftarrow{R}\{0,1\}^K$，其中 k_1 为置换密钥，k_2 为伪随机数生成密钥；之后，选取随机数 $s\xleftarrow{R}Z_N^*$，计算 $g_s=g^s\bmod N$。令 chal=(c,k_1,k_2,g_s)，并将其发送给证明者。

②证明者收到请求 chal 后，首先计算 $i_j=\pi_{k_1}(j)$，$a_j=f_{k_2}(j)$，$1\leqslant j\leqslant c$；之后，计算证据 $T=\prod\limits_{j=i_c}^{i_c}\sigma_j^{a_j}=\prod\limits_{j=i_1}^{i_c}H(v\|j)g^{m_f}$；最后，计算证据 $\rho=H(g_s^{m_1+\cdots+m_c})$，将$\{T,\rho\}$发送给证明者。

③验证者接收到证据$\{T,\rho\}$后，首先计算 $\tau=T^e$；然后，对于 $1\leqslant j\leqslant c$ 计算 $i_j=\pi_{k_1}(j)$，$a_j=f_{k_2}(j)$，$\tau=\dfrac{\tau}{h(v\|i_j)}$；最后，计算 $\rho'=H(\tau^s)\bmod N$，判断 $\rho\overset{?}{=}\rho'$。

④验证 $R'\overset{?}{=}R$ 是否成立。若成立，表明数据是完整的。

总而言之，Ateniese 等的研究有效地减轻了用户和服务器端的计算代价，为设计云存储环境下的数据完整性机制提供了有意义的参考。但受 RSA 签名机制本身固有缺陷的影响，计算验证元数据的开销仍然较大。另外，验证元数据所占用的存储空间也较大。

3. 基于 BLS 签名的 PDP 方案

BLS 签名机制是由 Boneh 等[24,25]提出的一种短消息签名机制，相比目前最常用的两种签名机制 RSA 和数字签名算法(digital signature algorithm，DSA)而言，在同等安全条件下(模数的位数为 1024bit)，BLS 签名机制具有更短的签名位数，大约为 160bit(RSA 签名为 1024bit，DSA 签名为 320bit)。另外，BLS 签名机制具有同态特性，可以将多个签名聚集成一个签名。这两点好的特性使基于 BLS 签名的 PDP 机制可以获得更少的存储代价和更低的通信开销。基于 BLS 签名的 PDP 机制是一种公开验证机制，用户可以将烦琐的数据审计任务交由 TPA 来完成，满足了云计算的轻量级设计要求，具体实现描述如下。

选取公共参数：G 和 G_T 为循环乘法群，双线性映射 $e:G \times G \to G_T$，g 为群 G 的生成元，$H:\{0,1\}^* \to G$ 为 BLS 函数。

(1) 初始化阶段。

①随机选取私钥 $\alpha \leftarrow Z_p$，计算相对应的公钥 $v = g^\alpha$。协议的私钥为 SK=α，公钥为 PK=v。

②选取唯一的文件标识 $\tau \xleftarrow{R} \{0,1\}^K$，随机选取辅助变量 $u \xleftarrow{R} G$，对文件 F 进行分块，$F = \{m_1, m_2, \cdots, m_n\}$，生成认证元数据集合 $\Phi = \{\sigma_i\}_{1 \le i \le n}$，这里 $\sigma_i = (h(\tau\|i) \cdot u^{m_i})^\alpha$。

③将 $\{F, \Phi\}$ 存储到远程服务器上，并其从本地存储中删除。

(2) 验证阶段。

①验证者从块索引集合 $[1, n]$ 中随机选取 c 个块索引 $I = \{s_1, \cdots, s_c\}$。对每个块索引 $i \in I$，选取一个相应的随机数 $v_i \xleftarrow{R} Z_{p/2}$。最后，挑战请求为 chal=$\{i, v\}_{i \in I}$。

②证明者接收到请求 chal 后，首先计算 $\sigma = \prod_{i=s_1}^{s_c} \sigma_j^{v_i} = i = \prod_{i=s_1}^{s_c} H(\tau\|i)^{v_i} u^{v_i m_i}$，之后，

计算 $\mu = \prod_{i=s_1}^{s_c} v_i m_i$，将 $\{\sigma, \mu\}$ 作为证据返还给验证者。

③验证者接收到证据 $\{\sigma, \mu\}$ 后，根据以下等式判断外包数据是否完整，$e(\sigma, g) \overset{?}{=} e\left(\prod_{i=s_1}^{s_c} H(v\|i)^{v_i} \cdot u^\mu, v \right)$。若相等，则证明数据是完整的。

4. 保护数据隐私的 PDP 方案

采用第三方对存储在云中的数据进行完整性验证时，有可能会泄露用户的数据隐私信息。通过多次挑战请求后，不怀好意的第三方有可能获取用户存储在云中的文件内容和验证元数据信息。例如，假定用户委托第三方对其存储在云中的文件 F 进行完整性检测，第三方重复地对 $\{i_1, \cdots, i_c\}$ 位置上的数据进行完整性检测，每次挑战请求发送 chal$_j$=$\{i, v_i^j\}$，$s_1 \le i \le s_c$，$1 \le j \le c$ 给云服务器，经过 c 次挑战请求后，可以得到以下方程组：

$$\begin{cases} \mu^{(1)} = m_{i_1} v_1^{(1)} + \cdots + m_{i_c} v_c^{(1)} \\ \vdots \\ \mu^{(c)} = m_{i_1} v_1^{(c)} + \cdots + m_{i_c} v_c^{(c)} \end{cases}$$

　　只要上述方程组中的系数行列式不为 0，则可通过高斯消去法计算求得 $(m_{i_1},\cdots,m_{i_c})$ 的值。同理，第三方也可以获得块索引相对应的签名标签 $(\sigma_{i_1},\cdots,\sigma_{i_c})$。目前大部分基于 BLS 签名的 PDP 机制采用公开验证时，将有泄露用户数据隐私的风险。Wang 等建议用随机掩码技术来解决这一问题(PP-PDP)。该方法的核心思想是，基于 BLS 签名的 PDP 证据生成过程中，使用线性组合 $\mu=\prod\limits_{i=s_1}^{s_c}v_i m_i$，从而导致数据隐私的泄露。通过线性掩码技术可以有效地解决这一问题。引入两个参数 r,γ，其中 $r\xleftarrow{R}Z_p$，$\gamma=h(R)$。定义 $R=e(u,v)^r$ 为当次审计特征。利用公式 $\mu'=\gamma\prod\limits_{i=s_1}^{s_c}v_i m_i+r$ 计算证据参数 μ。具体实现描述如下。

　　选取公共参数：G 和 G_T 为循环乘法群，双线性映射 $e:G\times G\to G_T$，g 为群 G 的生成元，$H:\{0,1\}^*\to G$ 为 BLS 函数，$h:G_T\to Z_p$ 将 G_T 中的元素均匀地映射到 Z_p。

　　(1)初始化阶段。

　　①随机选取私钥 $\alpha\leftarrow Z_p$，计算相对应的公钥 $v=g^\alpha$。协议的私钥为 SK$=\alpha$，公钥为 PK$=v$。

　　②选取唯一的文件标识 $\tau\xleftarrow{R}\{0,1\}^K$，随机选取辅助变量 $u\xleftarrow{R}G$，对文件 F 进行分块，$F=\{m_1,m_2,\cdots,m_n\}$，生成认证元数据集合 $\Phi=\{\sigma_i\}_{1\leqslant i\leqslant n}$，这里 $\sigma_i=(h(\tau\|i)\cdot u^{m_i})^\alpha$。

　　③将 $\{F,\Phi\}$ 存储到远程服务器上，并其从本地存储中删除。

　　(2)验证阶段。

　　①验证者从块索引集合[1,n]中随机选取 c 个块索引 $I=\{s_1,\cdots,s_c\}$。对每个块索引 $i\in I$，选取一个相应的随机数 $v_i\xleftarrow{R}Z_{p/2}$。最后，挑战请求为 chal$=\{i,v\}_{i\in I}$。

　　②证明者接收到请求 chal 后，首先计算 $\sigma=\prod\limits_{i=s_1}^{s_c}\sigma_j^{v_j}=\prod\limits_{i=s_1}^{s_c}H(\tau\|i)^{v_i}u^{v_i m_i}$，之后，计算 $\mu=r+\gamma\prod\limits_{i=s_1}^{s_c}v_i m_i\bmod p$，其中 $r\xleftarrow{R}Z_p$，$\gamma=h(R)$，$R=e(u,v)^r$。将 $\{\sigma,\mu\}$ 作为证据返还给验证者。

　　③验证者接收到证据 $\{\sigma,\mu\}$ 后，先计算 $R=h(R)$，再根据以下等式判断外包数据是否完整，$R\cdot e(\sigma\gamma,g)\overset{?}{=}e\left(\prod\limits_{i=s_1}^{s_c}(H(v\|i)^{v_i})^\gamma\cdot u^\mu,v\right)$。若相等，则证明数据是完整的。

　　Wang 等的保护隐私的 PDP 机制能有效地防止验证过程中数据泄露的风险。同时，该机制也支持批处理，即允许验证者同时对来自云中的多个数据文件进行完整性验证，从一定程度上提高了验证者的验证效率。

5. 云端多管理者群组共享数据中具有隐私保护的公开审计方案

尽管已经有了很多关于云存储公开审计的研究，但现有方案只考虑了群组用户中仅有单个群管理者的情形。而在实际的云端群组共享数据应用中，群组用户可能包含多个群管理者。例如，一个项目组需要共享的资料并不是由一个管理员创建的，而是由多个管理员共同创建的，之后的数据管理工作和用户管理工作也由他们共同承担，作为共享数据最原始的拥有者，他们身份平等，这样就需要一种面向多管理者群组共享数据的完整性公开审计方案。

此外，在现有具有隐私保护的公开审计方案中，用户的身份追踪过程是由单个实体(如单个群管理员)实现的，这样单个实体完全拥有追踪用户的特权，无辜用户可能会被恶意陷害，而恶意用户也有可能会被包庇。因此，群组用户身份追踪过程中的陷害性问题也是群组共享数据完整性公开审计方案中有待解决的关键问题。

为此，付安民等[26]将可撤销群签名与(t,s)门限方案相结合，构造了一个支持多群管理者的同态可验证群签名(multi group managers homomorphic authenticable group signature，MGM-HAGS)，并基于 MGM-HAGS 设计了首个面向多管理者的群组共享数据公开审计方案。该方案不仅实现了用户的身份隐私、可追踪性和不可陷害性，还能高效地支持群组动态操作，并且用户的加入和撤销均对现有用户没有影响。此外，审计过程中的计算开销和通信开销均与群组用户数量无关。

1) 系统模型

该方案的系统模型包含三类实体：云服务器、TPA、群组用户。云服务器有足够的存储空间和计算能力，为群组用户提供数据存储和数据共享服务；TPA 可以为用户完成云服务器中数据完整性的验证；群组用户包括多个群管理者(group manager，GM)和一些普通用户。GM 作为最原始数据的共同拥有者，身份平等，他们共同创建在云端的共享数据，并共享给其他普通用户；普通用户和 GM 均可以访问、下载、修改云端的共享数据。

当用户需要检查共享数据的完整性时，用户向 TPA 发出审计请求；然后 TPA 向云服务器发送审计挑战消息。云服务器收到挑战后，会生成审计证据返回给 TPA。之后，TPA 验证审计证据的正确性，再将审计结果返回给用户。

2) MGM-HAGS 设计

传统的群签名方案只有一个群管理者，且不支持同态验证，不能直接应用于多个群管理者的云端数据完整性审计模型。为此，首先将原始的前向安全可撤销的群签名(forward secure revocation-group signature，FSR-GS)方案扩展为 MGM-HAGS 方案，然后基于该签名构造支持多群管理者的云端群组共享数据完整性公开审计方案。

MGM-HAGS 包括六个算法：Setup、Enroll、Revoke、Sign、Verify、Open。在 Setup 中，由一个可信中心(trusted center，TC)为整个系统建立参数，为多个群管理

者分发公/私钥 MPK/MSK，并初始化成员信息 Ω；在 Enroll 中，由 GM 共同和用户交互实现群组用户签名密钥 USK、撤销密钥 RVK 和用户成员密钥 UPK 的生成，并更新用户列表；当有用户撤销时，GM 调用 Revoke 算法更新 Ω；Sign 和 Verify 算法分别用于用户计算数据的签名以及验证者验证签名的有效性；至少 t 个 GM 在 Open 算法中合作完成对群组用户真实身份的追踪。具体算法如下。

(1) Setup。输入安全参数 $\varepsilon > 1$，$k, l_p \in N$，TC 随机选择参数 $\lambda_1, \lambda_2, \gamma_1, \gamma_2$，满足 $\lambda_1 > \varepsilon(\lambda_2 + k) + 2$，$\lambda_2 > 4l_p$，$\gamma_1 > \varepsilon(\gamma_2 + k) + 2$，$\gamma_2 > \lambda_1 + 2$；选择阶为 q 的乘法循环群 G_1、G_2，G_1 的生成元是 g_0，选择双线性对映射 $e: G_1 \times G_1 \rightarrow G_2$；选择两个单向哈希函数 $H_1:$ $\{0,1\}^* \rightarrow Z_p$，$H_2: \{0,1\}^* \rightarrow G_1$；定义区间 $A = [2^{\lambda_1} - 2^{\lambda_2}, 2^{\lambda_1} + 2^{\lambda_2}]$，$B = [2^{\gamma_1} - 2^{\gamma_2}, 2^{\gamma_1} + 2^{\gamma_2}]$。以上参数均可公开。

接着，TC 为每个群管理者 GM_l（总共有 S 个 GM，$1 < l \leq S$）计算共享群密钥 MPK $= (n, a, a_0, Y, g_0, g, h, g_1, g_2, \eta_1, \eta_2)$，私钥 $MSK_i = (p', q', X_l)$。具体步骤如下。

①随机选择 l_p 比特的素数 $p'、q'$，满足 $P = 2p' + 1$，$Q = 2q' + 1$。设置模 $n = PQ$（注意：接下来的所有算术运算都是模 n 运算，除非特别说明）。

②随机选择元素 $a, a_0, g, h, g_1, g_2, \eta_1, \eta_2 \in_R QR(n)$（阶为 q），其中 $QR(n)$ 表示群 Z_q^* 的二次剩余集合。

③随机选择秘密值 $X \in_R Z_q^*$，设置 $Y = g^X$。

④选择 $t-1$ 次多项式 $f(x) = b_0 + b_1 x + \cdots + b_{t-1} x^{t-1}$，其中，$b_0 = X$，$b_1, \cdots, b_{t-1} \in Z_p$。计算 $X_l = f(l)$（$l = 1, 2, \cdots, S$），也就是将 X 分解为 S 个 X_l。

⑤初始化成员信息 $\Omega = (c, u)$，其中 c 初始化为 g_1，u 初始化为 1。

最后，TC 将 (MPK, MSK_l) 和 Ω 安全地发送给每个 GM_l。

(2) Enroll。用户 U_i（总共有 d 个用户，$1 \leq i \leq d$）的签名密钥 USK_i、撤销密钥 RVK_i、用户成员密钥 UPK_i 的生成过程如下。

①U_i 选择一个秘密指数 $\tilde{x}_i \in_R [0, 2^{\lambda_2}]$，随机整数 $\tilde{r}_i \in_R [0, n]$，计算 $C_1 = g^{\tilde{x}_i} h^{\tilde{r}_i}$，将 C_1 广播给所有的 GM。

②GM 收到 C_1 后检查其是否属于 $QR(n)$，若属于，则共同协商选择随机数 α_i，$\beta_i \in_R [0, 2^{\lambda_2}]$，然后将 (α_i, β_i) 发送给 U_i。

③U_i 计算 $x_i = 2^{\lambda_1} + (\alpha_i \tilde{x}_i + \beta_i \bmod 2^{\lambda_2})$，$C_2 = a^{x_i}$，再广播给所有的 GM。

④GM 收到 C_2 后检查其是否属于 $QR(n)$，若属于，则共同协商选择随机数 e_i，$\pi \in_R B$，计算 $A_i = (C_2 a_0)^{1/e_i} = (a^{x_i} a_0)^{1/e_i}$，$\rho = g_0^\pi$（$\rho$ 公开），然后将 (A_i, e_i, π) 发送给 U_i。

⑤U_i 验证 $a^{x_i} a_0 \stackrel{?}{=} A_i^{e_i}$，若等式成立，则设置签名密钥 $USK_i = (x_i, \pi)$，撤销密钥 $RVK_i = e_i$，用户成员密钥 $UPK_i = A_i$。

GM 共同维护一个群组用户列表，列表包括群组用户的相关密钥和有效时间。不同用户的有效时间可能不同。U_i 的密钥生成后，由 GM 共同将 U_i 的密钥和有效时间加入列表。

（3）Revoke。假设撤销用户 $U_k(1 \le k \le d)$ 的撤销密钥为 RVK_k，当前成员信息 $\Omega = (c, u)$。GM 共同更新 $c = c^{\text{RVK}_k}$，$u = u \times \text{RVK}_k$。

假设用户 $U_e, \cdots, U_k(1 \le e < k \le d)$ 均被撤销，最新的 $c = c^{\prod\limits_{i=e}^{k} \text{RVK}_i}$，$u = \prod\limits_{i=e}^{k} \text{RVK}_i$。

成员信息 Ω 更新完成之后，GM 可将用户列表中撤销用户的有效时间设置为 0 或一个负值。

（4）Sign。用户 U_i 计算消息 m（标识为 id）的签名 $\sigma = (V_1, V_2, \theta)$，具体过程如下。

计算 V_1 如下。

①随机选择 $r \in_R \{0,1\}^{2l_p}$，计算 $T_1 = Y^r A_i$，$T_2 = g^r$，$T_3 = g^{\text{RVK}_i} h^r$。

②随机选择 $r_1 \in_R \pm \{0,1\}^{\varepsilon(\gamma_2 + k)}$，$r_2 \in_R \pm \{0,1\}^{\varepsilon(\lambda_2 + k)}$，$r_3 \in_R \pm \{0,1\}^{\varepsilon(\gamma_1 + 2l_p + k + 1)}$，$r_4 \in_R \pm \{0,1\}^{\varepsilon(2l_p + k)}$，计算 $d_1 = T_1^{r_1} / (a^{r_2} Y^{r_3})$，$d_2 = T_2^{r_1} / g^{r_3}$，$d_3 = g^{r_4}$，$d_4 = g^{r_1} h^{r_4}$。

③计算 $v_1 = \eta_1^m H_1(g\|h\|Y\|a_0\|a\|T_1\|T_2\|T_3\|d_1\|d_2\|d_3\|d_4)$。

④计算 $s_1 = r_1 - v_1(\text{RVK}_i - 2^{\gamma_1})$，$s_2 = r_2 - v_1(x_i - 2^{\lambda_1})$，$s_3 = r_3 - v_1 \text{RVK}_i r$，$s_4 = r_4 - v_1 r$。

⑤输出 $V_1 = (v_1, s_1, s_2, s_3, s_4, T_1, T_2, T_3)$。

计算 V_2 如下。

①因为 U_i 未被撤销，所以 $gcd(\text{RVK}_i, u) = 1$（RVK_i 不包含在 $u = \prod\limits_{i=e}^{k} \text{RVK}_i$ 中）。可以找到 $f, b \in Z$ 满足 $fu + b\text{RVK}_i = 1$，设置 $d = g_1^{-b}$。

②计算 $T_4 = d g_2^r$。

③随机选择 $r_5 \in_R \pm \{0,1\}^{\varepsilon(\gamma_2 + k)}$，$r_6 \in_R \pm \{0,1\}^{\varepsilon(\lambda_2 + k)}$，$r_7 \in_R \pm \{0,1\}^{\varepsilon(\gamma_1 + 2l_p + k + 1)}$，$r_8 \in_R \pm \{0,1\}^{\varepsilon(2l_p + k)}$，计算 $d_5 = T_4^{r_5} / (c^{r_6} g_2^{r_7})$，$d_6 = g^{r_5} h^{r_8}$。

④计算 $v_2 = \eta_2^m H_1(g\|h\|g_1\|g_2\|c\|T_3\|T_4\|d_5\|d_6)$。

⑤计算 $s_5 = r_5 - v_2(\text{RVK}_i - 2^{\gamma_1})$，$s_6 = r_6 - v_2(f - 2^{\lambda_1})$，$s_7 = r_7 - v_2 \text{RVK}_i r$，$s_8 = r_8 - v_2 r$。

⑥输出 $V_2 = (v_2, s_5, s_6, s_7, s_8, T_3, T_4)$。

最后，计算 $\theta = [H_2(\text{id}) g_0^m]^\pi$。

输出签名 $\sigma = (V_1, V_2, \theta)$。

（5）Verify。验证者验证 m 的完整性，具体过程如下。

①计算 $d'_1 = (a_0^{v_1} T_1^{s_1 - v_1 \times 2^{\gamma_1}}) / (a^{s_2 - v_1 \times 2^{\lambda_1}} Y^{s_3})$，$d'_2 = T_2^{s_1 - v_1 \times 2^{\gamma_1}} / g^{s_3}$，$d'_3 = T_2^{v_1} g^{s_4}$，$d'_4 = T_2^{v_1} / g^{s_1 - v_1 \times 2^{\gamma_1}} h^{s_4}$，$d'_5 = ((g_1^{-1})^{v_2} T_4^{s_5 - v_2 \times 2^{\gamma_2}}) / (c^{s_6 - v_2 \times 2^{\lambda_1}} g_2^{s_7})$，$d'_6 = T_3^{v_2} g^{s_5 - v_2 \times 2^{\gamma_1}} h^{s_8}$。

②计算 $v'_1 = \eta_1^m H_1(g\|h\|Y\|a_0\|a\|T_1\|T_2\|T_3\|d'_1\|d'_2\|d'_3\|d'_4)$，$v'_2 = \eta_2^m H_1(g\|h\|g_1\|g_2\|c\|T_3\|T_4\|d'_5\|d'_6)$。

③验证以下等式是否成立：

$$v'_1 \overset{?}{=} v_1$$

$$v'_2 \overset{?}{=} v_2$$

$$e(\theta, g_0) \stackrel{?}{=} e(H_2(\mathrm{id})\, g_0^{\,m}, \rho)$$

若上述等式均成立，验证者接受 m，否则拒绝。

(6)Open。只有至少由 t 个 GM 合作才能完成对用户真实身份的追踪，具体过程如下。

①t 个 GM 协商构建一个多项式 $y(x) = \sum_{l=1}^{t} f(l) F_l(x) = \sum_{l=1}^{t} X_l F_l(x)$，其中拉格朗日差值系数 $F_l(x) = \prod_{0 \leqslant h' \leqslant t, h' \neq l} \dfrac{x - h'}{l - h'}$。

②计算 $X = y(0) = \sum_{l=1}^{t} X_l F_l(0)$。

③计算 $\mathrm{UPK}_i = T_1/T_2^X = A_i$，得到用户成员密钥 UPK_i 后，进而可以得到签名者的身份。

3) MGM-HAGS 安全性分析

MGM-HAGS 的安全特性包括正确性、不可伪造性、匿名性、可追踪性、同态可验证性等。除了同态可验证性，其他都依赖于 FSR-GS 方案的安全，具体的证明推导可以参考相关文献。这里仅给出 MGM-HAGS 的同态可验证性分析。

已知签名 $\sigma_1 = (V_{1,1}, V_{1,2}, \theta_1)$，$\sigma_2 = (V_{2,1}, V_{2,2}, \theta_2)$，消息 $m' = \sum_{j=1}^{2} y_j m_j \in Z_q$，$y_j \in Z_q$。

(1)块简化验证。验证者不需要知道 m_1、m_2 就能验证 m' 的正确性，具体过程如下。

①计算 $d'_{j,1}$、$d'_{j,2}$、$d'_{j,3}$、$d'_{j,4}$、$d'_{j,5}$、$d'_{j,6}$。

②验证以下等式是否成立：

$$\prod_{j=1}^{2} v_{j,1}^{y_j} \stackrel{?}{=} \eta_1^{m'} \prod_{j=1}^{2} H_1(g \,\|\, h \,\|\, Y \,\|\, a_0 \,\|\, a \,\|\, T_1 \,\|\, T_2 \,\|\, T_3 \,\|\, d'_{j,1} \,\|\, d'_{j,2} \,\|\, d'_{j,3} \,\|\, d'_{j,4})^{y_j}$$

$$\prod_{j=1}^{2} v_{j,2}^{y_j} \stackrel{?}{=} \eta_2^{m'} \prod_{j=1}^{2} H_1(g \,\|\, h \,\|\, g_1 \,\|\, g_2 \,\|\, c \,\|\, T_3 \,\|\, T_4 \,\|\, d'_{j,5} \,\|\, d'_{j,6})^{y_j}$$

$$e\left(\prod_{j=1}^{2} \theta_j^{y_j}, g_0\right) \stackrel{?}{=} e\left(\prod_{j=1}^{2} H_2(\mathrm{id}_j)^{y_j} g_0^{m'}, \rho\right)$$

若上述等式均成立，验证者接受 m'，否则拒绝。正确性可以按照以下过程进行证明。

注意，为了描述方便，分别使用 $H_1(g \| \cdots \| d'_4)$ 和 $H_1(g \| \cdots \| d'_6)$ 代替 $H_1(g\|h\|Y\|a_0\|a\| T_1\|T_2\|T_3\|d'_1\|d'_2\|d'_3\|d'_4)$ 和 $H_1(g\|h\|g_1\|g_2\|c\|T_3\|T_4\| d'_5\| d'_6)$。

$$\prod_{j=1}^{2} v_{j,1}^{y_j} = \prod_{j=1}^{2} (\eta_1^{m'} H_1(g \,\|\, \cdots \,\|\, d'_{j,4}))^{y_j}$$

$$= \eta_1^{y_1 m_1 + y_2 m_2} \prod_{j=1}^{2} H_1(g \| \cdots \| d'_{j,4})^{y_j}$$

$$= \eta_1^{m'} \prod_{j=1}^{2} H_1(g \| \cdots \| d'_{j,4})^{y_j}$$

$$\prod_{j=1}^{2} v_{j,2}^{y_j} = \prod_{j=1}^{2} (\eta_2^{m'} H_1(g \| \cdots \| d'_{j,6}))^{y_j}$$

$$= \eta_2^{y_1 m_1 + y_2 m_2} \prod_{j=1}^{2} H_1(g \| \cdots \| d'_{j,6})^{y_j}$$

$$= \eta_2^{m'} \prod_{j=1}^{2} H_1(g \| \cdots \| d'_{j,6})^{y_j}$$

$$e\left(\prod_{j=1}^{2} \theta_j^{y_j}, g_0 \right) = e\left(\prod_{j=1}^{2} (H_2(\mathrm{id}_j)g_0)^{\pi y_j}, g_0 \right)$$

$$= e\left(\prod_{j=1}^{2} (H_2(\mathrm{id}_j)^{y_j} g_0^{y_1 m_1 + y_2 m_2}), g_0^{\pi} \right)$$

$$= e\left(\prod_{j=1}^{2} H_2(\mathrm{id}_j)^{y_j} g_0^{m'}, \rho \right)$$

因为上述三个算式均成立，所以 MGM-HAGS 满足块简化验证性。

(2) 不可扩展性。攻击者由于没有私钥，不能通过组合已有的签名生成消息 m' 的有效签名 σ'。具体地，攻击者不能组合线性组合 θ_1、θ_2 和 y_1、y_2 生成有效的 θ'。

因为 $\theta_1^{y_1} \theta_2^{y_2} = [H_2(\mathrm{id}_1)^{y_1} H_2(\mathrm{id}_2)^{y_2} g_0^{m'}]^{\pi}$，$\theta' = [H_2(\mathrm{id}')g_0^{m'}]^{\pi}$。若 $\theta' = \theta_1^{y_1} \theta_2^{y_2}$，则 $H_2(\mathrm{id}') = H_2(\mathrm{id}_1)^{y_1} H_2(\mathrm{id}_2)^{y_2} = C$，即能找到 id' 使 $H_2(\mathrm{id}') = C$ 成立，这与 H_2 是单向函数矛盾。

因此，$\theta' \neq \theta_1^{y_1} \theta_2^{y_2}$，所以 MGM-HAGS 满足不可扩展性。

由以上分析可知，MGM-HAGS 同时满足块简化验证和不可扩展性。MGM-HAGS 是一个同态可验证的签名方案。

4) 公开审计方案设计

该方案是一个面向群组共享数据的公开审计方案，支持多个 GM (总数为 S 个)。对于 TPA 而言，可以保护数据块所对应签名者的真实身份；在需要时，可由至少 t 个 GM 追踪签名者的真实身份。若要在审计过程中保护共享数据的隐私，可以在数据外包到云端之前将数据加密，具体加密技术可结合对称加密和基于属性的加密。

方案包括七个算法：Setup、Enroll、Revoke、Sign、ProofGen、ProofVerify、Open。其中 Setup、Enroll、Revoke 算法与 MGM-HAGS 相同。在 Sign 中，共享数

据 M 被分解为 w 块，$M=\{m_1,m_2,\cdots,m_w\}$，群组用户对每一块 $m_j\in Z_q(1\leqslant j\leqslant w)$ 进行签名 $\sigma_j=(V_{j,1},V_{j,2},\theta_j)$。为了支持群组数据有效的动态操作，每一个块的索引 id_j 采用索引散列表的方式，然后将所有块的签名上传到云服务器。ProofGen 和 ProofVerify 过程是 TPA 和云服务器之间进行的一个"挑战-应答"协议。在 ProofGen 中，云服务器收到 TPA 发送的审计挑战后生成审计证据返回给 TPA，再由 TPA 在 ProofVerify 中验证审计证据的正确性，同时在验证过程中采用随机抽样的方法来提高验证的效率。下面具体介绍 ProofGen、ProofVerify 和 Open 的实现，其他算法可以参照 MGM-HAGS 中的实现。

(1) ProofGen。用户 U_i 向 TPA 发送审计请求，TPA 再生成审计挑战发送给云服务器，具体过程如下。

①TPA 随机选择$[1,w]$的子集 Γ，$|\Gamma|=D$，即集合 Γ 中包含 D 个元素。

②生成随机数 $y_j\in Z_q$，$j\in\Gamma$。

③向云服务器发送审计挑战消息$\{(j,y_j)\}_{j\in\Gamma}$。

云服务器生成审计证据发送给 TPA，具体过程如下。

①计算 $\lambda=\sum\limits_{j\in\Gamma}y_jm_j\in Z_q$，聚合所选块的标签 $\Theta=\sum\limits_{j\in\Gamma}\theta_j^{y_j}\in G_1$。

②根据所选择的块输出 $\Phi_j=\{V_{j,1},V_{j,2}\}_{j\in\Gamma}$，其中 $V_{j,1}=(v_{j,1},s_{j,1},s_{j,2},s_{j,3},s_{j,4},T_{j,1},T_{j,2},T_{j,3})$，$V_{j,2}=(v_{j,2},s_{j,5},s_{j,6},s_{j,7},s_{j,8},T_{j,3},T_{j,4})$。

③向 TPA 发送审计证据$\{\{\mathrm{id}_j\}_{j\in\Gamma},\{\Phi_j\}_{j\in\Gamma},\lambda,\Theta\}$。

(2) ProofVerify。TPA 验证审计证据的正确性过程如下。

①按照 MGM-HAGS 中的 Verify 算法计算 $d'_{j,1}$、$d'_{j,2}$、$d'_{j,3}$、$d'_{j,4}$、$d'_{j,5}$、$d'_{j,6}$。

②验证以下等式的正确性：

$$\prod_{j=\Gamma}^{2}v_{j,1}^{y_j}\overset{?}{=}\eta_1^{\lambda}\prod_{j=\Gamma}^{2}H_1(g\|\cdots\|d'_{j,4})^{y_j}$$

$$\prod_{j=\Gamma}^{2}v_{j,2}^{y_j}\overset{?}{=}\eta_2^{\lambda}\prod_{j=\Gamma}^{2}H_1(g\|\cdots\|d'_{j,6})^{y_j}$$

$$e(\Theta,g_0)\overset{?}{=}e\left(\prod_{j=\Gamma}^{2}H_2(\mathrm{id}_j)^{y_j}g_0^{\lambda},\rho\right)$$

若上述三个等式均成立，则表示审计证据有效；否则审计证据无效。

③若审计证据有效，TPA 向用户返回一个有效报告；否则返回一个无效报告。

(3) Open。至少 t 个 GM 合作才能完成对用户真实身份的追踪，具体过程如下。

①t 个 GM 协商构建一个多项式 $y(x)=\sum\limits_{l=1}^{t}f(l)F_l(x)=\sum\limits_{l=1}^{t}X_lF_l(x)$，其中拉格朗日

差值系数 $F_l(x) = \displaystyle\prod_{0 \leqslant h' \leqslant t, h' \neq l} \dfrac{x - h'}{l - h'}$。

②计算 $X = y(0) = \displaystyle\sum_{l=1}^{t} X_l F_l(0)$。

③计算 $\text{UPK}_i = T_{j,1}/T_{j,2}{}^X = A_i$，得到用户成员密钥 UPK_i 后，进而可以得到签名者的身份。

值得注意的是，这个追踪过程不再是由一个群管理员实现的，而由指定数量的管理员共同实现。

5) 方案的安全分析

(1) 公开审计和正确性。TPA 不需要从云端取回所有的数据就能验证数据的完整性，只需要任意选择 $[1,w]$ 的子集 Γ 就能验证，所以满足公开审计要求。验证的正确性依赖于 ProofVerify 中的三个等式的正确性，具体的证明过程如下：

$$
\begin{aligned}
\prod_{j=\Gamma} v_{j,1}^{y_j} &= \prod_{j=\Gamma} (\eta_1^{y_j m_j} H_1(g \| \cdots \| d'_{j,4}))^{y_j} \\
&= \eta_1^{\sum_{j \in \Gamma} y_j m_j} \prod_{j=\Gamma} H_1(g \| \cdots \| d'_{j,4})^{y_j} \\
&= \eta_1^{\lambda} \prod_{j \in \Gamma} H_1(g \| \cdots \| d'_{j,4})^{y_j}
\end{aligned}
$$

$$
\begin{aligned}
\prod_{j=\Gamma} v_{j,2}^{y_j} &= \prod_{j=\Gamma} (\eta_2^{y_j m_j} H_1(g \| \cdots \| d'_{j,6}))^{y_j} \\
&= \eta_2^{\sum_{j \in \Gamma} y_j m_j} \prod_{j=\Gamma} H_1(g \| \cdots \| d'_{j,6})^{y_j} \\
&= \eta_2^{\lambda} \prod_{j \in \Gamma} H_1(g \| \cdots \| d'_{j,6})^{y_j}
\end{aligned}
$$

$$
\begin{aligned}
e(\Theta, g_0) &= e\left(\prod_{j \in \Gamma} \theta_j^{y_j}, g_0 \right) \\
&= e\left(\prod_{j \in \Gamma} (H_2(\text{id}_j) g_0^{m_j})^{y_j \pi}, g_0 \right) \\
&= e\left(\prod_{j \in \Gamma} H_2(\text{id}_j)^{y_j} g_0^{\lambda}, \rho \right)
\end{aligned}
$$

(2) 隐私保护。

①身份隐私。对于验证者 TPA 而言，根据 CDH 难解问题，仅知道 $Y = g^X$ 和 g 无

法推导出用于揭露身份的秘密值 X，因此，由验证者根据消息 m_j 的签名而推导出签名者的真实身份在计算上是不可行的。

②可追踪性。每个群管理者拥有秘密值 X 的部分份额 X_l，通过拉格朗日插值法，当至少 t 个群管理者共同合作时，恢复出 $X=y(0)=\sum_{l=1}^{t} X_l F_l(0)$，再进一步计算出 $UPK_i=T_{j,1}/T_{j,2}{}^{X}=A_i$，得到用户成员密钥 UPK_i 后就能揭露签名者的真实身份。

③不可陷害性。秘密值 X 由 TC 通过 (t,s) 门限方法分解分发给 S 个群管理者，不再由一个群管理者完全拥有，只有至少 t 个群管理者合作才能完成秘密值 X 的恢复，这样就将用户追踪的权限进行了分解，消除了权力集中带来的安全隐患，可以保证用户追踪过程的不可陷害性。

该方案不仅支持云端共享数据中多个管理者的应用场景，同时保证 TPA 正确验证共享云数据完整性的过程中不能获得数据块签名者的身份，保证了签名者的身份隐私，并且只有当至少 t 个管理者合作获得私钥信息后，签名者的真实身份才会被追踪到，从而实现了可追踪性和不可陷害性。此外，该方案能很好地支持群组用户撤销和续约，不需要现有用户更新密钥和签名。

6. 基于 DNA 的数据持有性证明方案

DNA 是生物遗传信息，每个 DNA 都是由若干个 RNA 组成的，韩德志等[27]利用这一生物学原理提出了一个高效的数据可持有性证明方案。该方案在存储性能和计算性能方面与 S-PDP 方案相比，需额外存储开销较小；而计算开销比 S-PDP 和 CS-PDP 方案都小，特别是比 S-PDP 方案要小很多。

1) 数据 DNA 的生成算法原理

在对数据存储前要先对数据进行预处理，选择使用少量数据信息的方法完成对大量数据信息的验证，以保证数据在云存储系统中完整、正确、有效地存在。首先要对预存储的数据进行分块处理，分块大小相等 ($m$bit)；然后对每块数据抽样提取少量信息加工并处理生成块校验信息即 mRNA；再把所有的校验 mRNA 连在一起组成预存储数据的 DNA。

2) 元数据的生成

用户 Client 在存储文件之前，首先将文件 F 划分为 n 块，每一块含有 m bit，最后一块若不足 m 则以 0 补齐。根据函数 $F(i,j)$ 生成抽样数据，即元数据，函数 $F(i,j)$ 定义为

$$F(i,j) \rightarrow \{1,2,\cdots,m\}, \ i \in \{1,2,\cdots,n\}, \ j \in \{1,2,\cdots,x\}$$

式中，x 是每个数据块中需要读取的数据位置，用 K 表示数据块需要读取的数据位总量；函数 $F(i,j)$ 是每个数据块生成 K 位的数据集合，称为元数据。$F(i,j)$ 表示第 i 个数据块的第 j 位数据。x 的值作为验证码，只有数据所有者 Client 和数据所有者授

权的用户(这里认为是 TPA)可以知道。每个数据块都能得到 K 位数据，n 个数据块就得到 nK 位数据，M_i' 代表第 i 块数据的元数据。

3)行和列校验算法

假设椭圆加密(elliptic curve cryptography，ECC)算法每一次只对 256B 的数据进行校验操作，包括两种校验，即列校验和行校验。分别对每个待校验的比特求异或，若结果为 0，则表明含有偶数个 1；若结果为 1，则表明含有奇数个 1。256B 数据形成 256 行、8 列的比特矩阵，矩阵每个元素表示 1bit。

比特数据矩阵的列校验规则如表 5-1 所示。

表 5-1 ECC 列校验规则示意表

列编号	7	6	5	4	3	2	1	0
Byte0	bit7	bit6	bit5	bit4	bit3	bit2	bit1	bit0
Byte1	bit7	bit6	bit5	bit4	bit3	bit2	bit1	bit0
Byte2	bit7	bit6	bit5	bit4	bit3	bit2	bit1	bit0
Byte3	bit7	bit6	bit5	bit4	bit3	bit2	bit1	bit0
⋮	⋮	⋮	⋮	⋮	⋮	⋮	⋮	⋮
Byte252	bit7	bit6	bit5	bit4	bit3	bit2	bit1	bit0
Byte253	bit7	bit6	bit5	bit4	bit3	bit2	bit1	bit0
Byte254	bit7	bit6	bit5	bit4	bit3	bit2	bit1	bit0
Byte255	bit7	bit6	bit5	bit4	bit3	bit2	bit1	bit0
	CP_1	CP_0	CP_1	CP_0	CP_1	CP_0	CP_1	CP_0
	CP_3		CP_2		CP_3		CP_2	
	CP_5				CP_4			

如表 5-1 所示，CP_0、CP_1、CP_2、CP_3、CP_4、CP_5 表示为列极性(column parity，CP)，占 6bit。CP_0 为第 0、2、4、6 列的极性；CP_1 为第 1、3、5、7 列的极性；CP_2 为第 0、1、4、5 列的极性；CP_3 为第 2、3、6、7 列的极性；CP_4 为第 0、1、2、3 列的极性；CP_5 为第 4、5、6、7 列的极性。CP_0、CP_1、CP_2、CP_3、CP_4、CP_5 表示为

$$
\begin{cases}
CP_0 = bit0^{bit2 bit4 bit6} \\
CP_1 = bit1^{bit3 bit5 bit7} \\
CP_2 = bit0^{bit1 bit4 bit5} \\
CP_3 = bit2^{bit3 bit6 bit7} \\
CP_4 = bit0^{bit1 bit2 bit3} \\
CP_5 = bit4^{bit5 bit6 bit7}
\end{cases}
$$

$CP_0 = bit0^{bit2^{bit4^{bit6}}}$ 表示表 5-1 中第 0 列内部 256bit 异或之后再与第 2 列 256bit 异或，再跟第 4 列、第 6 列的每比特异或，这样，CP_0 其实是 256×4=1024 个比特异或的结果。以此类推 $CP_1 \sim CP_5$ 每比特都是 256×4=1024 比特异或的结果。行校验与列校验类似，这里不再赘述。

4) 元数据校验码生成

由元数据行列校验可知，对 256×4=1024bit 的数据共生成了 6bit 的列校验结果，分别是 CP_0、CP_1、CP_2、CP_3、CP_4 和 CP_5，16bit 的行校验结果分别是 RP_0、RP_1、RP_2、RP_3、RP_4、RP_5、RP_6、RP_7、RP_8、RP_9、RP_{10}、RP_{11}、RP_{12}、RP_{13}、RP_{14} 和 RP_{15}，共计 22bit，称这 22bit 的信息为一个块数据的元数据校验码信息 $mRNA$。使用 3×8=24B 存放这 22bit 的校验结果，多余的 2bit 置 0。因此，一个块数据的元数据所对应的 $mRNA$ 信息存放次序如表 5-2 所示。

表 5-2　一个块数据的元数据对应的 $mRNA$ 信息存放次序

ECC	bit7	bit6	bit5	bit4	bit3	bit2	bit1	bit0
Byte0	RP_7	RP_6	RP_5	RP_4	RP_3	RP_2	RP_1	RP_0
Byte1	RP_{15}	RP_{14}	RP_{13}	RP_{12}	RP_{11}	RP_{10}	RP_9	RP_8
Byte2	CP_5	CP_4	CP_3	CP_2	CP_1	CP_0	0	0

5) 数据持久化存储

为了保证数据在云存储服务器上的安全性，我们将数据进行密文存储，每块数据进行存储之前使用 ECC 算法将数据加密；然后将加密数据提交到云存储服务器，中心控制服务器为每块数据分配存储位置并建立相应的存储关系索引；之后密文数据按照存储索引表的对应关系分配地址存储到相应的节点服务器完成数据的持久安全存储。

(1) 数据加密存储。在数据存储前对数据加密，使数据在传输过程中以密文的形式传输，从而保证了数据的安全性，这里使用 ECC 算法，数据的加密存储方法描述如下。

① TPA 选定一条椭圆曲线 E_{TPA}，并取椭圆曲线上一点作为基点 G。

② TPA 选择一个私有密钥 $k(k<n)$，并生成公开密钥 $K=kG$。

③ TPA 将 E_{TPA} 和点 K、G 传给 Client。

④ Client 收到信息后，将待传输的明文数据块 M_i 编码到 E 上的一点 m，并产生一个随机整数 $r(r<n)$。

⑤ Client 计算点 $T_1=m+rK$ 和 $T_2=rG$。

⑥ Client 将携带原始数据信息的密文数据 T_1 传给 CSP、T_2 传给 TPA。

(2) 建立索引表。将文件 F 分成 n 块大小相等的数据，分别为 $M_1,M_2,\cdots,M_n$，再利用函数 $F(M_i,j)$ 对每一块数据进行抽样，得到每块数据对应的元数据

$M'_i (i=1,2,\cdots,n)$，表示为 $F(M_i,j) \rightarrow M'_i$，$j \in \{1,2,\cdots,x\}$。其中，$x$ 表示元数据 M'_i 在数据块 M_i 上数据的抽样位置，数据块 M_i 上 $M_1,M_2,\cdots,M_n$ 所有这些位置上的数据信息总量为 256B，即元数据 M'_i 为 256B×8=2048B。利用 RCP 函数把元数据 M'_i 通过计算转换成校验码 $mRNA_i$。算法定义为 RCP$(M'_i) \rightarrow mRNA_i$，$i \in \{1,2,\cdots,n\}$。表明每一个数据块的元数据生成一个校验码信息 $mRNA$。文件 F 的所有校验码 $mRNA$ 组合在一起生成文件 F 的数据 DNA 信息 DNA_F。算法定义为 $\sum_{i=1}^{n} mRNA_i = DNA_F$。由 $F(M_i,j) \rightarrow M'_i$ 和 RCP$(M'_i) \rightarrow mRNA_i$ 可知 $mRNA$ 的生成算法，同时也应该知道文件 F 的每一个数据块和 $mRNA$ 之间的对应关系，因此又要为数据块和 $mRNA$ 之间的对应关系建立一个索引表 IndexTable 存储验证信息。

数据关系索引表是存储数据持有性证明验证的重要信息表，用户对数据处理完成后将此关系索引表存储到 TPA 的系统中，数据持有性证明工作由 TPA 来完成。

6) 数据持有性证明过程

数据持有性证明阶段用户可以将数据的持有性证明工作全部交给 TPA 来完成，由 TPA 定期检验数据的持有性工作，然后由 TPA 将数据的持有性验证结果传给用户并告知用户云存储系统中存储的数据是否依然完整地、正确地、有效地存在。可信的 TPA 数据库中存储数据持有性证明所需的校验元信息 $mRNA$ 和数据私钥 k 以及数据持有性证明时对存储的密文数据解密验证所需常数 $B_2 = rG$。

数据持有性证明过程就是 TPA 向 CSP 发出挑战请求，请求 CSP 提供用户数据仍然完整地、正确地、有效地存储在服务器中的证据。而 CSP 接收到 TPA 的挑战请求后，按照 TPA 的请求内容对存储数据进行一系列的计算生成相应的数据存在证据，并将证据作为响应信息对 TPA 发出的挑战做出应答。数据持有性证明过程分为两个阶段，即挑战阶段和应答阶段。

(1) 挑战阶段。TPA 向 CSP 发出挑战信号，为了确保通信的安全，挑战信息也需要以密文的形式传输，CSP 选定一条椭圆曲线 ECSP，并取椭圆曲线上一点作为基点 G'，CSP 选择一个私有临时密钥 k'，并生成临时公开密钥 $K'=k'G'$，CSP 将 ECSP 和点 K'、G' 传给 TPA，TPA 收到 CSP 传送的信息后，TPA 将数据块 M_i 对应的校验 $mRNA$ 信息、私钥 k 和该数据块存储时生成的数据 T_2 一起编码到 ECSP 上的一点 m'，并产生一个随机整数 r'，TPA 通过计算产生两个数据 $T'_1 = m' + r'K'$ 和 $T'_2 = r'G'$，TPA 将 T'_1 和 T'_2 传送给 CSP。

$$T'_1 - k'T'_2 = m' + r'K' - k'(r'G') = m' + r'K' - r'(k'G') = m'$$

CSP 通过上述计算便得到 TPA 挑战信息码 m'，再将 m' 进行解码便得到 TPA 发送的挑战信息即数据块 M_i 的挑战信息 $mRNA$、r 和 T_2。至此 TPA 挑战信息发送成功。

（2）应答阶段。应答阶段就是 CSP 接收到 TPA 的挑战信息后，首先对挑战信息进行分析处理，然后通过一系列的计算产生相应的证据，具体过程如下。

① CSP 首先根据挑战信息，由中心控制器根据索引表检索数据块的存储位置，并找到接受挑战的数据块 M_i。

②对数据块 M_i 进行计算，产生校验信息 $mRNA'_i$，计算过程如下：

$$mRNA'_i = RCP(M'_i) = RCP(F(M_i,j)) = RCP(F(T_1-kT_2,j))$$

③比较 $mRNA_i$ 与 $mRNA'_i$ 是否一致，若一致，则返回 TRUE，证明数据依然安全地、完整地、有效地存储在云存储系统中；否则，返回 FALSE，并返回出错数据的块号和出错地址编号。

该方案的主要成果为：数据持有性证明过程无须用户参与，减少用户负担；验证阶段只需数据量很小的 $mRNA$ 数据参与计算，提高计算机的计算效率，缩短时间开销；减少额外存储空间；采用 ECC 加密存储，安全性更高。

7. 云存储中支持数据去重的群组数据持有性证明方案

在实际情况中可能出现这样一个问题：对于某些公司来说，每天数据呈爆炸式增长，如购买记录，一旦数据损坏或丢失将对公司造成巨大的损失。因此需要将数据存储在外部的云服务器上，并且有专业人员定期进行完整性和正确性的检查，将检测人员抽象为某个群组中的成员。如果维护数据的成员数量很少，当他们被恶意收买或者密钥被攻破或丢失时，恶意方就可以伪造验证标签，在云端数据被删除或者被修改的情况下，也能通过完整性验证，因此，数据的安全性很容易受到威胁，进而对公司造成重大损失。

为了增强外包存储数据的安全性，可以增加检测成员以及相应密钥的数量，使用多个密钥对同一份数据分别进行验证，可以有效避免恶意方对群组中某些成员进行选择攻击（或者群组中某些成员与恶意方合谋）。但由于现阶段的数据持有性技术的限制，N 个密钥就会对应 N 份验证标签，当增加密钥数量的时候，验证标签也会呈爆炸式增长。例如，最著名的 S-PDP 方案中，验证标签的数据量约为原始文件总数据量的 4%，如果将其应用于群组中，在增加 100 个验证密钥的情况下，标签数据量就是原始文件数据量的 4 倍，这种存储代价是非常大的。针对这个问题，王宏远等[28]提出了支持数据去重的群组数据持有性证明（group provable data possession，GPDP）方案，可以满足群组中使用多个密钥和一份验证标签分别完成持有性验证。

1）模型概述

根据交叉认证码和同态消息认证码可以构造一个高效的 GPDP 方案，并且可以在群组中同时达到数据去重和抵抗选择成员攻击的目的。一个 GPDP 方案分为两个阶段：预处理阶段和挑战验证阶段。

在预处理阶段中，TPA 生成一系列密钥（密钥数量大于或等于群组成员个数），

TPA 使用全部密钥和文件数据计算出相应的标签值，然后把文件集合和标签集合都发送给云服务器，把密钥分发给群组成员，并且将本地数据全部删除。注意，方案中假设 TPA 是安全的，即它可以完全按照规定执行协议；正确计算数据并输出；在预处理结束后，严格按要求删除本地数据。

在挑战、证明和验证阶段中，群组成员(一个或多个)向云服务器发送挑战，服务器根据某个成员 U 的挑战选择相应的数据块，产生数据持有性证明并发送给成员 U；然后，U 使用自己的密钥对证明进行验证。值得注意的是：每个成员都可以根据自己的时间和需求发送挑战；进行数据持有性的验证；并且每个成员的密钥和验证过程都是相互独立的，从而多重保证了数据的安全性。

2)群组数据持有性证明方案

(1)形式化定义。GPDP 方案是由四个多项式时间的算法 KeyGen、TagGen、ProofGen 和 VerifProof 组成的。

①KeyGen$(1^\lambda) \rightarrow \{K_l\}_{l=1}^L$ 是用来产生密钥的概率多项式时间的算法，输入安全参数 λ，输出一系列相应密钥 $K_1, \cdots, K_L$。需要注意的是，密钥的个数应大于等于群组中成员个数。

②TagGen$(\{K_l\}_{l=1}^L, m_i) \rightarrow T_i$ 是用来产生验证标签的多项式时间的算法，输入所有群组成员的密钥 $\{K_l\}_{l=1}^L$ 文件块 m_i，输出一个对应于文件块 m_i 的标签值 T_i。其中，i 是每个文件块 m_i 的索引。

③ProofGen$(\text{File}, \text{chal}, \Sigma) \rightarrow \rho$ 是产生数据持有性证明的多项式时间的算法。输入文件块集合 File、标签值的集合 Σ 和挑战 chal，输出一个数据持有性证明 ρ，其中，被证明的数据块是根据挑战 chal 选择的。

④VerifProof$(K_l, \text{chal}, \rho) \rightarrow \{1, 0\}$ 是确定性的多项式时间的算法。输入第 l 个成员的密钥 K_l、挑战 chal 和根据 chal 产生的数据持有性证明 ρ，如果验证通过则输出 1，否则输出 0。

GPDP 系统是由 GPDP 方案构造的，分为两个阶段，过程如下。

①预处理阶段。TPA 运行 KeyGen 和 TagGen，产生群组成员的密钥 $\{K_l\}_{l=1}^L$，并使用所有密钥产生每个数据块 m_i 的标签值 T_i。然后将密钥 K_l 分发给群组中的成员 U_l，将文件集合 File$=\{m_i\}_{i=1}^n$ 和标签集合 $\Sigma = \{T_i\}_{i=1}^n$ 发送给云服务器 S，然后删除所有本地文件数据。在密钥个数多于成员个数的情况下，可以将剩余未分发的密钥暂时存储于 TPA 上，在群组添加新成员后，将密钥分发出去。

②挑战和验证阶段。群组成员 U_l(可以为一个或者多个)根据各自的需求进行数据持有性的验证，U_l 产生一个挑战 chal 发送给 S，S 根据挑战 chal 选取相应的数据块，运行 ProofGen 产生持有性证明 ρ 并发送给 U_l，U_l 使用自己的密钥 K_l 运行 VerifProof 对 ρ 进行验证。在第②个阶段中，每个成员都可以使用自己的密钥进行数据持有性证明的验证，每个成员的挑战和验证过程是互相独立的，可以同时进行也

可以分别进行。因此，群组中某些成员被攻击后不会泄露其他成员的信息。另外，第②阶段可以多次运行，用来保证数据的完整性和正确性。

(2)具体 GPDP 方案实现。将文件分成 n 个文件块 $m_{<i>}$，$1 \leqslant i \leqslant n$，其中每个文件块包括 L 个小文件块：$m_{<i>}=(m_{i,1}, \cdots, m_{i,L})$。并且 f：$\kappa \times I \to F_q$ 是一个伪随机函数，π：$\kappa \times I \to I$ 是一个伪随机置换。q 为有限域 F_q 的阶，它的大小取决于安全参数 λ（如 $q=2^{\lambda}$），则 GPDP 的密钥空间为 $\kappa=F_q^3$，标签空间为 $F_q^L \cup \{\perp\}$。具体方案细节描述如下。

$\text{KeyGen}(1^{\lambda}) \to (a_k, b_k, c_k)$：输入安全参数 λ，输出一系列密钥 $(a_k, b_k, c_k) \in \kappa$，$1 \leqslant k \leqslant L$，其中，$L$ 是群组允许包含成员的最大个数。

$\text{TagGen}((a_k, b_k, c_k), m_{<i>}) \to T_{<i>}$：标签值的计算方式为

$$
\begin{bmatrix}
1, a_1, a_1^2, \cdots, a_1^{L-1} \\
1, a_2, a_2^2, \cdots, a_2^{L-1} \\
\vdots \\
1, a_L, a_L^2, \cdots, a_L^{L-1}
\end{bmatrix}
\begin{bmatrix}
T_{i,1} \\
T_{i,2} \\
\vdots \\
T_{i,L}
\end{bmatrix}
=
\begin{bmatrix}
f_{b_1}(i) \\
f_{b_2}(i) \\
\vdots \\
f_{b_L}(i)
\end{bmatrix}
+
\begin{bmatrix}
1, c_1, c_1^2, \cdots, c_1^{L-1} \\
1, c_2, c_2^2, \cdots, c_2^{L-1} \\
\vdots \\
1, c_L, c_L^2, \cdots, c_L^{L-1}
\end{bmatrix}
\begin{bmatrix}
m_{i,1} \\
m_{i,2} \\
\vdots \\
m_{i,L}
\end{bmatrix}
$$

通过解 L 元一次方程组，可以高效地计算出标签值 $T_{<i>}=(T_{i,1}, \cdots, T_{i,L})$。

输出文件集合和标签集合 $\{m_{<i>}, T_{<i>}\}_{1 \leqslant i \leqslant n}$。

$\text{ProofGen}(\{m_{<i>}\}_{1 \leqslant i \leqslant n}, \{T_{<i>}\}_{1 \leqslant i \leqslant n}, \text{chal}) \to \rho$：根据挑战得到临时密钥 (k_1, k_2) 和抽样的文件块数量 c：$\text{chal}(k_1, k_2, c)$。

对于 $1 \leqslant z \leqslant c$：①计算每个抽取的文件块的索引号 $i_z=\pi_{k_1}(z)$；②计算每个抽取的文件块的相关参数 $v_z=f_{k_2}(z)$。

然后分别计算：

$$
\begin{cases}
\tau_1 = v_1 T_{i_1,1} + v_2 T_{i_2,1} + \cdots + v_c T_{i_c,1} \\
\tau_2 = v_1 T_{i_1,2} + v_2 T_{i_2,2} + \cdots + v_c T_{i_c,2} \\
\vdots \\
\tau_L = v_1 T_{i_1,L} + v_2 T_{i_2,L} + \cdots + v_c T_{i_c,L}
\end{cases}
\text{和}
\begin{cases}
\omega_1 = v_1 m_{i_1,1} + v_2 m_{i_2,1} + \cdots + v_c m_{i_c,1} \\
\omega_2 = v_1 m_{i_1,2} + v_2 m_{i_2,2} + \cdots + v_c m_{i_c,2} \\
\vdots \\
\omega_L = v_1 m_{i_1,L} + v_2 m_{i_2,L} + \cdots + v_c m_{i_c,L}
\end{cases}
$$

输出向量 $(\tau_1, \cdots, \tau_L)$ 和 $(\omega_1, \cdots, \omega_L)$。

$\text{VerifProof}(\rho, \text{chal}, (a_k, b_k, c_k)) \to \{1, 0\}$：根据挑战得到相应的信息 $\text{chal} \to (k_1, k_2, c)$。

同样，对于 $1 \leqslant z \leqslant c$：①计算每个抽取的文件块的索引号 $i_z=\pi_{k_1}(z)$；②计算每个抽取的文件块的相关参数 $v_z=f_{k_2}(z)$。

验证过程如下：分别计算 $\tau=\tau_1+a_k\tau_2+\cdots+a_k^{L-1}\tau_L$，$\omega=\omega_1+c_k\omega_2+\cdots+c_k^{L-1}\omega_L$，$\sigma=v_1 f_{b_k}(i_1)+\cdots+v_c f_{b_k}(i_c)$。

验证 $\tau=\omega+\sigma$ 是否成立。如果成立，则验证通过并输出 1；否则输出 0。

注意：①为了避免 TagGen 中方程组无解或多解，要求密钥 a 必须两两不相等，即 $a_{r_1} \neq a_{r_2} \wedge r_1 \neq r_2$，$1 \leq r_1, r_2 \leq L$；另外，为了增加随机性，要求密钥 b 和 c 都两两不相等，即 $b_{r_1} \neq b_{r_2} \wedge c_{r_1} \neq c_{r_2} \wedge r_1 \neq r_2$，$1 \leq r_1, r_2 \leq L$；②群组中每个成员的挑战验证过程是相互独立的，因此，某些成员被攻击密钥泄露后不会影响其他成员的验证，并且敌手也没有办法伪造一个合法的标签值来通过合法成员的验证；③文件块索引 i 是一个全局变量，即使在多文件情况下，也可以使用统一的索引值；④L 是群组内成员个数的上界，方案允许群组成员个数 $x \leq L$ 的情况下正常运行，如果在现实应用中有增加成员数量的情况，可以让 TPA 在密钥产生阶段适当增大 L 的值。

3) 安全分析

(1) 安全模型。首先，使用数据持有性游戏和抵抗选择攻击的游戏来定义 GPDP 的安全模型。

①游戏 1：数据持有性游戏。

设置：挑战者运行 KeyGen(1^λ) 产生一系列密钥 $\{K_l\}_{l=1}^L$，并且保持其私密性。

询问：敌手适应性地选择文件块向挑战者进行询问，敌手选择一个文件块 m_i 并发送给挑战者，然后，挑战者运行 TagGen$(\{K_l\}_{l=1}^L, m_i) \to T_i$ 来计算标签值 T_i 并且发送给敌手，这个查询过程可以执行多次。然后，敌手存储所有的文件块集合 File$=(m_1, \cdots, m_n)$ 和标签值集合 $\Sigma = (T_1, \cdots, T_n)$。

挑战：挑战者产生一个挑战 chal 并且向敌手请求文件块 $m_{i_1}, \cdots, m_{i_c}$ $(1 \leq i_c \leq n)$ 的持有性证明。

伪造：敌手根据挑战 chal 计算一个持有性证明 ρ 并发送给挑战者。

如果 VerifProof$(K', \text{chal}, \rho) \to 1$，其中 $K' \in \{K_l\}_{l=1}^L$，则敌手赢了这个游戏。

直观地说，敌手赢了游戏的概率接近于抽取器 ε 抽取出挑战 chal 所对应文件块 $m_{i_1}, \cdots, m_{i_c}$ $(1 \leq i_c \leq n)$ 的概率。

②游戏 2：抵抗选择攻击的游戏。

设置：挑战者运行 KeyGen(1^λ) 产生一系列密钥 $\{K_l\}_{l=1}^L$，并且保持其私密性。

选择攻击：敌手可以适应性地选择密钥询问，注意，询问的密钥数量必须小于 L。挑战者将被询问的密钥发送给敌手，并保存好剩余密钥。询问结束后，敌手保存密钥 $\{K_{l_1}, \cdots, K_{l_r}\}$，挑战者剩余隐私密钥 $\{K_l\}_{l=1}^L / \{K_{l_1}, \cdots, K_{l_r}\}$。

伪造：敌手可以获得文件块集合 File$=(m_1, \cdots, m_n)$、标签值集合 $\Sigma = (T_1, \cdots, T_n)$ 和密钥集合 $\{K_{l_1}, \cdots, K_{l_r}\}$，运行函数 TagGen 并输出其中一个标签值 T'_r，并且 $T'_r \neq T_r$，其中，T_r 为文件块 m_r 的原始标签值。

如果 VerifProof$(K', \text{chal}, \rho) \to 1$，其中 $K' \in \{K_l\}_{l=1}^L$，则敌手赢了这个游戏。

如果方案是抵抗选择攻击的，那么敌手赢了游戏的概率是可忽略的。即满足如下不等式：

$$\Pr\left[\begin{array}{ll} \mathrm{TagGen}(\{K_{l_1},\cdots,K_{l_r}\},m_r)\to T'_r & \mathrm{VerifProof}(K',\mathrm{chal},\rho)\to 1 \\ & \wedge\, T'_r\neq T_r \wedge\quad K'\in\{K_l\}_{l=1}^L/\{K_{l_1},\cdots,K_{l_r}\} \\ \mathrm{TagGen}(\{K_l\}_{l=1}^L,m_r)\to T_r & \mathrm{ProofGen}(\mathrm{File},T'_r)\to\rho \end{array}\right]\leqslant\mathrm{negl}(\lambda)$$

要注意在伪造阶段，敌手之所以可以获得 File 和 Σ，是因为敌手可以与云服务器 S 合谋，甚至 S 本身也可以是敌手。

(2)安全性证明。

定理 5.1　假设 f 是安全的伪随机函数且 TPA 是安全可信的第三方，则 GPDP 方案是在标准模型下支持数据去重的、可以抵抗选择攻击的、安全的群组数据持有性方案。

证明：

①正确性和可靠性。在一个 GPDP 方案中，正确性即对合法证明的验证，可靠性即对非法证明的验证。

a. 对合法证明的验证。对于所有的 $l(1\leqslant l\leqslant L)$，当 $(a_l,b_l,c_l)\leftarrow\mathrm{KeyGen}(1^\lambda)$ 时，对于任意一个合法的证明，验证失败的概率为

$$\mathrm{fail}_{\mathrm{GPDP}}(\lambda):=\Pr[\mathrm{VerifProof}(K_l,\mathrm{chal},\mathrm{ProofGen}(\{m_{<i>}\}_{1\leqslant i\leqslant n},\{T_{<i>}\}_{1\leqslant i\leqslant n},\mathrm{chal}))\neq1]$$

由于 F 是一个安全的伪随机函数，则标签计算的等式可以表示为 $AT=X$。A 为 a 的矩阵，T 为标签值的列矩阵，X 为一个随机矩阵。则根据 L-交叉验证码的安全模型可以得出 $\mathrm{fail}_{\mathrm{GPDP}}(\lambda)\leqslant\dfrac{L(L-1)}{2q}$。

b. 对非法证明的验证。对于所有的 $l(1\leqslant l\leqslant L)$，任意一个非法证明 $\rho'\notin\{\mathrm{ProofGen}(\mathrm{File},\Sigma,\mathrm{chal})\}$ 通过验证的概率为

$$\mathrm{Adv}_{\mathrm{GPDP}}^{\mathrm{illeg}}(\lambda):=\max\Pr[\mathrm{VerifProof}(K_l,\mathrm{chal},\rho')=1\,|\,K_l\leftarrow\mathrm{KeyGen}(1^\lambda)]$$

式中，max 是指遍历所有的 l 可以得出 $\mathrm{Adv}_{\mathrm{GPDP}}^{\mathrm{illeg}}(\lambda)\leqslant\dfrac{1}{q^c}$。

②抵抗选择攻击。运行游戏 2 如下所示。

设置：挑战者运行 $\mathrm{KeyGen}(1^\lambda)$ 产生一系列密钥 $\{K_l\}_{l=1}^L$，并且保持其私密性。

选择攻击：敌手可以适应性地选择密钥向挑战者进行询问，询问结束后，敌手保存密钥 $\{K_{l_1},\cdots,K_{l_r}\}$，挑战者剩余隐私密钥 $\{K_l\}_{l=1}^L/\{K_{l_1},\cdots,K_{l_r}\}$。

伪造：敌手可以获得文件块集合 File$=(m_1,\cdots,m_n)$、标签值集合 $\Sigma=(T_1,\cdots,T_n)$ 和密钥集合 $\{K_{l_1},\cdots,K_{l_r}\}$，运行函数 $\mathrm{TagGen}(\{K_{l_1},\cdots,K_{l_r}\},\mathrm{File})$ 并输出其中一个标签值 T'_r，并且 $T'_r\neq T_r$，其中，T_r 为文件块 m_r 的原始标签值，即 $T_r=\mathrm{TagGen}(\{K_l\}_{l=1}^L,m_r)$。

根据 L-交叉验证码的抵抗替换攻击，可得出 GPDP 方案抵抗选择攻击的概率为

$$\mathrm{Adv}_{\mathrm{GPDP}}^{\mathrm{select}}(\lambda) := \max \mathrm{Pr} \left[\begin{array}{c|c} & K' \leftarrow \{K_l\}_{l=1}^{L} / \{K_{l_1}, \cdots, K_{l_r}\} \\ T_r' \neq T_r \wedge & T_r := \mathrm{TagGen}(\{K_l\}_{l=1}^{L}, m_r) \\ \mathrm{VerifProof}(K', \rho) & T_r' \leftarrow \mathrm{Forge} \\ & \rho \leftarrow \mathrm{ProofGen}(\mathrm{File}, T_r') \end{array} \right]$$

$$= \mathrm{Adv}_{\mathrm{XAC}}^{\mathrm{sub}}(\lambda) \leqslant 2 \cdot \frac{L-1}{q}$$

由前面可知，q 是 λ 的指数函数。因此，上述概率函数都是可忽略的。

③数据持有性。在证明数据持有性时，将参数进行简化，将 v_z 都设置为 1，矩阵用大写字母表示，使用伪随机函数 f 和随机数 r 分别在现实环境和理想环境中执行游戏 1。

a. 现实环境中。

设置：挑战者运行 KeyGen(1^λ) 产生一系列密钥 $\{K_l\}_{l=1}^{L}$，并且保持其私密性。

询问：敌手选择文件块 m_r 并发送给挑战者，然后，挑战者运行 TagGen$(\{K_l\}_{l=1}^{L}, m_r)$ 来计算标签值 T_i。过程如下：使 $T = A^{-1}CM + A^{-1}B$，其中，M 为文件块列矩阵，A、C 是密钥矩阵，$B = [f_{b_1}(i), f_{b_2}(i), \cdots, f_{b_L}(i)]^{\mathrm{T}}$。然后，将标签矩阵转置成向量格式 $T_i = T^{\mathrm{T}}$ 并发送给敌手，这个查询过程可以执行多次。然后，敌手存储所有的文件块集合 File=$(m_1, \cdots, m_n)$、标签值集合 $\Sigma = (T_1, \cdots, T_n)$。

挑战：挑战者产生一个挑战 chal 并且向敌手请求文件块 $m_{i_1}, \cdots, m_{i_c}$ $(1 \leqslant i_c \leqslant n)$ 的持有性证明。

伪造：敌手根据挑战 chal 计算一个持有性证明 ρ 并发送给挑战者。

b. 理想环境中。使用随机数代替伪随机函数，则 $B = [r_1, r_2, \cdots, r_L]^{\mathrm{T}}$。对所有的随机数进行记录，并且在验证过程中使用相应的随机数进行计算。

假设敌手可以在 M 发生改变的情况下完成验证，即在理想环境下，敌手可以成功找到 T' 使 $T' = A^{-1}CM' + A^{-1}B$，其中，M' 为改变后的 M。

由于 A 和 C 为随机生成的密钥，B 为纯随机数，则可得不等式如下所示：

$$A_{\mathrm{GPDP}}^{\mathrm{ideal}} = \mathrm{Pr}[T' | T' = A^{-1}CM + A^{-1}B] = \mathrm{Pr}[T' | T' = R_1 M' + R_2] \leqslant \frac{1}{2^{\lambda \cdot L}}$$

式中，R_1、R_2 为随机数矩阵。

根据假设：f 是一个安全的伪随机函数，则敌手无法区分协议是在现实环境中还是在理想环境中执行的，因此在现实环境中，敌手伪造的概率为 $A_{\mathrm{GPDP}}^{\mathrm{real}} = A_{\mathrm{GPDP}}^{\mathrm{ideal}} \leqslant \frac{1}{2^{\lambda \cdot L}}$。

在标准模型下给出了 GPDP 的安全性证明，并且在百度云平台上实现了 GPDP

的原型系统。使用 10GB 的数据量进行实验来分析和评估方案的性能，结果表明：GPDP 方案在达到群组中数据去重目标的前提下，高效地保证了抵抗选择攻击和数据持有性。直观地说，GPDP 方案的预处理效率高于私有验证方案，而验证效率高于公开验证方案(与私有验证效率几乎相同)。另外，与其他群组 PDP 和 POR 方案相比，GPDP 方案将额外存储代价和通信代价都降到了最低。

8. 支持多副本的 PDP 方案

采用冗余备份的方式来存储重要的大文件数据，可以提高数据文件的可靠性。采用冗余备份的方式存储数据文件时，远程服务器可能并没有按照用户要求的备份数来存储数据。由于存储在远程服务器中的数据副本完全一致，存储服务提供商可能只存储一份或几份数据原文件，而对外宣称按用户要求存储了多份文件。因此，如何确保云中多个数据副本的完整性成为另一个研究方向。

最简单的方式是，在数据存储到云中之前，采用多个密钥分别对每一个副本进行加密，然后存储到云服务器上。进行数据完整性验证时，每一个副本文件都作为独立的数据文件进行数据完整性验证。该方法可以确保存放在远程云服务器上的数据是完整的，但也增加了大量的重复计算和通信开销，多个内容完全一致的数据文件需多次验证才能确保其完整性。为了解决这一问题，Curtmola 等[29]设计实现了针对多副本的 MR-PDP(multiple replica-PDP)机制，该机制能对所有副本数据进行完整性认证，而每次验证所带来的开销与对单个文件进行数据完整性验证的开销大致相同。MR-PDP 机制是在 Ateniese 等设计的基于 RSA 签名的 PDP 机制上修改而来的，该机制的具体组成如图 5-2 所示。MR-PDP 机制包含五个算法：KeyGen、ReplicaGen、TagBlock、GenProof、CheckProof。其中，KeyGen 和 ReplicaGen 由用户执行，分别生成需要的密钥对和 t 个数据副本；TagBlock 为每个数据副本生成元认证数据集合；GenProof 由服务器执行，生成完整性证据；CheckProof 由用户或者 TPA 执行，通过服务器返回的证据，验证数据副本的完整性。

MR-PDP 机制同样由两个阶段组成：初始化阶段和挑战请求阶段。初始化阶段，用户调用 KeyGen 生成密钥，利用私钥为数据文件 F 生成块签名集合 $\Phi=\{\sigma_i\}_{1\leqslant i\leqslant n}$。之后，调用 ReplicaGen 生成 m 个数据副本，每个数据副本利用随机掩码技术加以区分。最后将 t 个数据副本和块签名集合 Φ 存储到远程服务器中。在挑战请求阶段，验证者随机地从 m 个副本中抽取一个数据副本 F_u，决定对其发起完整性验证。用户生成挑战请求的过程和 Ateneise 等设计的 E-PDP 一致，但服务器生成证据参数 ρ 的过程存在一些差异。当服务器接到验证请求后，服务器从数据副本 F_u 中抽取指定数据块 $\{b_i+r_{u,i}\}_{s_1\leqslant i\leqslant s_n}$，然后计算 $\rho=g_s^{\sum_{s_1\leqslant i\leqslant s_c} b_i+r_{u,i}}$。另一个证据参数 T 与之前一致。在检验

证据的过程中，由于每个副本引入了随机数，所以需修改 S-PDP 机制中挑战阶段的

步骤，用 $\left[\dfrac{T^e}{\prod\limits_{i=s_1}^{s_c} H(v \parallel i)} \right]^s \overset{?}{=} \rho$ 替换。

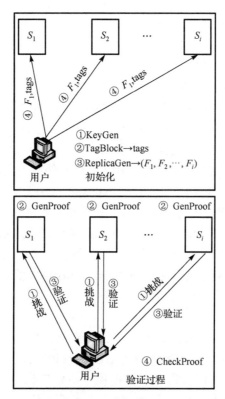

图 5-2　多副本数据持有性验证机制(S_i 为远程服务器)

MR-PDP 机制能有效地验证多个副本文件在远程服务器上的完整性，但该机制存在几个方面的缺陷：不能同时验证所有数据副本是否是完整的；没有考虑动态更新；不是专门针对云存储的数据完整性验证。在后面将会介绍专门针对云存储的多副本动态完整性验证方案。

9. 支持失效文件快速查询的批量审计方案

近年来，针对失效文件的检测问题，研究人员提出了多种面向云存储服务的数据完整性批量审计方案。现有方案大都只着眼于批量审计的功能实现，较少关注批量审计失败后的失效文件查询问题。Ateniese 等提出 PDP 模型，不下载整个文件即可完成远端数据的完整性验证。为了提高审计效率，Wang 等首先利用双线性对函

数的性质提出了支持多任务批量审计(batch verification，BV)的 PDP 方案。Zhu 等提出协作式数据持有性验证(cooperative PDP)，实现了多云环境下单用户文件的批量审计。Yang 等进一步提供了多云多用户环境下的批量审计方法。

虽然上述批量审计方案易于检测文件的好坏，但是面临一个共同的问题：单个文件失效就能导致整个批量审计失败。查询失效文件将带来大量的计算开销和通信开销，严重影响了批量审计的效率。因此，解决失效文件查询问题，对于提高批量审计方案的可用性和效率具有重要意义。

针对失效文件查询定位问题，Wang 等和 Yang 等采用简单二分查找(simple binary search，SBS)方法，分组文件并递归执行批量审计，直到找到失效文件。SBS 算法简单却易遭受"失效文件"攻击，即少量失效文件将导致大量审计。Hwang 等提出一种基于矩阵的查询(matrix-based search，MBS)方法，将文件以矩阵形式放置，批量审计"同行"、"同列"文件，从失效行和失效列的交叉部分确定失效文件。MBS 起步代价大且易受文件位置影响，例如，位于矩阵对角线的少量文件就可以导致 MBS 查询失败。基于幂指测试的方法(exponents test based search，ETS)利用失效文件的验证值的非 1 特性，通过对比带指数和不带指数的验证值定位失效文件位置。但 ETS 方法只适用于单个文件失效的情景，不能很好地应用于实际环境中。

为了解决以上问题，王惠峰等[30]提出了一种支持失效文件快速查询的批量审计(batch auditing with fast searching invalid tasks，FSBA)方法，该方法不仅能够批量确定文件好坏，并且实现了失效文件的快速查询，可以有效抵抗"失效文件"攻击。

1) 系统模型

数据完整性审计系统由云存储用户、云存储服务器、第三方审计者组成。U 是用户集合，用户 $U_k(k \in U)$ 具有密钥对 $\{SK_{t,k}, PK_{t,k}\}$ 和文件 M_k，将文件 M_k 拆分成 n_k 个数据块，使用自己的密钥对为每个数据块生成认证标签 $t_{i,k}$，构成认证标签集合 $T_k = \{t_{i,k} | i \in [1, n_k]\}$，存储 M_k 和 T_k 到云端就完成了系统的初始化，后续可以定期执行数据审计。

根据审计方式不同，审计过程分为单独审计和批量审计。单独审计时，审计者依次响应用户的文件审计请求，完成文件完整性检测；为了提高审计效率，审计者采用批量审计方式，同时响应多个用户的审计请求，通过一次审计即可完成多个文件的完整性验证。

批量审计可以极大地提升系统的审计效率，但是面临一个严重问题：失效文件将导致整个批量审计失败，而查询失效文件代价大，部分抵消了批量审计的效率优势。失效文件的位置和数量不确定性，进一步增大了查询的难度。例如，文件集合 $M = \{M_1, M_2, \cdots, M_{16}\}$ 中含有若干失效文件 $\{M_2, M_7, M_{11}, M_{13}, M_{14}\}$，使批量审计产生的证据集合 $X = \{X_1, X_2, \cdots, X_{16}\}$ 同样存在失效证据，从而导致该批量审计失败；为了确定失效文件位置，需要不断缩小范围，执行多次批量审计。这不仅增加了审计成本，还严重影响着批量审计系统的可用性。因此，如何快速查询失效文件成为批量审计必须解决的重要问题。

2）安全模型

数据完整性验证模型面临三种类型的攻击。

（1）重放攻击和伪造攻击。重放攻击指 CSS 不执行证据生成过程，仅发送一个已使用的数据持有性证据期待通过审计。伪造攻击指恶意的 CSS 试图利用已知信息伪造"合法"证据。为抵抗上述的攻击，在挑战信息中加入随机值，在 CSS 返回的数据持有性证据信息与随机值之间建立强依赖关系，使证据不可伪造和重放。

（2）"失效文件"攻击指 CSS 故意提供少量（一个或者多个）错误的证据信息，造成批量审计失败，以增大批量审计的代价。面对此类攻击，提供两种快速查找方法：基于幂指测试的二分快速查找（exponents test based BFS，ET-BFS）方法和混合型的失效文件快速查询（hybrid BFS，H-BFS）方法，执行少量审计即可发现所有的失效文件。

3）支持失效文件快查的批量审计方案

选取一个双线性对映射 $e:G_1 \times G_1 \rightarrow G_2$，哈希函数 $h:\{0,1\}^*_{\text{SK}} \rightarrow G_1$ 可以将字符串（以 SK 加密）转换为群 G_1 上的元素。

FSBA 模型由六个多项式算法组成。

（1）密钥生成 $\text{KeyGen}(1^\lambda) \rightarrow \{\text{SK}_{t,k}, \text{PK}_{t,k}, \text{SK}_{h,k}\}$：$\lambda$ 为安全参数，用户 U_k 选择两个随机数 $\text{SK}_{t,k}$，$\text{SK}_{h,k} \in G_1$，计算 $\text{PK}_{t,k} = g^{\text{SK}_{t,k}}$，得到用户 U_k 用于生成认证标签 tag 的公私密钥对 $(\text{SK}_{t,k}, \text{PK}_{t,k})$ 和用于加密文件信息的哈希密钥 $\text{SK}_{h,k}$。

（2）用户 U_k 生成数据块认证标签集合 $\text{TagGen}(M_k, \text{SK}_{t,k}, \text{SK}_{h,k}) \rightarrow T_k$：输入文件 $M_k = \{m_1, m_2, \cdots, m_n\}$、认证标签私钥 $\text{SK}_{t,k}$ 及文件信息加密密钥 $\text{SK}_{h,k}$，输出数据块认证标签集合 $T_k = \{t_{i,k}| i \in [1,n]\}$，计算 $t_{i,k} = (h(\text{SK}_{h,k}, \text{FID} \| i) \cdot u_k^{m_i})^{\text{SK}_{t,k}}$。

FID 是文件标识符，i 是数据块索引，u_k 是随机值。为了简化分析，设定每个用户只审计一个文件，故用户序号和审计文件序号含义相同。

（3）审计者生成挑战 $\text{BChall}(\{M_{\text{info},k}\}_{k \in \text{Uchal}}) \rightarrow C$：根据文件信息 M_{info} 选取被挑战数据块索引号，并与伴随信息组成挑战信息集合 $C = \{C_k | k \in \text{Uchal}\}$，其中，Uchal 是被挑战用户集合，集合大小 |Uchal| 为 N。$C_k = (\{i,v\}_{i \in Q_k}, R_k)$，为每个数据块选取随机值 $v_i \in Z_p^*$，挑战戳 R_k 用于区分不同的挑战，$R_k = (\text{PK}_{t,k})^r$，$r \in Z_p^*$。

（4）云存储服务器生成数据持有性证据信息 $\text{BProve}(\{M_k, T_k, C_k\}_{k \in \text{Uchal}}) \rightarrow P$：服务器收到挑战信息 C_k 后，根据文件信息 M_k 及相应的认证标签 T_k 生成证据信息 P_k，P_k 由标签证据 TP_k 和数据证据 DP_k 组成，$P = \{P_k\}_{k \in \text{Uchal}}$，$\text{TP}_k = \prod_{i \in Q_k} t_{i,k}^{v_i}$，$\text{DP}_k = e(u_k, R_k)^{\sum_{i \in Q_k} v_i \cdot m_{i,k}}$。

(5)审计者对数据持有性证据信息执行批量审计 $BVerify(\{M_{info,k}, C_k, SK_{h,k}, PK_{t,k}, P_k\}_{k \in Uchal}) \rightarrow \{0/1\}$:审计者接收到服务器返回的数据持有性证据集合 P,以批量处理的方式验证服务器是否正确存储了用户的文件。

具体过程是,计算标签证据的累乘积 TP、数据证据的累乘积 DP 及文件信息累乘积 $H_{chal,k}$。$TP = \prod\limits_{k \in Uchal} TP_k$。$DP = \prod\limits_{k \in Uchal} DP_k$。验证如下等式:

$$H_{chal,k} = \prod\limits_{i \in Q_k} h(sk_{h,k}, FID \| i)^{r \cdot v_i}$$

若相等,表明所有文件完好,返回 1;反之,表明至少存在一个失效文件,返回 0。如果批量审计 BVerify 失败,调用识别函数查找失效文件。

(6)审计者查找所有失效文件 $SearchFile(\{M_{info,k}, C_k, SK_{h,k}, PK_{t,k}, P_k\}_{k \in Uchal}) \rightarrow \{M_{info,i}\}_{i \in Invalid}$:输入被挑战文件信息,审计者采用查询算法识别出所有失效文件,输出失效文件列表。

当文件审计列表长度为 1(即|Uchal|=1)且批量审计失败时,审计列表中的文件就是一个失效文件。不同失效文件查询算法具有不同的识别过程。简单二分查找 SBS 作为该方案的对比算法,描述如下。为了便于论述,进行如下定义。

文件证据对 X_k 是由形如$<M_k, P_k, U_k>$的三元序偶组成的,M_k 为文件信息,P_k 为数据持有性证据,U_k 为用户信息。审计列表中的所有文件证据对构成集合 $X = \{X_k\}_{k \in [1,N]}$。

批量审计函数 $BV(X, V) \rightarrow \{0|1\}$,输入文件证据对集合 X 和标志位 V。如果 $V = TRUE$,对 X 执行批量审计,审计通过返回 TRUE;审计不通过,返回 FALSE;反之,不对 X 执行批量审计,直接返回 FALSE。特别地,当 $V = TRUE$ 时,$BV(X, V)$ 简写为 $BV(X)$。

4)失效文件的快速查询方法

失效文件查询的目标是使用尽可能小的计算开销尽快完成失效文件查询,同时增强系统抵抗"失效文件"攻击的能力。

为了适应不同应用情景,这里列出三种失效文件查询方法并分析它们的优缺点。其中,二分快速查找(binary fast search,BFS)方法通用性强,但不太适合"失效文件少但审计文件数量多"情景;ET-BFS 适用于"失效文件少且分散"的情景,但在失效文件聚集处开销较大,不如 BFS。H-BFS 对上述两种方法进行了折中处理,不仅可以很好地利用幂指测试特性有效抵御"失效文件"攻击,并且可以降低"失效文件聚集处"的查询开销。

(1)BFS 方法。为了充分利用查询过程的中间结果,减少批量审计次数,提出了 BFS 方法,建立批量审计之间的关联性,将无关联审计转换为关联审计。

BFS 方法主要借鉴 Law 等快速二分查找思想并利用双线性对映射的性质,将验证过程的"数值比较:$P = Q$"方式转变为"值 1 判断:$A = PQ^{-1}$"方式。具体而言,将批量审计等式等价转换为如下等式：

$$A \overset{?}{=} DP \cdot e\left(-TP, g^r\right) \cdot \prod_{k \in \text{Uchal}} e\left(H_{\text{chal},k}, PK_{t,k}\right)$$

验证 A 是上式的计算结果，记为 $A = BV(X)$。若 $A = 1$，批量审计通过，表明数据完好；若 $A \neq 1$，表明至少存在一个失效文件。特别地，单个文件证据对 X_k 的验证值 $A_k = BV(X_k)$，如下式所示：

$$A_k = DP \cdot e\left(-TP, g^r\right) \cdot e\left(H_{\text{chal},k}, PK_{t,k}\right)$$

连续多个文件证据对 $(i \rightarrow j)$ 的验证值乘积，表示为 $A_{[i,j]} = \prod_{k=i}^{j} A_k$，文件证据对集合 X 的验证值 $A = A_{[1,N]} = \prod_{k=1}^{N} A_k$。

定理 5.2　文件证据对 X_k 是有效的，当且仅当 $A_k = 1$；同理，文件证据对集合 X 是有效的，当且仅当 $A = 1$。

证明：

充分性：当 $A_k = 1$ 时，表明服务器返回的数据持有性证据 $P_k = \{DP_k, TP_k\}$ 通过了验证函数，表明数据完好，因此文件证据对 X_k 是有效的。

必要性：如果文件证据对 X_k 是有效的，则批量审计等式恒成立，故 $A_k = 1$。

证毕。

"值 1 判断"方法建立了父节点和左右孩子节点之间的关联性。二分查找树中父节点的验证值等于左右孩子节点验证值的乘积，即 $A_{[1,N]} = A_{[1,N/2]} \cdot A_{[N/2+1,N]}$。通过比较父节点和左孩子节点的验证值，可以直接判断右孩子节点的有效性，无须执行批量审计过程。

按照基于"值 1 判断"的批量审计函数 Judge1(X) 计算每个节点的验证值，过程如下。

①假定 X 是根节点或者左孩子节点，计算 Judge1$(X) = A_{[1,N]} = BV(X)$。

②若 X 节点失效，即 Judge1$(X) \neq 1$，计算 X 的左孩子节点，即 Judge1$(X_L) = A_{[1,N/2]}$；反之，返回。

③计算右孩子节点的验证值：如果 $A_{[1,N/2]} = 1$，则 Judge1$(X_R) \neq 1$；如果 $A_{[1,N/2]} \neq 1$，则 Judge1$(X_R) = A_{[N/2+1,N]} = A_{[1,N]} / A_{[1,N/2]}$。

通过以上分析可以看出，基于"值 1 判断"的 BFS 方法，省去了右孩子节点的批量审计过程，从而减少了批量审计次数。

相比 SBS 方法，BFS 方法通过修改右孩子节点的计算方式，有效减少了整个识别过程的批量审计次数。BFS 方法的不足在于失效文件识别过程长度严重依赖于审计文件总数。即使只有一个失效文件，最少也需要执行 $\log_2 N$ 次代价高昂的批量审计。

可以看出，BFS 方法是一种直接但比较"笨拙"的算法，它通用性强，但不太适合"失效文件少但审计文件数量多"情景。因此，王惠峰等提出了另外一种基于幂指测试的失效文件快速查询方法。

(2) ET-BFS 方法。幂指测试通过计算的方式能够从批量审计文件中快速识别出单个失效文件。基于幂指测试的二分快速查找方法缩短了识别过程的长度，尽快完成了失效文件的查询，减少了批量审计次数。

幂指验证值 A'_k 是验证值 A_k 的 k 次方，幂指验证值的计算函数为 EBV($\cdot$)。

文件证据对 X_k 的幂指验证值 A'_k=EBV(X_k) 计算过程如下：

$$A'_k = \mathrm{DP}_k{}^k \cdot e(-\mathrm{TP}_k, g^r)^k \cdot e(H_{\mathrm{chal},k}, \mathrm{PK}_{t,k})^k$$

$$= \mathrm{DP}_k{}^k \cdot e(-k \cdot \mathrm{TP}_k, g^r) \cdot e(k \cdot H_{\mathrm{chal},k}, \mathrm{PK}_{t,k})$$

文件证据对集合 X 的幂指验证值 A'=EBV(X) 计算过程如下：

$$A' = \prod_{k=1}^{N} A_k^k = e\left(-\prod_{k=1}^{N} k \cdot \mathrm{TP}_k, g^r\right) \cdot \prod_{k=1}^{N} (\mathrm{DP}_k{}^k \cdot e(k \cdot H_{\mathrm{chal},k}, \mathrm{PK}_{t,k}))$$

当 X_k 有效时，即 A_k=1，易得 A'_k=1；反之，$A'_k=A_k^k$。

已知文件证据对集合 $X=\{X_k\}_{k\in[1,N]}$，设 I 为失效文件集合，幂指测试的过程如下。

①根据 $\mathrm{DP} \cdot e(-\mathrm{TP}, g^r) \cdot \prod_{k\in U\mathrm{chal}} e(H_{\mathrm{chal},k}, \mathrm{PK}_{t,k})$，计算验证值 $A = \prod_{k=1}^{N} A_k$；由定理 5.2 可知，$A = \prod_{i\in I} A_k$。特别地，当 $|I|$=1 时，$A=A_i$。

②计算 A'=EBV(X)；由定理 5.2 得，$A' = \prod_{k=1}^{N} A_k^k = \prod_{i\in I} A_i^i$。特别地，当 $|I|$=1 时，$A'=A_i^i=A^i$。

③累乘 A 并比较 A' 与 $\prod_{i=1}^{L} A$ 是否相等，当 $A' = \prod_{i=1}^{L} A$ 时，累乘次数 L 为失效文件序号，即 X_L 无效；如果 L 不存在，表明 X 中至少存在两个失效文件。

节点的幂指验证值按照函数 ET-Judge1(X) 计算，过程如下。

①假定 X 是根节点或者左孩子节点，计算 ET-Judge1(X) = EBV(X)。

②如果 X 节点失效，即 Judge1(X)$\neq$1，计算 X 的左孩子节点，即 ET-Judge1(X_L)=EBV(X_L)。反之，返回。

③计算右孩子节点的幂指验证值：若 $A'_{[1,N/2]}$=1，则 ET-Judge1(X_R)=$A'_{[N/2+1,N]}$=$A'_{[1,N]}\neq$1；反之，ET-Judge1(X_R) = $A'_{[N/2+1,N]}$=$A'_{[1,N]}/A'_{[1,N/2]}$。

ET-BFS 方法提前完成了含有单个失效节点的子树查询，降低了二分查找树的高度，进一步减少了批量审计次数。

(3) H-BFS 方法。ET-BFS 方法适用于"失效文件少且分散"的情景，但在失效文件聚集处，ET-BFS 方法不如 BFS 方法有效。为此，H-BFS 方法被提出，该方法不仅可以很好地利用幂指测试特性有效抵御"失效文件"攻击，并且可以降低"失效文件聚集处"的查询开销。

H-BFS 方法的核心思想是将二分查找树分为高、低两层，以第 α 层为分界。底层部分从第 0 层到第 α 层，采用 ET-BFS 方法查询失效文件；高层部分从第 $\alpha+1$ 层到第 $\lceil \log_2 N \rceil$ 层，采用 BFS 方法查询失效文件。假设第 α 层中每个节点含有 D 个文件证据对。

其主要贡献如下。

①提出了一种面向云存储服务的数据完整性批量审计模型，通过一次审计即可完成多个文件的完整性验证，同时支持批量审计失败后的失效文件确定。

②针对不同应用情景，提出了三种失效文件快速查询方法。BFS 方法建立了审计结果间的关联性，减少了批量审计次数；ET-BFS 方法降低了二分查找树的高度；H-BFS 方法降低了"失效文件聚集处"的查询开销。

③该方法是安全和高效的，不仅能够抵抗重放攻击和伪造攻击，还能够快速完成失效文件定位，抵抗"失效文件"攻击，保证了批量审计方案的可用性和高效性。

5.2.3　POR 方案

相比 PDP 机制而言，POR 机制在有效识别文件是否损坏的同时，能通过容错技术恢复外包数据文件中已出现的错误，确保文件是可用的。以下将介绍几种经典的 POR 方案。

1. 基于岗哨的 POR 方案

Juels 等最先对数据可恢复证明问题进行建模，提出基于岗哨的 POR 方案，该机制主要解决以下两个问题：①如何更有效地识别外包数据中出现的损坏；②如何尽可能地恢复已损坏的数据。针对第一个问题，Juels 等通过在外包的数据文件中预先植入一些称为"岗哨位"的检验数据块，并在本地存储好这些检验数据块。对于远程服务器而言，这些岗哨数据块与数据块是无法区分的。若服务器损坏了数据文件中一部分数据，则它肯定会相应地损坏一些岗哨块。对比存储在本地的检验数据块，能判断远程节点上的数据是否是完整的。另外，通过岗哨块损坏的数目可以评估文件中出错的部分在整个文件中所占的比例。针对第二个问题，Juels 等考虑利用 Reed-Solomon 纠错码对文件进行容错预处理，当数据损坏程度超过给定的阈值时，协议能恢复这部分损坏的数据。若采用 (223,32) Reed-Solomon 纠错码对文件进行分组编码，文件的大小将增加 14%，而增加 15% 的岗哨块会让文件损坏识别率超过 95%。

基于岗哨的 POR 方案存在以下缺点：①验证次数是有限的，取决于岗哨块的数目及每次认证所消耗的数目；②验证机制需在本地存储一定数目的岗哨块数据，并不是一种轻量级的验证机制；③该机制仅能用于私有认证。

2. 紧缩的 POR 方案

为了解决基于岗哨的 POR 方案中仅能进行有限次验证这一缺点，Schacham 和 Waters[31] 分别提出了针对私有验证 (private verifiability) 和公开验证 (public verifiability) 的数据可恢复 POR 方案。这两种 POR 方案都具有以下优点：①无状态的验证，验证者不需要保存验证过程中的验证状态；②任意次验证，验证者可以对存储在远程节点上的数据发起任意次验证；③通信开销小，通过借鉴 Ateniese 等同态验证标签的思想，有效地将证据缩减为一个较小的值。无状态和任意次验证需要 POR 方案支持公开验证，通过公开验证，用户可以将数据审计任务交由第三方来进行，减轻了用户的验证负担。

支持私有验证的 POR 方案主要用于企业内部数据完整性验证，如私有云数据审计。过程如下：初始化阶段，用户先用 Reed-Solomon 纠错码对整个数据文件进行编码；之后，用户选择一个随机数 $\alpha \xleftarrow{R} Z_p$ 作为用户的私钥；然后，利用公式 $\sigma_i = f_k(i) + \alpha m_i \in Z_p$ 为每个数据块计算认证元数据 σ_i；最后，将 $\{F, \{\Phi_i\}_{1 \leqslant i \leqslant n}\}$ 存入远程服务器中。挑战阶段与 Boneh 提出的基于 BLS 签名的 PDP 方案中的挑战阶段大致相同，需要修改步骤，用 $\sigma \stackrel{?}{=} \alpha\mu + \sum_{i=s_1}^{s_c} v_i f_k(i)$ 替换。

公开验证的 POR 方案可以让任意的第三方替代用户来发起对远程节点上数据的完整性检测，当发现数据的损坏程度小于某一阈值 ε 时，通过容错机制恢复错误，而大于 ε 则返回给用户数据失效的消息。相比 Boneh 提出的基于 BLS 签名的 PDP 方案而言，在进行初始化阶段之前，需利用冗余编码对数据进行预处理，使数据文件具有容错能力，即将 F 分成 n 个块，然后对 n 个块进行分组，每个组为 k 个；之后，对每组数据块利用 Reed-Solomon 纠错码进行容错编码，形成新的数据文件 $\tilde{F}$。

Shacham 和 Waters 得出以下结论：对 POR 方案而言，假定 ε 在允许的错误范围内（例如，1000000 中出现 1 次错误，但通过了 POR 验证），定义 $\omega = 1/\#B + (\rho n)^c/(n-c+1)^c$，只要 $\varepsilon-\omega$ 是正的可忽略的值，在 $O(n^2 s + (1+\varepsilon n^2)(n)/(\varepsilon-\omega))$ 时间范围内，通过 $O(n/(\varepsilon-\omega))$ 次交互，POR 方案的抽取操作能恢复损坏率为 ρ 的数据文件，这里 B 为挑战请求时随机数 v_i 选取空间，ρ 为编码率，c 为随机抽取的数据块数目。例如，假定 POR 方案参数选定如下，$\rho=1/2$，$\varepsilon=1/1000000$，$B=\{0,1\}^{22}$，$c=22$，则 POR 方案能恢复损坏率不超过 1/2 的数据文件。由此可见，相比 PDP 方案而言，POR 方案增加了初始化时间，但也降低了验证代价和通信开销。另外，执行抽取恢复操作的人必须是可信的，因为通过一定次数的验证请求后其将获取部分文件知识。

3. 多副本文件的完整性验证及恢复方案

在云存储场景中，用户需要验证云存储确实持有一定副本数的正确文件，以防止部分文件意外损坏时无法通过正确的副本进行恢复。付艳艳等[32]提出了多副本文件完整性验证方案，能够帮助用户确定服务器正确持有的文件副本数目，并能够定位出错的文件块位置，从而指导用户进行数据恢复。

1) 多副本文件的完整性验证方案

在云存储服务中，每个文件都有多个相同的副本存储在服务器上。不同副本可以存储在不同的服务器上，同一个副本的不同文件块也可能分布在多个服务器上。为了标记不同的副本和其中的文件块，为每一个文件块分配了序列号，表明其所在的副本序列号以及其在当前副本的编号。

基于多副本机制的优势，完整性验证方案可以将应答凭据的计算过程分布到多个副本的服务器上。利用跨服务器的冗余存储同步计算多个副本的验证凭据，将大大减少计算时间。

在该方案中，需要以下三个组件协调，实现多副本协作验证：①数据处理中心(data processer，DP)位于客户端，负责在文件上传前进行准备工作，发起挑战和验证云服务器的应答；②凭据产生控制器(proof generation controller，PGC)位于服务器端 Master 节点，负责协调验证凭据的生成过程，包括将验证凭据的计算过程分配到各个协调器，并将协调器返回的结果组合生成完整的验证凭据，返回给客户端；③协调器(coordinator，C)位于存储服务器端 Slave 节点，根据 PGC 传递的参数为指定文件块生成验证凭据。

假设 PGC 是可信的，但是 Slave 节点是不可信的，有可能试图通过保存已有标签欺骗用户。Slave 节点有可能主动攻击其他节点或者篡改其他节点的验证结果。PGC 与 Slave 节点间的通信采用对方的公钥加密，从而避免窃听，然后密文采用自身的私钥加密，进行身份验证。方案主要包括文件准备过程和挑战-应答过程两大部分。

(1) 文件准备过程：为了进行文件完整性验证，客户端需要预先保存文档的若干元数据，称这些元数据为 tag。在文件上传之前，DP 将会利用用户的秘密对文件进行处理，为每个文件块生成 tag，并保存在本地。当 tag 生成完毕后，文件上传到云存储保存，主要有两个处理过程。

①KeyGen$(k) \to \{SK,PK\}$是由客户端运行的密钥生成算法。该算法以安全参数 k 为输入，产生私钥 SK 和公钥 PK。采用的密钥对为 $SK = (p,q,g)$，$PK = (N)$，其中，p、q 是大素数，$N = pq$，g 是 Z_N^* 中的一个元素。

②Prepare$(SK,PK,F) \to T\{t\{M_1\},t\{M_2\},\cdots,t\{M_t\}\}$是客户端处理文件产生 tag 的算法。该算法以用户的公、私密钥和原文件 F 作为输入，输出结果 $T\{t\{M_1\},t\{M_2\},\cdots,t\{M_t\}\}$为文件 F 的 tag。具体对应为 $t\{M_i\} = g^{m_i} \bmod N$。

(2)挑战-应答过程：依据文件准备过程产生的 tag，客户端可以随时向云服务器发起挑战。云服务器必须对指定的数据块进行相应计算，给出正确结果，从而向用户证明其持有对应文件。挑战-应答过程主要包含以下流程。

①Challenge(SK,i)→S 是客户端 DP 发起挑战的过程。该算法以用户私钥和当前验证随机数 i 作为输入，将输出结果，即挑战种子 S，发送给服务器。

②Prove(PK,S,F)→P_F 是服务器端生成验证凭据，并作为应答返回给客户的过程。该算法以公钥 PK、原文件 F，以及挑战种子 S 作为输入，输出为文件 F 对应的验证凭据。该算法可划分为几个子程序，由服务器端 PGC 和 C 分别协调执行。

a. $f(S)$→$R\{(B_1,R_1),\cdots,(B_i,R_i),\cdots,(B_s,R_s),g^c\}$ 是由 PGC 运行的伪随机数发生器，指定挑战的文件块，并为这些文件块生成对应的随机参数。其中，B_i 是指定的文件块集合，R_i 是对应的随机数集合。随机数的计算满足 $R_{l_i}=a\sum\limits_{k\neq 1}R_{k_i}$，其中 a 和 c 也为随机数。随机数生成后，首先将 $k\neq 1$ 的所有 R_{k_i} 和 g^c 发送到对应的 R_{k_i} 所处的服务器。当收到下一步中由各服务器返回的结果时，再将 R_{l_i} 发送到对应的 R_{l_i} 所处的服务器。

b. Prove-possess(D_k,$\Delta f_{k'}$)→$p\{F_{k'}\}$ 是由各 Slave 节点上的协调器运行的验证实施算法。其中 $\Delta f_{k'}$ 是当前第 k 个服务器对应的挑战参数和指定文件块。在该方案中，每个服务器会分别计算 X 和 Y 返回给 PGC：$X'_{D_k}=g^{c\times\sum\limits_{i\in\Delta f_{k'}}R_{k_i}\times M_i}\bmod N$，$Y'_{D_k}=\sum\limits_{i\in\Delta f_{k'}}y_i^{R_{k_i}}$，

其中 M_i 为 $\Delta f_{k'}$ 中指定的文件块，y_i 为该块对应的 tag。根据随机数的分发情况，部分节点可能运行两次此计算过程，并将分别得到的 X 和 Y 返回给 PGC。

c. Proof-comp($p\{F_{1'}\}$,$p\{F_{k'}\}$,$\cdots$,$p\{F_{m'}\}$)→P 为 PGC 运行的验证凭据组合函数。通过将各服务器返回的验证结果整合，PGC 可以得到最终的验证凭据，并返回给客户端。其中，根据第 1 轮随机数得到的验证凭据可记为 $X=\prod\limits_{k=1}^{m}X'_{D_k}$，$Y=\prod\limits_{k=1}^{m}Y'_{D_k}$；根据第 2 轮随机数得到的验证凭据为 X'、Y'。

③Verify(SK,PK,P,s)→{accept,reject} 由客户端 DP 对服务器端返回的凭据 P 进行验证。X 和 Y 分别满足 $X'==X^a\bmod N$，$Y'==Y^a\bmod N$ 即认为副本一致。当 $X==Y^c$ 时即认为文件内容正确。

在步骤③的 Verify 过程中，如果副本不一致的情况发生，则出错副本的文件完整性必然受到破坏。该方案可以通过定位完整性损坏的文件副本识别出存在一致性问题的副本。

2)安全性分析

攻击者可能隐藏数据损失或破坏情况，也可以联合所有的服务器对数据进行有针对性的篡改，从而保证多副本文件的一致。该方案可以有效抵抗此类攻击者的攻

击，并且能够有效检测出多副本中的文件篡改。

(1)检测文件出错的能力。方案通过查看采样文件块的状态来预测整个文件的状态。因此，有可能出现文件损坏和篡改不被发现的情况，即检测失败的情况。通过分析可以证明，检测失败的概率相当低。通过设定合适的参数，用户能够进一步提高检测的可信度。

从 t 个文件块中随机挑选 d 个文件块进行文件状态检测。假设 m 个服务器中的 e 个服务器无法正常应答，即由于数据损坏或服务器故障，无法提供真实的计算结果。假设用户挑选的文件块中，共有 X 块出错，则检测文件出错的概率与挑选出的文件块恰好不位于 e 个服务器的概率之和为 1。因此，检测到文件出错的概率为

$$P_m^d = 1 - P\{X=0\} = 1 - \prod_{i=0}^{d-1}\left(1 - \min\left\{\frac{e}{m-i}, 1\right\}\right) \geq 1 - \left(\frac{m-e}{m}\right)^d$$

假设服务器端共有 100 个服务器，其中两个服务器出错。用户从其持有文件的 1000 个文件块中随机挑选 200 个进行验证，无法抽查到出错文件块的概率小于 1%。如果将硬盘出错概率设置为 5%，同样检查此 200 个文件块，无法抽查出错的概率小于 0.000035。如果攻击者有目的地修改了所有副本的特定数据块，并保持一致，那么用户无法在一致性检查中发现这个错误。但是，在完整性检查中，没有密钥 g 的情况下，攻击者无法获得随机数 c，也无法生成满足 $X == Y^c$ 的 X 和 Y。

(2)定位出错文件块的能力。如果用户能够准确定位出错的文件块，对文件的恢复有很大帮助。该方案可通过一系列的定位计算，确定出错文件块和对应的可以用来恢复的完好文件块。

首先，假定文件块 M_{k_i} 出错。那么，包含该块的副本 k 生成的验证凭据也会出错。因此，在验证过程中会导致 $X' \neq X^a$，产生数据不一致现象。进一步依次检查对应的 X_k 和 Y_k，从而确定出错的验证凭据。进而，依据 Master 节点返回的验证路径，算法可确定出错文件块的具体位置以及对应的正确文件块的位置。在最坏的情况下，PGC 需要计算 m 次才能定位出错的服务器。

3)方案优化

(1)防止伪造凭据。在上面介绍的基本方案中存在一个缺点：服务器可以利用非指定的文件块和对应的 tag 来生成验证凭据，而验证结果依旧可以保持一致性，客户端算法无法检测出服务器端的欺骗。为了避免这个缺陷，在基本方案中 tag 保存在客户端。

为了避免服务器端的欺骗，并减轻客户端的存储压力，在基本方案的基础上，引入了新参数：块标识符 BI。在生成 tag 时，客户端依据持有的秘密为每个文件块生成对应的 BI，并且加入到原有的 tag 上。该计算过程在准备阶段通过如下函数完成：

$$BIGenerate(SK,i,filename) \rightarrow BI_i$$

$$PrepareUpdate(SK,PK,F) \rightarrow T\{t\{M_1\},t\{M_2\},\cdots,t\{M_i\}\}$$

在该方案中，$t\{M_i\} = BI_i \cdot g^{m_i} \bmod N$。

在验证阶段，客户端需要首先从 Y 中移除指定文件块的 BI，再进行内容一致性和完整性的验证。因此，在执行验证过程之前，客户端首先执行如下函数：$RemoveBI(SK,S,P) \rightarrow P'$。

因为客户端仅移除指定数据块的 BI，因此，所有利用非指定数据块计算的凭据均无法满足一致性和完整性。服务器也无法通过非指定文件块的计算结果来欺骗用户。

(2)减少版本更新代价。在某些情况下，用户需要更新文件服务器上的文件到新的版本。但是，每一个版本的文件都是完整并且一致的，服务器有可能保持旧版本的文件，也能一直通过文件验证。因此，客户需要能够验证正确的文件版本。

为了实现这一需求，引入了新参数：版本序列号 s，从而帮助用户验证版本序列号。当客户端准备文件上传时，与基本方案不同，tag 生成时的密钥由 g 更新为 g^s。当文件块的内容不变而版本更新时，客户端只需要将 s'/s 作为重加密密钥，进行对应的重加密计算，即可完成版本号的更新。对于内容更新的数据块，则需要用户重新更新 tag。相关函数如下：

$$SerialNumber(SK,i) \rightarrow s$$

$$BIGenerate(SK,i,filename) \rightarrow BI_i$$

$$PrepareUpdate(SK,PK,F) \rightarrow T\{t\{M_1\},t\{M_2\},\cdots,t\{M_i\}\}$$

在该方案中，$t\{M_i\} = BI_i \cdot g^{sm_i} \bmod N$，$TagUpdate(t,s'/s) \rightarrow t'$ 是对应的重加密算法。

利用版本号参数，可以方便地更新内容不变的文件块的版本信息，并可避免服务器利用旧版文件欺骗用户。

该方案尤其适用于保存多个相同副本的存储服务，其验证效率和检测能力都优于随机挑选副本进行验证的方案。但是该方案并未考虑服务器节点合谋攻击的可能性，需要在下一步工作中进行改进。

5.3　可信云存储中的动态数据完整性证明机制

对于可信云存储中的数据，用户不仅会随时访问，还可能需要更新部分数据，包括对数据频繁地插入、修改或删除，而现有的数据完整性验证机制主要针对静态存储的应用场景，不支持或仅支持部分动态更新操作。问题产生的主要原因是元数据中加入了数据块的索引值，在更新数据如插入一个新的数据块时，插入位置后面所有的数据块索引值都改变，相应的数据块标签值全部需要重新计算，造成巨大的计算开销，并且更新过程复杂难以实现。近年来，为了解决这一问题，研究者考虑采用动态数据结构确保数据块在位置上的正确性，而数据块签名仅用于确保数据块在数值上的正确性。数据块更新操作主要包括修改、插入、删除和追加四种操作。

5.3.1　动态数据结构

在实际应用中，用户不仅需将大量数据存储在云端，并且可能随时需要对远程数据进行更新。为了满足用户的需求，许多云存储应用都支持用户随时随地更新数据。用户根据数据的特点，可选择档案型的静态存储服务和业务型的动态存储服务。因此，确保用户数据的完整性，不仅包含静态数据的完整性验证，还需验证服务器是否正确更新了用户的数据。由于用户端计算资源有限，网络通信代价高昂，频繁地下载整个数据文件然后进行动态更新是不可行的。为了节约成本，减少网络通信开销，用户的数据更新操作以及对动态更新的验证工作都应该无须取回整个数据文件。简而言之，支持动态更新的数据完整性验证机制是指，服务器按照用户要求更新数据，包括修改、插入和删除操作，然后返回执行了更新操作的证据。用户或第三方审计员验证证据的正确性，判断服务器更新是否完成，同时也能在任何其他时候验证存储在服务器中的数据的完整性。因此，支持数据动态更新的完整性验证方案相较于静态方案应增加以下三个概率多项式时间算法。

（1）PrepareUpdate(PK,SK,m')→Info：由用户执行的生成更新请求算法。用户根据需求，输入公钥 PK、私钥 SK 以及新的数据信息 m'，输出更新请求信息 Info，更新请求中包括更新的数据信息，以及操作类型 Modify、Insert 或 Delete 分别表示修改、插入或删除操作。

（2）PerformUpdate(Info,F,$\varPhi$)→(F',$\varPhi'$,P_{Update})：由 CSS 执行的更新算法。输入接收到的更新请求 Info、保存的用户数据 F 和元数据 $\varPhi$，输出更新后的数据集合 F'、新的元数据 $\varPhi'$，以及 CSS 执行了更新操作的证据 P_{Update}。

（3）VerifyUpdate(PK,P_{Update})→{accept,reject}：由第三方审计员执行的验证更新操作的算法。输入用户的公钥 PK 和 CSS 返回的更新证据 P_{Update}，若验证通过，则输出 accept，否则输出 reject。

Ateniese 等在之前设计的 S-PDP 机制上进行一定的修改，提出支持部分动态数据操作的 DPDP 机制。但该机制仅能支持数据更新、数据删除、数据追加等操作，无法支持数据插入操作。另外，执行删除操作时采用标记 Dblock 来替代之前的数据块，也造成了一定程度的存储空间浪费。

Erway 等首先提出了一个支持全动态更新的数据持有性证明机制。该机制利用分块思想，首先将大的数据文件分割成小的数据块，然后为每个数据块生成相应的标签。针对用户以块为单位的数据更新操作，通过引入带等级信息的认证跳表来维护和验证这些数据块标签的有效性。该机制是第一种支持全动态操作的 PDP 机制，但是在验证过程中，服务器需返回大量的辅助信息作为证据，通信开销过大。并且对于大型数据，服务器构建的跳表结构存在认证路径过长的问题。

Zhu 等提出了一个高效的云存储数据完整性验证方案，该方案基于同态验证标签和哈希索引层次结构，能够减少用户和云服务端的计算与存储负担。针对跨云存储的情况，Zhu 等提出协作式 PDP 方案来验证分布式云存储中数据的完整性。通过实验证明，有多个云存储服务端共同存储用户数据时，用户进行数据完整性验证所需计算量和通信量大大减少。虽然该方案对跨云数据完整性证明机制进行建模，但并没有详细地实现步骤。

Wang 等通过引入新的数据结构，提出支持全动态操作的数据完整性验证机制。该机制利用 BLS 签名来确保数据块内容上的完整性，并通过引入默克尔哈希树（Merkle Hash tree，MHT）结构来确保数据块在位置上的正确性。但是 MHT 采用二叉树结构，数据块被映射为树的叶子节点，若将数据文件分成 n 块，那么至少需要构建深度为 $h=1+\log_2 n$ 的默克尔哈希树，树的深度随分块数呈线性增长，构造这样的 MHT 需要消耗大量的时间和空间，而且认证路径随树的深度线性增长，验证所需的辅助信息也随之增多，存储和通信开销仍然很大。

最近，Gritti 等[33]利用对称双线性对，提出了一个高效的 PDP 方案。他们的方案无须进行指数运算，执行三次双线性运算，因此，方案性能较其他方案极大地提高。但是，不久后，Gritti 等在一个报告中指出该方案易受三种攻击，针对这三种攻击，他们提出了几个解决方法。利用索引哈希表（index Hash table，IHT）和 MHT 技术抵抗替换攻击和重放攻击。构造一个弱的安全模型来保护数据的隐私。尽管这些解决方法能够提高方案的安全性，但也导致方案性能下降。

1. 跳表

以图 5-3 中的跳表为例，介绍跳表的功能。跳表由节点和检索路径组成，其中节点又分为根节点、一般节点和底层节点。图中左上角的节点为根节点，也是跳表的起始节点 w_7。跳表的每个底层节点分别对应用户的一个数据块，并存储该数据块的认证标签。一般节点是指介于根节点和底层节点之间的所有普通节点，用于存储搜索相关的参数，并存储与节点相关的哈希值。图中节点上的数值是该节点的秩，表示从该节点能到达的底层节点的个数。对于节点 v，根据节点的秩值，可以确定该节点的到达范围（访问范围），继而可以确定其前后节点的到达范围：$[\text{low}(w)$, $\text{high}(w)]$,$[\text{low}(z),\text{high}(z)]$，其中 w 是节点 v 的右边节点，z 是下方节点。节点的到达范围计算方式如下：

$$\text{high}(w) = \text{high}(v)$$

$$\text{low}(w) = \text{high}(v) - r(w) + 1$$

$$\mathrm{high}(z) = \mathrm{high}(v) + r(z) - 1$$

$$\mathrm{low}(z) = \mathrm{low}(v)$$

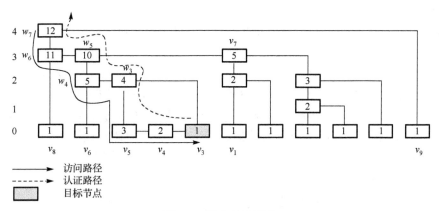

图 5-3　跳表认证结构

假设要检索的数据块是第 $i=5$ 个数据块 m_5，则目标节点是 v_3，搜索方法如下：若 $i \in [\mathrm{low}(w), \mathrm{high}(w)]$，则跟随向右的路径，否则向下检索，找到下一节点继续判断 i 的值与该节点的到达范围，直到检索到目标节点。从根节点到目标节点的搜索路径为 $(w_7, w_6, w_5, w_4, w_3, v_5, v_4, v_3)$，反之，从目标节点到根节点的认证路径为 $(v_3, v_4, v_5, w_3, w_4, w_5, w_6, w_7)$。

在初始化阶段，用户不仅需要对数据进行分块，并对每一个数据块计算标签，还需要构建一个跳表。用户构建跳表后，只保留根节点的哈希值并发送给验证者。服务器接收到用户的数据文件和认证元数据后，也构建相同的跳表结构。在动态更新阶段，用户需要更新数据时，先向服务器发送更新请求，服务器首先执行动态操作更新数据，然后更新跳表中相关节点的值，最后返回更新后数据块的认证路径。用户根据新的认证辅助信息修改保存在本地的根节点值，并将新的值发送给验证者。在挑战-应答阶段，验证者与服务器之间互相通信，服务器返回的证据不仅包含数据信息，还应包含目标数据块的认证路径信息。验证者接收到证据后，根据自己保存的根节点哈希值判断认证路径信息的正确性，从而决定是否继续验证数据证据。

2. 默克尔哈希树

受 Erway 等采用跳表结构的启发，Wang 等提出了一个经典的支持动态更新的数据完整性验证机制。通过引入默克尔哈希树的认证结构，该方案不仅支持公开验证用户数据的完整性，而且能够高效地验证服务器是否按照用户请求正确地执行更新操作。

默克尔哈希树的数据结构如图 5-4 所示，叶节点值为数据块的哈希值，对叶节

点的访问采用深度优先的方式进行,如图中虚线所示。云服务器为了证明用户的数据是完整的,首先需要构造一条认证路径及其辅助认证信息(auxiliary authentication information, AAI)组成证据,返回给 TPA。TPA 根据认证路径和辅助认证信息重新计算根节点的哈希值,比对本地存储的根节点哈希值来判断数据在位置上是否是完整的。例如,若 TPA 发出的挑战请求中选取块索引为{2,7},云服务器需在返回证据{μ,σ}的同时,返回 x_2 认证路径{$h(x_2),h_c,h_a$}、辅助认证路径 $\Omega=\{\ h(x_1),h_d\ \}$ 和 x_7 的认证路径{x_7,h_f,h_b}、辅助认证路径 $\Omega=\{h(x_8),h_e\}$ 给 TPA,TPA 重新计算默克尔哈希树的根节点哈希值,即根据 $h_c=h(h(x_1)\|h(x_2))$,$h_a=h(h_c\|h_d)$,$h_f=h(h(x_7)\|h(x_8))$,$h_b=h(h_e\|h_f)$,最后计算出根节点哈希值 $h_R=h(h_a\|h_b)$,对比存储在本地的根哈希值来判断数据文件是否是完整的。

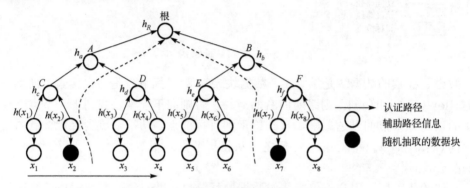

图 5-4　默克尔哈希树的数据结构

很明显,采用默克尔哈希树可以确保数据节点在位置上的完整性。动态更新操作时,在更新节点的同时,需返回辅助认证信息给用户,用户重新生成根节点的哈希值。之后,更新存储在 TPA 中的根哈希值。相比跳表数据结构,默克尔哈希树具有更简单的数据结构。

5.3.2　支持动态操作的 PDP 机制

1. 基于跳表的 PDP 方案

在初始化阶段,该机制首先对数据文件 F 分块,$F=\{m_1,m_2,\cdots,m_n\}$;然后为每个数据块 m_i 生成数据块标签,$\tau_i=g^{m_i}\bmod N$;之后,利用数据块标签生成根节点的哈希值 M_c,并将其保存在验证者手中。在挑战请求阶段,验证者随机生成挑战请求 chal=$\{i,v_i\}_{s_1\leqslant i\leqslant s_c}$,并将其发送给服务器。服务器接收到挑战请求后,首先计算 $M=\sum\limits_{i=s_1}^{s_c}v_im_i$;之后,返回指定数据块的认证路径 $\{\Pi_i\}_{s_1\leqslant i\leqslant s_c}$;最后,将 $\{M,\{\Pi_i,\tau_i\}_{s_1\leqslant i\leqslant s_c}\}$

作为证据返回给验证者。验证者先利用公式计算 $T=\prod_{i=s_1}^{s_c}\tau_i^{v_i}$；之后，判断 $T\overset{?}{=}g^M \bmod N$
是否成立，若成立，表示数据内容是完整的，否则，认为数据文件已被修改；之后，验证者根据返回认证路径 $\{\varPi_i\}_{s_1\leqslant i\leqslant s_c}$、标签信息 $\{\tau_i\}_{s_1\leqslant i\leqslant s_c}$ 及存储在本地的认证元数据 M_c 判断数据块在位置上是否是正确的。这种机制是唯一一种不需要生成私钥的 PDP 机制，且数据块标签可以在挑战阶段由服务器临时生成。

动态更新操作时，用户首先发出更新请求 chal=$\{$Update,m_i',$\tau_i'\}$，服务器更新过程分两个阶段进行：第一阶段，解析请求中的更新操作 Update，倘若是删除操作（D），则直接删除所在的数据块，倘若是修改操作（M），则更新指定的数据块内容和块签名标签，倘若是插入操作（I），则在指定的位置插入数据块和块标签；第二阶段，辅助用户更新跳表的根哈希值，服务器返回每个指定节点的认证路径，用户利用认证路径更新根节点的哈希值。基于跳表的全动态 PDP 机制，是第 1 种完全支持动态操作的 PDP 机制，但其存在认证路径过长、每次认证过程中需要大量的辅助信息支持、计算代价和通信开销较大等问题。

2. 改进的基于跳表的 PDP 方案

周恩光等[34]提出已知证据伪造攻击的概念，即对于特定的一组数据块，若敌手拥有一定数量的完整性证据，则可通过已知证据伪造新的合法证据。并指出 Erway 的方案存在已知证据伪造攻击。利用基于等级的认证跳表（rank-based authenticated skip list，RASL）提出一个改进方案，该方案支持完全数据更新、公开审计和隐私保护，且能抵抗已知证据伪造攻击。

1）方案定义

改进方案包括四个算法，定义如下。

KeyGen$(1^k)\rightarrow$(PK,SK)：输入安全参数 k，输出客户的公私钥对（PK,SK）。

SigGen(SK,F)$\rightarrow(\varPhi)$：输入私钥 SK 和文件 F，输出数据块签名集合 $\varPhi$。客户计算 RASL 起始节点的哈希值 M_s。

GenProof(F,chal,$\varPhi$)$\rightarrow(P)$：输入文件 F、签名集合 $\varPhi$ 和挑战消息 chal，输出 chal 中指定数据块的完整性证据 P。

VerifyProof(PK,chal,P)$\rightarrow$(TRUE,FALSE)：输入公钥 PK、证据 P 和挑战消息 chal，如果验证通过则输出 TRUE，否则输出 FALSE。

2）方案的具体过程

KeyGen(1^k)：G_1、G_2 是阶为素数 p 的乘法群。e 为双线性映射，u 和 g 分别为 G_1 和 G_2 的生成元。哈希函数 $H(\cdot)$：$G_1\rightarrow Z_p$。客户私钥为 SK=x，其中 $x\in Z_p$，公钥为 PK=(u,g,w,v)，其中 $w=u^x$，$v=g^x$。

SigGen(SK,F)：客户为数据块 m_i 生成签名 $\sigma_i=(u^{m_i})^x$。RASL 的底层节点为按照顺序排列的签名 $\sigma_i=(u^{m_i})^x$ $(1\leqslant i\leqslant n)$，即 $x(v_i)=\sigma_i$。客户计算 RASL 的起始节点哈希值 M_s（M_s 为公开变量）。客户将 $\{F,\{\sigma_i\}_{1\leqslant i\leqslant n}\}$ 和 RASL 发送至云服务器后，删除 $\{F,\{\sigma_i\}_{1\leqslant i\leqslant n}\}$ 和 RASL。

客户从集合 $\{1,2,\cdots,n\}$ 中随机选择 c 个元素组成集合 $I=\{s_1,s_2,\cdots,s_c\}$，其中 $s_1<\cdots<s_c$。对 $i\in I$，客户选择随机值 $v_i\in Z_p$。客户将挑战消息 chal$=\{(i,v_i)\}_{s_1\leqslant i\leqslant s_c}$ 发送至云服务器。

GenProof(F,chal,Φ)：云服务器先生成挑战数据块的签名 $\{\sigma_i\}_{s_1<i<s_c}$ 在 RASL 中的证明信息 $\{\Pi_i\}_{s_1<i<s_c}$，然后生成随机数 $r\in Z_p$，计算 $R=w^r=(u^x)^r$，令 $\mu'=\sum\limits_{i=s_1}^{s_c}v_im_i$，计算 $\mu=\mu'+rH(R)$。云服务器发送证据 $P=\{\mu,R,\{\sigma_i,\Pi_i\}_{s_1<i<s_c}\}$。

VerifyProof(PK,chal,P)：客户收到证据 P 后，首先对 $\{\sigma_i,\Pi_i\}_{s_1<i<s_c}$ 进行验证（可对 σ_i 的值和 σ_i 的索引值 i 进行验证）。如果验证成功，客户计算 $\eta=\prod\limits_{i=s_1}^{s_c}\sigma_i^{v_i}$，验证等式 $e(\eta\cdot(R^{H(R)}),g)=e(u^\mu,v)$。如果验证成功，客户输出 TRUE，否则客户输出 FALSE。在改进方案中，利用 RASL 对消息 $\{\sigma_i\}_{s_1<i<s_c}$ 进行认证，故客户计算 $\eta=\prod\limits_{i=s_1}^{s_c}\sigma_i^{v_i}$ 的值是唯一确定的，进而可以抵抗已知证据伪造攻击。

改进方案具有以下性质。

完全数据更新：利用 RASL 使改进方案支持数据块的插入、删除和修改。

公开审计：任何人，不仅是数据的拥有者，都能对客户存储的数据进行完整性验证。在改进方案中，验证者只需客户公钥和 RASL 起始节点的哈希值 M_s 等公开信息就可以进行完整性验证。

隐私保护：在验证过程中，不泄露客户存储数据的隐私信息。

3. 基于默克尔哈希树的 PDP 方案

默克尔哈希树的 PDP 机制在计算验证元数据时，并没有加入数据块索引信息，而数据块的索引信息则通过默克尔哈希树来维护。通过默克尔哈希树结构来确保数据块在位置上的正确性，利用基于 BLS 签名的 PDP 机制来确保数据块内容上的完整性（M-DPDP）。

与 Eeway 等提出的基于跳表的 PDP 机制不同的是，数据块标签并没有参与动态结构中根节点哈希值的计算。协议的执行过程同样分为初始化阶段和验证阶段。初始化阶段分为两步进行：第一步与基于 BLS 签名的 PDP 方案中的初始化步骤大致相同，除了块标签计算，为了支持动态操作，需要用 $\sigma_i=(H(m_i\|i)u^{m_i})^\alpha$ 替换 $\sigma_i=$

$(H(\text{name}\|i)u^{m_i})^{\alpha}$；第二步，构造默克尔哈希树，并计算根哈希值，将其存储到 TPA 中作为验证元数据。验证过程与基于 BLS 签名的 PDP 方案的验证过程相比，需要做以下修改。

(1) 在返回证据 $\{\mu,\sigma\}$ 的同时，需要返回挑战请求中块索引所对应的辅助认证路径信息 $\{H(m_i),\Omega_i\}_{i\in I}$。

(2) 验证证据时，利用辅助认证路径信息计算根节点的哈希值。只有根节点相同时才进行后续步骤。

(3) 验证公式需要更改为 $e(\sigma,g)\overset{?}{=}e\left(\prod_{i=s_1}^{s_c}H(m_i)^{v_i}\cdot u^{\mu},v\right)$。

在几种动态操作中，插入操作最为常见，也是最为复杂的操作，将以此作为实例进行说明。假定用户需要在第 i 个位置后插入新的数据块 m_i'。协议按以下几步分别执行更新操作及验证。

(1) 用户利用公式 $\sigma_i=(H(m_i')u^{m_i'})^{\alpha}$ 计算新数据块的签名。

(2) 向远程服务器发送更新请求 Update$=\{I,m_i',\sigma_i'\}$。

(3) 云服务器更新本地的 $\{F,\Phi\}$，并计算更新后默克尔哈希树的根哈希值 R_{new}，将 $\{H(m_i),\Omega_i,R,R_{\text{new}}\}$ 作为更新证据返回给用户。

(4) 用户利用 $\{H(m_i),\Omega_i\}$ 计算根哈希值 R'，判断 $R\overset{?}{=}R'$ 是否相等。

(5) 若第 (4) 步通过，用户继续利用 $\{H(m_i'),\Omega_i\}$ 计算更新后文件的哈希值 R'_{new}，判断 $R'_{\text{new}}\overset{?}{=}R_{\text{new}}$。若相等，用户用 R_{new} 替换存储在云中的根哈希值 R。

4. 支持数据动态更新的多副本 PDP 方案

副本技术是提高数据可用性，保证数据高效、快速访问的常用技术。但是云存储服务方可能不愿意或者不能同时维持足够数量的副本，可能的原因包括：① 与传统系统相比，云存储系统构成更复杂，系统规模更庞大，因此在任何时刻都可能因为各种故障造成某些副本不可用，使系统维持的副本数量不足；② 出于节约电费成本的考虑，云存储系统通常是在满足一般需求的前提下尽可能地关闭一些节点，这将导致其上的数据副本不可用。

调查表明：出于对公司声誉的影响，或者对经济因素的考虑，在出现上述情况时，云存储服务提供商一般不会主动公布真实情况。对于广大云存储用户而言，目前缺乏对多副本持有性验证的有效方法。

对于多副本的存储系统而言，只要存在一个正确数据副本，云存储平台就可以在被挑战时临时生成多个副本来欺骗用户，这称为"同谋攻击"。研究人员已经针对单一数据的持有性验证问题提出多种方案，然而由于"同谋攻击"的存在，这些方案并不能直接应用于多副本持有性验证。一些研究人员试图改进单一数据持有性证明方案以满足多副本持有性验证需求，但是这些方案普遍存在验证效率低、计算开销大和对数据更新支持弱等缺点。研究高效、支持数据更新的多副本持有性验证方案具有重要的理论意义和紧迫的应用需求。

Curtmola 等提出针对多副本持有性验证的 MR-PDP 技术。该技术首先将数据加密，然后将加密数据与 n 个不同的随机掩码异或形成不同的数据文件，可有效防范同谋攻击。MR-PDP 对 n 个副本的证明开销小于 n 个不同文件的证明开销之和，且支持新副本生成。但是该方案需要逐一验证所有副本，效率较低；验证端和服务端的计算开销都比较大，而且不支持数据的动态更新。

Bowers 等[35]在 POR 的基础上提出高可用性和完整性(high-availability and integrity，HAIL)方案，在多个存储服务提供者之间使用纠错编码产生冗余数据，然后检测岗哨验证数据是否被破坏。这种方法具有计算开销小的优点，但由于每次挑战需要消耗一个岗哨，因此只能执行有限次挑战。此外，文件在更新时需要对所有数据重新编码和分块。

Hao 和 Yu[36]基于双线性函数和同态认证标签技术提出一种需要 TPA 的多副本持有性证明方案。TPA 代表用户发起挑战并计算持有性证据，然后利用双线性函数的特性对所有副本的存在证据同时进行验证。该方案需要一个可信的 TPA 服务器，然而这种服务器在现实应用中并不容易实现。

针对地理分布的混合云架构中节点之间带宽不对称的事实，He 等[37]提出一种分布式多副本数据持有性检查(distributed multiple replicas data possession checking，DMRDPC)方案，通过在完全双向连通图中寻找最优生成树来定义多副本数据持有性证明的偏序，并获得更好的通信速度。但是寻找最优生成树的开销将随着节点数目的增加而快速增长。

Barsoum 和 Hasanm[38]基于默克尔哈希树和图提出两种动态多副本数据持有性证明方案，防止云存储服务器不按照约定维持足够的副本数量。该方案可同时支持数据修改、插入、删除与追加等更新操作，但是这些操作均需要对整个数据文件进行重新处理，带来的开销较大。

付艳艳等提出一种基于多轮"挑战-应答"的多副本文件完整性验证方案，可检测现有副本的完整性，且能发现故障副本的位置。但该方案需要进行多轮交互，效率不高。最重要的是，该方案无法有效抵御同谋攻击，存在很大的应用局限性。

付伟等[39]针对云存储环境下的多副本持有性验证问题，创新地使用公钥分割思想，设计了一种符合 Map/Reduce 编程模型、支持数据动态更新的多副本存在性证明方案(multiple replicate possession proving scheme based on public key partition，MRP-PKP)。该方案将公钥分割为多个份额并分配给对应的副本存储节点，通过数据分块和伪随机变换操作生成不同的副本数据块，能够一次验证所有副本的存在性，具有安全性高、通信开销低、运算代价小等优点。该方案能够有效抵御同谋攻击，可以一次性对所有副本的持有性进行验证，提高了验证效率。同时，方案所使用的模幂运算大大减少，可以方便地支持文件块级的数据动态更新。

1) 模型定义

结合云计算的 Map/Reduce 模型，提出一种基于收藏家的多副本云存储模型，主要包括客户端和云存储服务端两个部分：云存储服务端由一个收藏家节点和数量为 n 的存储节点 $S_1,S_2,\cdots,S_n$ 组成；所有存储节点的标识符构成集合 $S=\{1,2,\cdots,n\}$。用户的数据被保存在多个存储节点上，这些节点的标识符构成另外一个副本集合 I。用户和其他授权用户可以通过收藏家查询副本集合信息，然后选择从某个副本节点获得数据。其工作过程主要包括三个阶段。

(1) 副本存储阶段。用户向云存储服务端提出副本数量要求，如为数据 b 保存 r 个副本。然后用户需要对 b 进行预处理生成副本及对应的数据标签，最后将这些副本、标签及一个公钥分割后产生的私有份额发送给对应的存储节点。

(2) 多副本挑战阶段。在数据的有效生存期内，用户可以随时向云存储系统提出挑战；收藏家则据此在各个副本节点上根据保存的数据块内容和公钥私有份额计算得到分证据，并发送给收藏家汇总生成存在性证据。

(3) 证据验证阶段。用户接收来自收藏家的证据并进行分析，最后根据比对结果判断所有副本是否真实地存储于服务端。

2) 敌手模型

为了节约存储空间，在不被用户发现的前提下，收藏家和存储节点有可能通过"同谋攻击"的方式联合起来欺骗用户，即云存储端将尽力在保存少于 r 个副本的前提下也能产生一个证据 ρ，从而成功地通过用户的验证。因此将要面对的是一种信任受限前提下的"同谋"敌手 $\mathcal{A}$。他们在大多数时间会按照约定为用户提供基本的多副本存储服务，但是他们也将利用收藏家和存储节点收集并互相交换用户的一切信息。若 $\mathcal{A}$ 发现删除某些副本并且依然能够以高于 ε 的概率成功通过挑战，他们将秘密删除这些副本以节约存储空间；反之，如果 $\mathcal{A}$ 认为它的欺骗行为将以不低于 ε 的概率被用户发现，它将选择忠实履行自己的约定，在足够数量的服务器上为用户保留对应数量的副本。

3) MRP-PKP 方案

该方案将用户的公钥以份额的形式进行分割，并将特定的份额分配给特定的副本节点，且特定的份额只能作用于特定的副本内容形成持有性分证据。可保证：如果某些副本被删除或者修改，同谋敌手 $\mathcal{A}$ 将不能形成正确的持有性证据，使这种行为有较大概率被客户发现。

MRP-PKP 方案涉及三个函数，分别描述如下。

(1) 秘密份额生成函数 PKPartition$(\pi,r)\rightarrow E$。令 π 为系统参数集合，该函数秘密选取大安全素数 $p=2p'+1$，$q=2q'+1$，并记 $N=pq$，则欧拉函数 $\varphi(N)=(p-1)(q-1)=4p'q'$。然后选择 RSA 机制下的公私钥对 (SK,PK)，即 SK $\cdot$ PK $=1\bmod\varphi(N)$。最后将公钥 PK 分割为

r 份，方法是：选取 r 个秘密数 e_i，使 $\sum_{i=1}^{r} e_i = \text{PK} \bmod \varphi(N)$，返回集合 $E=\{e_i|1\leqslant i\leqslant r\}$。

(2) 伪随机函数 $\psi_\kappa(i,j) \rightarrow \{0,1\}^{128}$。令 κ 为用户保管的密钥（长度为 $|\kappa|$），i,j 为整数，则 $\psi_\kappa(i,j)=\text{MD5}(\text{MD5}(i\|j)\|\text{MD5}(\kappa))$。

(3) 伪随机挑选函数 $\zeta_k(A,m) \rightarrow B$。其中 $A=\{a_1,a_2,\cdots,a_n\}$，记 $\zeta_k(A,m)=\{b_1,b_2,\cdots,b_m\}$，则 B 中元素 b_j 生成规则为 $b_j=(i\cdot\psi_\kappa(i,j))\bmod n$，其中 $i=1$，n 为 A 中元素个数。如果 b_j 已经在 B 中，则将 i 增加 1 后继续计算新的 b_j，直至产生新的元素。

(1) 副本存储阶段，主要由用户端完成，各个步骤的详细描述如下。

①系统初始化，用户针对数据 b 选择密钥 κ。

②副本存储请求及应答，用户向收藏家发起需要 r 个副本的存储请求。

③公钥分割与份额分配，收藏家根据存储请求查询各存储节点状态，从中挑选出 r 个节点形成副本集合 I 并返回给用户；然后用户调用 PKPartition($\cdot$) 函数选择公私钥对 (SK,PK)，最后为 I 中的每个节点 S_i 分配并发送一个私有份额 e_i。

④数据分块处理，将数据 b 分为长度为 l 的 t 个数据分块。接下来每个分块将被转换为 $[0,2^l-1]$ 范围的一个大数，并以整数的方式参与计算。

⑤多副本的生成与分发，对于副本集合中的第 i 个节点 S_i，设对应副本 M_i 的第 j 块数据块为 $m_{i,j}$，其生成过程为 $m_{i,j}=b_j\psi_\kappa(i,j)$，可见每个副本分块的内容是互不相同的，对应副本为 $M_i=\{m_{i,1},m_{i,2},\cdots,m_{i,r}\}$，最后生成的 M_i 将发往对应副本节点 S_i 存储。

⑥数据标签生成阶段，用户端需要计算每个数据块 b_j 对应的块标签 T_j 并发送给收藏家保存。

实际上经过 r 次循环后

$$T_j=b_j\prod_{i\in I}\psi_\kappa(i,j)^{\text{SK}\cdot e_i}\bmod N$$

(2) 多副本持有性挑战阶段。这个阶段需要由用户端、收藏家和存储服务器这三方共同完成。其中，用户端根据敌手模型参数 ε 和 η 计算得到需要挑战的数据块数 c，然后获得待挑战数据块索引集合 C 并发送给收藏家。各个存储服务器依据 C 计算分证据 $\rho_i=\prod_{k\in C}m_{i,k}^{e_i}\bmod N$，然后发送给收藏家。主要工作由收藏家完成，包括四个步骤。

①接收分证据。收藏家从每个 S_i 接收分证据 ρ_i。

②生成最终证据。收藏家将所有分证据累乘后得到最终证据 $\rho=\prod_{i\in I}\rho_i\bmod N$。

③生成验证标签。依据挑战数据块对应的数据标签生成验证标签 $T=\prod_{k\in C}T_k\bmod N$。

④生成应答消息。收藏家将最终证据 (ρ,T) 作为应答消息返回给用户。

(3)证据验证阶段。首先用户从收藏家端接收最终证据(ρ, T)，然后使用自己的私钥计算ρ^{SK}，并与T进行比较。如果两者相同，则返回 TRUE 表示挑战成功；否则，挑战失败。

(4)数据访问与共享机制。当用户提出数据b的访问请求时，收藏家依据当前系统状态从副本集合I中选择访问第x个副本节点，于是S_x返回$M_x=\{m_{x,1}, m_{x,2}, \cdots, m_{x,r}\}$。接着用户针对每一个数据分块分别计算$b_j=m_{x,j}/\psi_\kappa(i,j)$，即可得到$b$。

当其他共享用户希望访问该数据时，必须得到该用户的授权，方法是通过某种秘密途径获得密钥κ即可。

(5)数据动态更新机制。

①数据块修改。假设第y块数据发生了变化，则需要重新计算并更新所有的副本第y个数据块的内容(其他数据块不变)。对I中第i个节点而言，第y个数据块内容为$m'_{i,y}=b_y\psi_\kappa(i,y)$。

②数据块删除。假设第y块数据被删除，则只需要对I中所有副本节点i上删除对应的块$m_{i,y}$，挑战和验证时的操作无须进行任何修改。

③数据块插入。当需要在原始数据中插入新的数据块b_y时，只需要对节点i生成新的副本数据块$m_{i,y}=b_y\psi_\kappa(i,y)$，同时计算和上传对应的数据标签(其他操作不变)：

$$T_y=b_y\prod_{i\in I}\psi_\kappa(i,y)^{SK\cdot e_i} \bmod N$$

该方案的突出优势在于可以一次验证所有副本的持有性。虽然该方案牺牲了少量的存储开销，但是节约了通信开销并获得了验证效率的大幅提升。此外，该方案能够防御同谋攻击，可方便地支持更新、插入、删除等数据块级的更新操作，并可以直接应用于 Map/Reduce 模式以提高效率，具有较好的理论价值和应用前景。

5. 基于多分支认证树的多用户多副本支持动态操作的 PDP 方案

在支持动态操作和多副本环境下时，部分方案采用默克尔哈希树、跳表等树型结构来重新组织数据，支持数据动态操作，增加了访问复杂度，还存在认证过程和认证路径所需辅助信息过多等缺点。而且，在进行多副本数据存储时，CSP 通常将副本数据分别存储在位于不同地理位置的存储服务器中，确保数据的可用性和可靠性。

现有的大部分方案主要考虑优化效率(包括降低计算开销、存储开销和通信开销等)、支持动态操作和支持多副本环境等场景下的数据持有性证明方案，大多是基于单用户单份数据、单用户多副本等情况设计的方案，在多用户多副本环境下需要进行多次交互才能完成数据的持有性验证，存在计算开销和通信开销较大等问题，因此这些方案不适于多用户多副本环境的批量审计。

考虑在多用户多副本环境下，用户对远程数据的批量审计和动态操作需求，允许在动态增加认证树分支节点或孩子节点、减少认证树的深度而不影响数据签名长度的情况下进行数据签名。查雅行等[40]利用基于双线性代数映射特性的签名机制，提出一种基于多分支认证树的多副本数据持有性证明方案，通过引入多分支认证树，支持数据动态操作；通过使用随机掩码技术对密文数据分批进行随机化处理，增强了数据隐私性。满足多用户多副本环境下用户数据的批量验证。通过引入 TPA 以支持公开验证和多用户多副本的批量验证，有效降低用户端的计算开销及通信开销。

多分支认证树是一种拥有许多分支因子的签名认证树，多分支认证树中的每个节点被相对应的父节点认证，根节点验证其子节点，子节点验证它们的子节点，直到被签名的消息由对应的父节点认证。

假设群 G_1 和 G_2 是素数阶为 p 的群，g_1 和 g_2 分别为群 G_1 和 G_2 的生成元，双线性映射 $e: G_1 \times G_2 \rightarrow G_T$，抗碰撞哈希函数族 $H_k: \mathcal{M} \rightarrow \{0,1\}^s$，$\mathcal{M}$ 为消息空间，签名机制允许签名 n^l 个消息，l 和 n 为任意正整数。假设用户需要生成 100 个消息的签名，则任意取两个元素，当 $l=7$ 和 $n=2$ ($n^l=2^7>100$) 时满足签名需求，即树的分支节点为 2，树的深度为 7，存在 2^7 个认证路径，要签名 100 个消息，只需要从 2^7 个认证路径找到 100 个认证路径即可。具体签名算法如下。

用户随机选取 $\alpha_i \leftarrow Z_p$ 和 $H \leftarrow G_2$，为抗碰撞哈希函数 H_k 选择随机密钥 k。计算 $H_i \leftarrow H^{\frac{1}{\alpha_i}}$，$H_i \in G_2$，其中，$i=\{1,2,\cdots,n\}$。选取 $g \leftarrow G_1$，$\beta_0 \leftarrow Z_p$，计算 $y \leftarrow e(g,H)$，$x_0 \leftarrow e(g,H)^{\beta_0}$，则得到签名公钥为 k、H、$H_1,\cdots,H_n$、y 和 x_0；私钥为 α_1、L、α_n、β_0 和 g。每个消息与认证树中的叶子节点相关联，开始时所有叶子节点均没有被使用，对文件的第 i 个消息 $M \in \mathcal{M}$ 进行签名，签名者生成认证树的第 i 个叶子节点以及该叶子节点到根节点的路径。从叶子 x_l 到树根 x_0 的路径为 $(x_l, i_l, x_{l-1}, i_{l-1}, \cdots, i_1, x_0)$，$x_j$ 是 x_{j-1} 的第 i_j 个子节点，其中，$i_j=\{1,2,\cdots,n\}$。对认证树的所有节点 x_l，在没有被访问之前计算：$x_j \leftarrow e(g,H)^{\beta_j}$，$\beta_j \in Z_p$。只要节点 x_j 是当前签名叶子的祖先节点，需要存储秘密 β_j，β_l 在使用之后立即丢弃；x_j 的认证值为 $f_j \leftarrow g^{\alpha_{i_j}(\beta_{j-1}+\mathcal{H}_k(x_j))}$；计算 x_l 的子节点 $H_k(M)$ 的认证值：$f \leftarrow g^{\beta_l+H_k(M)}$，最终得到消息 M 的签名为 $(f, f_l, i_l, \cdots, f_1, i_1)$。

该方案使用多分支认证树对数据块进行签名认证，并按照父节点认证子节点的顺序，直至完成对相应数据块的认证。

1）系统模型

系统模型主要由客户端、云存储服务器、TPA 组成。用户将数据存储在云存储服务器中，为减少存储开销，用户将不在本地保存原始数据。用户存储的数据文件以多副本的形式存储在不同的服务器中，用户不再在本地拥有数据文件，因此，用户需要对云存储服务器中的数据进行持有性验证，确保数据的完整性和可用性。为减少用户的计算开销以及用户与云存储服务器之间的通信开销，通过引入 TPA 代替用户实施持有性验证，只需将验证结果返回给用户，其中，TPA 需要在不获取用户数据的前提下完成对数据的持有性验证。云存储服务器对多个用户的多个副本数据进行存储，需要对 TPA 发起的挑战进行应答，向 TPA 返回持有性证明的证据。

2）安全目标

假设 TPA 和云存储服务器都是"诚实但好奇"的，云存储服务器存储加密数据，但是可能会恶意窃取、篡改用户的隐私数据。为此，方案设计的基本安全目标如下。

（1）支持公开审计性。通过引入 TPA 代替用户进行审计，不仅数据的拥有者，通过用户授权后的第三方都可以对数据进行完整性验证。

（2）支持动态更新操作。能够支持数据块的插入、删除和修改等动态操作。

（3）支持隐私保护。在整个验证过程中，没有泄露用户数据的隐私信息。

（4）支持多用户多副本批量审计。满足大数据处理的需求，需要对多用户多副本数据同时进行验证，因此，方案能够做到同时对多用户多副本数据进行批量审计。

3）方案基本定义

方案主要由以下四个算法组成，定义如下。

$\text{KeyGen}(1^k) \rightarrow (\text{PK,SK})$：输入安全参数 k，输出用户的公钥 PK、私钥 SK。

$\text{SigGen}(\text{SK},F) \rightarrow \sigma$：输入文件 F、私钥 SK，输出数据块的签名集 σ。

$\text{GenProof}(F,\sigma,\text{chal}) \rightarrow P$：输入文件 F、数据块的签名集合 σ，以及生成的挑战消息 chal，输出挑战 chal 中指定数据块的完整性证据 P。

$\text{VerifyProof}(P,\text{chal}) \rightarrow \{\text{TRUE,FALSE}\}$：输入挑战消息 chal、完整性证据 P，输出验证结果，验证通过输出 TRUE，验证不通过输出 FALSE。

4）方案具体实现

假设群 G_1 和 G_2 是素数阶为 p 的群，g_1 和 g_2 分别为群 G_1 和 G_2 的生成元，双线性映射 $e: G_1 \times G_2 \rightarrow G_T$，抗碰撞哈希函数族 $\mathcal{H}_k: \mathcal{M} \rightarrow \{0,1\}^s$，$\mathcal{M}$ 为消息空间。

$\text{KeyGen}(1^k)$：本阶段主要是由用户端产生公钥和私钥。随机选取 $\beta_0, \alpha_1, \alpha_2, L, \alpha_n \leftarrow Z_p$ 和 $H \in G_2$，为抗碰撞哈希函数 H_k 选择随机密钥 k。计算 $H_i \leftarrow H^{\frac{1}{\alpha_i}}$，$H_i \in G_2$，其中，$i = \{1, 2, \cdots, n\}$。选取 $g \in G_1$，计算 $y \leftarrow e(g,H)$，$x_0 \leftarrow e(g,H)^{\beta_0}$，得到公钥 PK 为 k、H、$H_1, \cdots, H_n$、y 和 x_0，私钥 SK 为 α_1、L、α_n、β_0 和 g。

$\text{SigGen}(\text{SK},F) \rightarrow \sigma$：在标签生成阶段，由用户生成数据块签名。多分支认证树中的每个节点被相对应的父节点认证，被签名的消息由对应的叶子节点认证，并以一定的顺序来构造相应的认证路径，且没有被重复使用。

（1）用户生成数据块标签。

①对文件 F 加密后，分块处理得到 $\{m_1, m_2, \cdots, m_n\}$，分块大小为 a bit/块。

②对数据块 m_i 进行分片处理得到 $F_{m_i} = \{m_{i,1}, m_{i,2}, \cdots, m_{i,n}\}$，其中，数据分片大小为 b bit/片，$m_{i,j} = \{m_{i,1}^1, m_{i,2}^2, \cdots, m_{i,n}^{\frac{a}{b}}\}$，$1 \leqslant i$，$j \leqslant n$，生成分片数据集合为 $f_{ij} = \{m_{1,1},$

$m_{1,n}, \cdots, m_{n,n}$ }。

③假设有 K 个用户，第 k 个用户持有的文件数为 $f_{k,i,j}=\{m_{k,1,1}, m_{k,1,n}, \cdots, m_{k,n,n}\}$，$1 \leqslant i,j \leqslant n$，$1 \leqslant k \leqslant K$。

④使用随机掩码技术对分片数据进行随机化处理，得到分片数据集合 $F_{k,i,j}=\{b_{k,1,1}, \cdots, b_{k,1,n}, \cdots, b_{k,n,n}\}$，其中，$b_{k,i,j}=m^{l}_{k,i,j}+r_l$，$r_l$ 由伪随机函数生成，$r_l=f(l\|k)$，$l \in Z_p$，$1 \leqslant i \leqslant n$。

⑤为 $F_{k,i,j}$ 中的数据分片 $b_{k,i,j} \in \mathcal{M}$ 生成签名，生成认证树的分支表示分片数据的叶子节点到根节点的路径。具体计算过程如下：认证树的所有节点 x_j，在没有被访问之前计算 $x_j \leftarrow e(g,H)^{\beta_j}$，$\beta_j \in Z_p$。计算 x_{j-1} 的第 i_j 个子节点 x_j 的认证值 $f_j \leftarrow g^{\alpha_{i_j}(\beta_{j-1}+\mathcal{H}_k(x_j))}$，计算 x_l 的子节点 $\mathcal{H}_k(b_{k,i,j})$ 的认证值：$f \leftarrow g^{\beta_j+\mathcal{H}_k(b_{k,i,j})}$，数据分片 $b_{k,i,j}$ 的签名值为 $f_{b_{k,i,j}}=(f, f_l, i_l, \cdots, f_1, i_1)$。

⑥计算 $b_{k,i,j}$ 的标签值 $\sigma_{k,i,j}=\mathcal{H}_k(b_{k,i,j})H^{b_{k,i,j}}$。

⑦用户将文件 F，$F_{k,i,j}$，数据签名值 $\{f_{b_{k,i,j}}\}_{1 \leqslant i,j \leqslant n, 1 \leqslant k \leqslant K}$ 和数据标签 $\{\sigma_{k,i,j}\}_{1 \leqslant i,j \leqslant n, 1 \leqslant k \leqslant K}$ 发送给 CSP，本地删除文件和标签信息，只保存数据签名值 $f_{b_{k,i,j}}$ 和哈希值 $\mathcal{H}_k(b_{k,i,j})$。

⑧CSP 为 F 生成 c 个副本存储在不同的服务器上，根据 $\{F_{k,i,j}\}_{1 \leqslant i,j \leqslant n, 1 \leqslant k \leqslant K}$ 和 $\{\sigma_{k,i,j}\}_{1 \leqslant i,j \leqslant n, 1 \leqslant k \leqslant K}$ 生成副本数据集 $F_{k,i,u}=(F_{k,i,1}, F_{k,i,2}, \cdots, F_{k,i,c})$ 和标签集合 $\sigma_{k,i,u}=(\sigma_{k,i,1}, \sigma_{k,i,2}, \cdots, \sigma_{k,i,c})$，其中，$1 \leqslant i,j \leqslant n$，$1 \leqslant k \leqslant K$，$1 \leqslant u \leqslant c$。

⑨CSP 将含有副本数据集 $F_{k,i,u}$ 和标签集合 $\sigma_{k,i,u}$ 分别发送给对应的副本存储服务器。

（2）TPA 生成挑战标签。由 TPA 生成挑战，并将挑战消息发送给 CSP，TPA 从集合 $\{1,2,\cdots,n\}$ 中选取 e 个元素构成集合 $I=\{s_1, s_2, \cdots, s_e\}$，$1 \leqslant s_1 \leqslant \cdots \leqslant s_e \leqslant n$，对于 $i \in I$，TPA 选取一个随机数 $v_i \in Z_p$，TPA 将挑战消息 $chal=\{(i,v_i)\}_{s_1 \leqslant i \leqslant s_e}$ 发送给 CSP。

GenProof $(F, \sigma, chal)$：在证据生成阶段，CSP 生成挑战数据块的签名。

①CSP 收到挑战消息 $chal$，生成的挑战消息 $chal_u=\{\sigma_{k,i,u}, F_{k,i,u}, chal\}_{s_1 \leqslant i \leqslant s_e}$（$1 \leqslant u \leqslant c$）分别发送给对应的副本存储服务器。

②各副本存储服务器计算持有性证据：

$$\mu_u=v_i \sum_{i=s_1}^{s_e} b_{k,i,u} \quad \text{和} \quad \delta_u=\prod_{k=1}^{K} \left(\prod_{i=s_1}^{s_e} \sigma^{v_i}_{k,i,u} \right)^{\frac{1}{\alpha_k}}$$

③各副本存储服务器将持有性证据 $\{\mu_u, \delta_u\}$ 发送给主存储服务器，主存储服务器计算 $\mu=\sum_{u=1}^{c} \mu_u$ 和 $\delta=\sum_{u=1}^{c} \delta_u$。

④主存储服务器将生成的证据 $P=\{\mu, \delta\}$ 发送给 TPA。

VerifyProof $(P, chal)$ 验证阶段：TPA 收到证据 P 后，首先为每个数据块验证数

据签名 $f_{b_{k,i,j}}$，验证 $b_{k,i,j}$ 是否为挑战指定的数据块(认证树每个节点构造有顺序)，确定是否正确。

验证通过后，TPA 用 μ 和 δ 验证挑战数据块是否被正确地持有：

$$e(\delta,H) = \prod_{k=1}^{K} e\left(\prod_{u=1}^{c} \prod_{i=s_1}^{s_e} \mathcal{H}_k(b_{k,i,j})^{v_i} H^\mu, H_k \right)$$

如果等式成立，输出 TRUE，不成立输出 FLASE。

5) 数据动态操作

该方案提供的数据动态操作包括数据修改操作、数据插入操作和数据删除操作。在签名过程中，受到方案最大签名数量的限制，在实施全动态操作时，可以进行有限次数据插入操作和任意次数据删除与更新操作。

(1) 修改操作算法。假设用户请求将分片数据 $b_{k,i,j}$ 修改为 $b'_{k,i,j}$，客户端和服务器具体操作如下。

①客户端计算数据 $b'_{k,i,j}$ 的签名值 $f_{b'_{k,i,j}}$ 和数据 $b'_{k,i,j}$ 的标签值 $\sigma'_{k,i,j}=\mathcal{H}_k(b'_{k,i,j})H^{b'_{k,i,j}}$，并将生成的请求消息 Update $= (U,(k,i,j),b'_{k,i,j},\sigma'_{k,i,j})$ 发送给服务器，其中，U 为更新操作(修改)标识。

②服务器计算数据 $b'_{k,i,j}$ 的哈希值 $\mathcal{H}_k(b'_{k,i,j})$ 和签名值 $\sigma''_{k,i,j}$，根据请求消息中的位置信息 (k,i,j) 将数据 $b_{k,i,j}$ 替换为 $b'_{k,i,j}$，向客户端返回此次更新操作的证据 $P_{\text{Update}} = (\sigma''_{k,i,j},\mathcal{H}_k(b'_{k,i,j}))$。

③客户端验证 $\mathcal{H}_k(b'_{k,i,j})$ 和 $\mathcal{H}_k(b'_{k,i,j})$ 是否相等，判断更新数据的正确性；通过比较数据签名 $f'_{b'_{k,i,j}}$ 和 $f_{b'_{k,i,j}}$，以及标签值 $\sigma''_{k,i,j}$ 和 $\sigma'_{k,i,j}$ 是否相等，判断更新数据的可靠性；如果 $f'_{b'_{k,i,j}} \models f_{b'_{k,i,j}}$，并且标签值 $\sigma''_{k,i,j}=\sigma'_{k,i,j}$，客户端更新 $b'_{k,i,j}$ 的签名 $f_{b'_{k,i,j}}$ 和标签值 $\sigma'_{k,i,j}$，并将标签值发送给服务器保存。更新完成后，客户端发起一次持有性验证，如果验证通过，用户在本地删除数据 $b'_{k,i,j}$ 和标签值 $\sigma'_{k,i,j}$。

(2) 插入操作算法。假设用户在第 (k,i,j) 个数据分片后插入新的数据分片 b^*，客户端和服务器具体操作如下。

①客户端用户在构建的认证树中找到一条新的认证路径，对数据分片 b^* 进行签名得到 f_{b^*} 和数据 b^* 的标签值 $\sigma_{b^*} = \mathcal{H}_k(b^*)H^{b^*}$，并生成请求消息 Insert $=(I,(k,i,j+1),b^*,\sigma_{b^*})$ 发送给服务器。

②服务器存储新分片数据 b^* 和标签值 σ'_{b^*}，及数据 b^* 的哈希值 $\mathcal{H}_k(b^*)$，服务器通过认证树生成带有认证路径的签名 $f'_{b^*} =(f',f_{l'},i_{l'},\cdots,f_1,i_1)$；向客户端返回插入操作的证据 $P_{\text{Insert}}(f'_{b^*},\mathcal{H}_k(b^*))$。

③客户端根据数据 b^* 和插入操作证据 $\mathcal{H}_k(b^*)$，验证所插入数据的正确性；验证通过后，客户端判断数据 b^* 签名是否正确，比较 f'_{b^*} 和 f_{b^*} 是否相等；如果 f'_{b^*} 和 f_{b^*} 相等，客户端更新 b^* 的签名 f_{b^*} 和标签值 σ_{b^*}，并将 σ_{b^*} 发送给服务器存储。

更新操作完成后，客户端发起一次完整性验证，如果验证通过，用户在本地删除数据 b^* 和标签值 σ_{b^*}。

(3)删除操作算法。假设用户请求删除分片数据 $b_{k,i,j}$，客户端和服务器操作如下。

①客户端计算数据 $b_{k,i,j}$ 的签名值 $f_{b_{k,i,j}}$ 和数据 $b_{k,i,j}$ 的标签值 $\sigma_{k,i,j}= \mathcal{H}_k(b_{k,i,j})H^{b_{k,i,j}}$，向服务器发送数据删除操作的请求消息 $\text{Delete} = (D,(k,i,j),b_{k,i,j},\sigma_{k,i,j})$。

②服务器计算数据 $b_{k,i,j}$ 的哈希值 $\mathcal{H}_k(b_{k,i,j})$，验证数据 $b_{k,i,j}$ 的标签值得到 $\sigma'_{k,i,j}$，判断 $\sigma'_{k,i,j}$ 与服务器端的标签值 $\sigma_{k,i,j}$ 是否相同；如果相同，服务器直接删除数据 $b_{k,i,j}$。数据删除操作完成后，客户端发起一次完整性验证，如果验证通过，用户在本地删除数据 $b_{k,i,j}$ 的标签值 $\sigma_{k,i,j}$ 和签名 $f_{b_{k,i,j}}$。

5.3.3　支持动态操作的 POR 机制

1. 支持部分动态操作的 POR 方案

由于 POR 机制在初始化过程中，数据块参与了容错编码，更新数据块的同时必须更新相应的冗余信息，导致计算代价较高。Wang 等设计实现了第一种面向云存储的、支持部分动态操作的 POR 方案，该方案可以检测出云存储中已出现的错误，并获知云服务器中发生错误的位置。支持的动态操作包括修改、删除和追加等。具体实现如下。

f 为随机函数，φ 为随机置换函数。

1)初始化阶段

(1)随机选择一个范德蒙德矩阵 A 作为散布矩阵，经过一系列初等变化后，$A=[I|P]$。生成挑战密钥 k_{chal} 和置换密钥 K_{PRP}。

(2)生成编码文件：$G=F \cdot A=\{G^1,\cdots,G^m,G^{m+1},\cdots,G^n\}$，其中 $G^j=(g_1^j, g_2^j,\cdots,g_i^j)^{\text{T}}$，$\{G^1,\cdots,G^m\}$ 为文件 F，$\{G^{m+1},\cdots,G^n\}$ 为冗余信息。

(3)生成验证元数据：为每个服务器 $j\in\{1,2,\cdots,n\}$ 预先生成 t 个验证元数据，每个标签 i 由下式计算得来：

$$v_i^j = \sum_{q=1}^r \alpha_i^q \times G^{(j)}[\varphi_{k_{\text{prp}}^i}(q)], \quad 1\leqslant i\leqslant t$$

式中，$\alpha_i= f_{k_{\text{chal}}}(i)$；$k_{\text{prp}}^i \leftarrow K_{\text{PRP}}$。

(4)屏蔽冗余信息 $\{G_{m+1},\cdots,G_n\}$：$g_i^j \leftarrow g_i^j + f_{k_j}(s_{ij})$，$1\leqslant i\leqslant t$。

(5)将 G 存入云服务器中，本地保存和认证元数据 $\{v_i^j\}_{1\leqslant j\leqslant n,1\leqslant i\leqslant t}$ 和 P。

2)验证阶段

(1)验证者重新生成 $\alpha_i= f_{k_{\text{chal}}}(i)$，$k_{\text{prp}}^i \leftarrow K_{\text{PRP}}$，并将其发送给云服务器。

(2)服务器计算响应集合：$\{ R_i^j = \sum_{q=1}^{r} \alpha_i^q \times G^j[\varphi_{k_{prp}^i}(q)]$，$1 \leqslant j \leqslant n\}$，并将其返回给验证者。

(3)接收到响应集合后，去除冗余信息的屏蔽值 $R^j \leftarrow R^j - \sum_{q=1}^{r} f_{k_j}(s_{I_q,j}) \cdot \alpha_i^q$，$I_q = \varphi_{k_{prp}^i}(q)$，根据本地存储的 P，判断下式是否成立：

$$(R_i^1, \cdots, R_i^m) \cdot P \stackrel{?}{=} (R_i^{m+1}, \cdots, R_i^n)$$

(4)若不成立，继续比较 $R_i^j \stackrel{?}{=} v_i^j$，不相等则表明服务器 j 上的文件已损坏。

3)动态更新操作

$F' = (\Delta F_1, \Delta F_2, \cdots, \Delta F_m)$，用 ΔF_i 表示数据内容发生变化的块，当数据没有改变时，$\Delta F_i = 0$。根据初始化阶段的第(2)～(4)步，重新生成已发生变化验证元数据。之后更新云中的数据文件。对于删除操作，令 $\Delta F_i = -F_i$。该方案不能支持插入操作。

该方案预先利用 Reed-Solomon 纠错码的生成验证元数据，并将其存储在本地。验证请求时，服务器利用纠错码的线性特性将多个响应聚集成较小的集合。验证者通过返回的证据重新生成验证元数据，比对本地存储的验证元数据，判断文件是否正确。若不正确，通过线性变换可以获得数据出错的位置信息。很明显，该机制是一种私有的 POR 验证机制，且只能进行有限次的数据完整性检测。Chen 和 Curtmola[41]考虑采用 Cauchy-Reed-Solomon 纠错码来替换初始化阶段中的 Reed-Solomon 纠错码，可以提高编码阶段的执行效率。

2. 基于喷泉码的 POR 方案

喷泉码是一种无固定码率的纠错编码，具备一定的纠错能力，但是当其本身存在篡改时喷泉码无法定位篡改的位置，因此译码复杂度高。卢比变换码(Luby transform code，LT-Code)虽然译码复杂度低，但是当第一个节点被篡改时整个译码均发生错误，并且有可能面临无法译码的问题。快速的旋风码(raptor code)由 LT-Code 与其他纠错码级联而成，主要用于解决无法找到度为 1 的节点导致译码失败的问题。Sarkar 和 Safavi-naini[42]提出了一种基于喷泉码的 POR 方案，该方案支持无限次验证，但是没有解决无法定位错误和译码错误等问题。

针对上述问题，彭真等[43]提出了一种基于喷泉码的数据恢复系统，可以对存储在云端的数据进行持有性验证，一旦发现数据被篡改，可以立即要求服务器定位篡改数据并监督服务器完成数据恢复；同时该系统也支持数据更新操作。系统首先采用喷泉码对文件进行编码，确保一定篡改比例下的数据可恢复，除采用数据的自校验方法进行篡改检测外，同时计算每个数据块的哈希值用以定位篡改数据；关于数据译码问题则采用搜索策略确保以高概率完整译码，其次采用 Ateniese 等提出的高效的基于对称密钥的数据可持有性证明方案确保服务计算的运算效率；最后采用块更新策略降低数据更新过程中的通信复杂度。

1) 整体设计

系统由用户和服务器共同组成，分为数据编码、数据验证与数据恢复三个阶段。在数据编码阶段，用户对原始数据采用喷泉码进行编码，并计算各码块的哈希值。在数据验证阶段，用户首先要做些初始化工作，计算持有性验证相关的标签，后续才能使用标签验证服务器是否正确无误地持有其数据。一旦验证失败，用户将要求服务器进行数据恢复。在数据恢复阶段，服务器首先自提取有效的数据进行译码，然后对恢复的数据进行验证，验证完毕后再等待用户对译码后的数据进行确认，最后对其余被篡改的数据进行恢复。三个阶段用户的工作量逐渐减少，除数据编码仅由用户自身单独完成外，数据验证与数据恢复均需要用户与服务器共同协作。根据实际情况，假定云服务提供商是半可信的，即服务器本身对用户不存在敌意，不会主动删除用户数据；系统仅应对外来攻击或者篡改。下面分别从数据编码、数据验证和数据恢复三个方面进行介绍。

2) 数据编码

引入基于喷泉码的分块编码存储概念，首先将文件 F 分割成数据块 D_1，$D_2, \cdots, D_k$，然后利用编码矩阵 G（其中 G 是 $k \times n$ 的矩阵且 $n > k$，由 $G_1, G_2, \cdots, G_n$ 构成）逐次对原始信息 D_i 编码成码元 $C_i (C_i = D_i G)$。译码时从码 C 中随机选取 k 个码元组合成译码元 Q，并从 G 中选取相应的编码矩阵按顺序组合成译码矩阵 P，根据 $D = QP^{-1}$ 即可得到原始信息。下面详细介绍喷泉码的编码及译码模型。

(1) 喷泉码编/译码。若 $D_{m \times k} G_{k \times k} = C_{m \times k}$，且 G 可逆，则 $D = CG^{-1}$。当 G 为 $k \times n$（其中 $n > k$）的矩阵时，$D_{m \times k} G_{k \times n} = C_{m \times n}$，$D = (D_1, D_2, \cdots, D_k)$，$D_i = (d_{i1}, d_{i2}, \cdots, d_{im})^T$，$G = (G_1, G_2, \cdots, G_n)$，$G_i = (g_{1i}, g_{2i}, \cdots, g_{ki})^T$，$C = (C_1, C_2, \cdots, C_n)$，$C_i = (c_{1i}, c_{2i}, \cdots, c_{mi})^T$，由于 $c_{ij} = \sum\limits_{h=1, u=1}^{h=k, u=m} d_{hi} g_{uj}$，所以在 C 中任取 k 列组成译码元 Q，在 G 中取相应的 k 列组成译码矩阵 $P_{k \times k}$，因此只要 P 可逆，则有 $D = QP^{-1}$。当前面临的主要问题是如何使编码矩阵 G 中任取 k 列所组成的译码矩阵 P 可逆。范德蒙德矩阵即满足任意 k 列所组成的方阵可逆，只要满足 α_i 不相等且不为 0 即可。设 $V = (\alpha_1, \alpha_2, \cdots, \alpha_n)$，若 $\alpha_i \neq 0 (i \in \{1, 2, \cdots, n\})$，且 $\alpha_i \neq \alpha_j (i \neq j)$，那么令

$$G = \begin{bmatrix} \alpha_1^0 & \alpha_2^0 & \cdots & \alpha_n^0 \\ \alpha_1^1 & \alpha_2^1 & \cdots & \alpha_n^1 \\ \vdots & \vdots & & \vdots \\ \alpha_1^{k-1} & \alpha_2^{k-1} & \cdots & \alpha_n^{k-1} \end{bmatrix}$$

因此由任意的 k 列所组成的方阵可逆。理论上只要 k 足够大，就能对任意大的

文件进行编码。但是随着 k 的增大，α_i^k 的值呈指数增长。假如存储字符集为 $0\sim255$ 中的元素，数据被分成 8 个数据块，并且 G 是 8×10 的矩阵，那么 G 中每个元素所需的位宽为 1bit 位，是待存储字符集元素长度的 2.9 倍，因此导致了存储空间上的浪费。以高概率从 G 中选取任意 k 阶可逆，而且根据随机线性喷泉从 $k\times(k+\varepsilon)$ 二值矩阵中提取一个 k 阶方阵可逆的概率为 $1-\sigma$，其中 $\sigma=2^{-\varepsilon}$，当 $\varepsilon=4$ 时译码失败的概率为 0.0625，因此采用二值矩阵作为编码矩阵。

　　喷泉码一般模型如图 5-5 所示，图 5-5(a)表示编码过程，数据信息元 D 经编码矩阵 G 编码成码元 C，并将相应的码元与编码矩阵组成码块 $\text{Block}_i=<C_i,G_i>$。从图 5-5 可知，码元 C 的列数大于原始信息元 D，因此经过编码后的码元 C 实际上是对原始信息元进行的一个线性扩展。理想情况下，编码好的数据只需按照相应的码块存储，当需要恢复原始数据时只需译码即可。如图 5-5(b)所示，译码过程是任意从 n 个码块中选择 k 个码块，选取的码元子集组成译码元 Q，按照对应的顺序将编码矩阵子集组成译码矩阵 P，根据 $D=QP^{-1}$ 即译码公式得到原始数据 D。

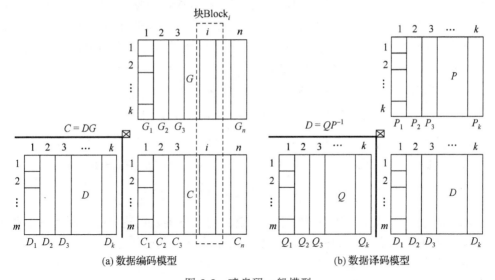

图 5-5　喷泉码一般模型

　　然而存储在云端的数据并非那么理想，存在许多其他方面的因素，如存在恶意篡改或者介质本身有问题等，因此用户并不十分相信服务器完整地存储了用户数据。为了使用户相信数据被完整地存储在服务器中，下一步将计算数据的哈希值对数据的完整性进行验证，同时还可以实现错误定位。

　　虽然喷泉码具备检错能力，但是本身无法定位篡改数据的位置，因此当有部分数据被篡改时译码效率大大降低。该系统通过计算各码块的哈希值对存储的数据进行错误定位。

(2)哈希值计算。如果数据块中有数据被篡改，那么服务器只需重新计算数据的哈希值并与存储的数据块的哈希值比较即可辨别篡改数据。用户若想采取此方法验证存储在服务器中的数据是否完整，则必须下载足够多的数据块。从通信复杂度考虑，此方法不适合远程数据校验。根据服务原则，此处数据的甄别由服务器自行计算。若服务器本身无法甄别篡改数据，那么服务器应该更不可能成功地响应用户对服务器发起的挑战。若服务器无法通过数据持有性检测，同时无法甄别篡改数据，用户才给予有效指导。

3) 数据验证

Ateniese 等提出的数据持有性证明方案具有检错概率高和数据校验与文件大小无关的特点，所以该方案采取此方法验证数据的完整性。数据持有性证明由建立和验证(挑战)两个阶段组成，下面分别介绍标签建立和数据验证(挑战)的具体实现方法。

(1)标签建立。首先将数据经喷泉码编码分成 n 个数据块，然后计算三个主密钥 Key_1、Key_2 和 Key_3，并设置"挑战-应答"次数 t 和每次挑战的数据块数量 s(其中 $s= k+\varepsilon$，$\varepsilon=-\ln\sigma$，σ 为译码失败的概率)。最后为每次应答计算验证标签，并将编码后的数据块、哈希值和加密验证标签存储于服务器。第 i 个验证标签的计算步骤如下。

①使用函数 f 计算第 i 个预处理密钥 PK_i，使用函数 h 计算索引预处理密钥 CK_i，其中 f 和 h 均使用 AES 加密函数：$PK_i = f_{Key_1}(i)$，$CK_i= f_{Key_2}(i)$。

②使用索引预处理密钥 CK_i 和伪随函数 g 计算数据块索引 I_j：

$$I_j= g_{CK_i}(j)，\ I_j \in \{1,2,\cdots,t\}，\ 1 \leqslant j \leqslant n$$

③计算第 i 次待加密标签 tag_i 并使用函数 AES 对其加密：

$$tag_i=\mathrm{Hash}(PK_i,\mathrm{Block}(I_1),\mathrm{Hash}(\mathrm{Block}(I_1)),\cdots,\mathrm{Block}(I_s),\mathrm{Hash}(\mathrm{Block}(I_s)))$$

$$tag'_i = \mathrm{AES}_{Key_3}(i,tag_i)$$

(2)数据验证。第 i 次挑战过程中用户首先向服务器发送建立阶段所计算的两个预处理密钥 PK_i 和 CK_i；服务器利用 PK_i 和 CK_i 计算得到待加密标签 tag_i，并将存储的加密验证标签 tag'_i 发送给用户，用户利用服务器返回的标签译码，如果解密成功则认为验证成功，否则验证失败。

用户根据服务器的反馈信息可以验证服务器是否正确地拥有完整的数据。整个挑战过程中用户计算开销可以忽略不计。但考虑到存储过程中存在介质失效或者篡改数据而通过验证的可能，因此有必要对数据完整性检测的概率进行分析。

检测过程中，由于正确的检测对系统无影响，所以只分析误检测的概率。假定用户部分数据被篡改且通过验证的概率为 P_{esc}，有 $P_{esc}=(1-t/n)^s$。其中，t 表示被删除或者被篡改的数据块的数量，n 表示数据块的总数，s 表示验证数据的块数。当删除或者篡改比率 $t/n =1\%$，$s=512$ 时，$P_{esc} \leqslant 0.6$。s 越大，误检测的概率越小。系统中

验证数据量 $s=k+\varepsilon$，在确保验证效率的同时也能够确保以高概率恢复原始数据；然而系统也必须考虑数据验证失败的情况，当数据验证失败时服务器将对数据进行恢复。

4）数据恢复

当用户验证失败时立即向服务器提供错误反馈信息 k（k 表示原数据块大小，即恢复或者译码最少所需的数据块）；服务器则立即使用存储的哈希值与数据块进行验证，如果验证通过则认为该码块没有被篡改，否则认为该码块被篡改。服务器统计验证通过的码块的数量 v，如果 $v<k$ 则认为无法进行数据恢复，否则利用完整的码块再次进行篡改检测。

（1）篡改检测。假定编码前的数据信息 D 是完好无误的，那么其相应的码元 C 也是正确的，因此只考虑编码后相应的数据信息发生篡改的情况，不论编码矩阵 G 还是码元 C 都有可能被篡改。

若部分码元 C 被篡改，ΔC 为篡改部分，新码元 C^* 可表示为 $C^*=C+\Delta C$；当 C 中第 i 行发生篡改时，相应地，Q 中第 i 行也可能发生篡改，假定 ΔQ 为 Q 中所包含的篡改信息，即 $Q^*=Q+\Delta Q$，那么相应的译码过程 $D^*=Q^*P^{-1}=(Q+\Delta Q)P^{-1}=D+\Delta D$（其中 ΔD 为译码过程中所包含的篡改信息），因此译码得到的信息 D^* 所包含的 k 个块在第 i 个元素均发生篡改；当 G 中有数据发生篡改时，$P^*=P+\Delta P$，ΔP 为 P 所包含的篡改信息，相应地，有 $D^*=Q(P^*)^{-1}=Q(P+\Delta P)^{-1}=D+\Delta D$；当 C 和 G 中均有数据发生篡改时，相应地，有 $D^*=Q^*(P^*)^{-1}=(Q+\Delta Q)(P+\Delta P)^{-1}=D+\Delta D$，即译码结果为 D^*，因此有必要采取篡改检测。检测原理如下：由于 $DG=C$ 随机地从数据中选择不同于译码元 Q 的正确校验码块 $Block_{k+1}$，比较 DG_{+1} 与 C_{k+1} 即可，当 $DG_{+1}=C_{k+1}$ 时认为译码数据中不存在篡改，否则认为存在篡改。

服务器接收用户发出的反馈参数 k，并计算数据块的哈希值得到正确的码块集 S，再从集合 S 中选出 $k+1$ 个数据块进行自校验，如果篡改检测成功，则对 $k+1$ 个数据块 Sleaf 值进行哈希计算，并将索引顺序和哈希值传送给用户；用户根据服务器的索引序列及 Uleaf 自行计算哈希值并进行验证。

如果验证成功，用户则将新编码矩阵 G_{n+1} 发送给服务器，服务器使用译码结果再结合 G_{n+1} 进行编码，并计算最终编码后的码元的哈希值将其发送给用户，用户校验最终结果。如果验证失败，要求服务器再次验证，服务器将集合 S 中码块的顺序及哈希值发送给用户，用户比较对应码元的哈希值，如果验证完整的数量大于 k，则将比较结果和 G_{n+1} 发送给服务器，否则报告失败。用户自行计算哈希值并对比服务器计算结果，如果一致则认为译码成功并发出指令要求服务器对篡改后的数据进行恢复，否则译码失败。

（2）检错概率分析。在错误检测过程中存在四种情况：正确的肯定、错误的否定、正确的否定和错误的肯定，其中误码发生在正确的否定和错误的肯定两种情况下。

为了便于分析，将矩阵检验过程看成在一个长度为 n 的组合中随机抽样的过程，

即从 n 长码字中取 $k+1$ 个码字完成检验，排列中的每个元素有 2^τ 个值可取，即码字的值的集合个数 $q=2^\tau$。从有 e 个错误元素的组合 n 中取出的 $k+1$ 个元素组成的排列完全正确的概率为 P_r，取出 $k+1$ 个元素组成的排列有 m 个错误的概率为 P_m，那么 $P_r=C_{n-e}^{k+1}/C_n^{k+1}$，$P_m=C_e^m C_{n-e}^{k+1-m}/C_n^{k+1}$。

假定 x 代表译码信息，C 代表码元，那么 $p(x|C)$ 表示译码信息 x 属于码元 C 的概率；相反地，$1-p(x|C)$ 表示译码信息 x 不属于码元 C 的概率。译码信息 D^* 与信息元 D 的差距记作 ΔQ，即 $\Delta Q=D^*-D$，当 $\Delta Q=0$ 时认为译码无误，否则认为译码有误。因此在校验正确的条件下被判定为错误的概率 P_{pneg} 和在校验错误的条件下被判定为正确的概率 P_{fpos} 可分别表示为

$$P_{pneg}=P_r\{\Delta Q\neq0|D=QP^{-1}\}, \quad P_{fpos}=\Pr\{\Delta Q=0|D^*=Q^*P^{-1}\}$$

挑选 $k+1$ 个元素完全正确但检测为错误的概率 P_{pneg}，以及挑选的 $k+1$ 个元素中有 m 个错误元素却被检测正确的概率 P_{fpos} 的计算公式分别为

$$P_{pneg}=1-\frac{1}{q^{k+1}}, \quad P_{fpos}=\frac{1}{C_{k+1}^m\times(q-1)^m}$$

因此误检测的概率 P_{er} 满足：

$$P_{er}=P_r P_{pneg}+P_m P_{fpos}=\frac{C_{n-e}^{k+1}}{C_n^{k+1}}\left(1-\frac{1}{q^{k+1}}\right)+\sum_{m=1}^{\min\{e,k+1\}}\left(\frac{C_e^m C_{n-e}^{k+1-m}}{C_n^{k+1}}\frac{1}{C_{k+1}^m\times(q-1)^m}\right)$$

根据上式可知，当 n、k 一定时，P_{er} 与篡改数量 e 成反比；当 n、e 一定时，P_{er} 与 k 成反比；当 k、e 一定时，P_{er} 与 n 成正比。例如，当 $k=5,e=2,n=9,q=256$ 时，误检测的概率为 0.083661。P_{er} 随 e 的增长呈指数增长，因此可以根据要求设计参数使误检测概率降低为 10^{-3} 左右。但是由于挑战过程中服务器应答失败，要对数据进行恢复仍需要用户指导并进行验证。

(3)错误定位与数据恢复。如果服务器篡改检测验证无误，那么服务器将按验证通过的数据块组合起来并计算 $VerS_1$：

$$VerS_1=\text{Hash}(\text{Sleaf}_{I_1},\text{Sleaf}_{I_2},\cdots,\text{Sleaf}_{I_k}), \quad I_i\in\{1,2,\cdots,n\}, \quad i\in\{1,2,\cdots,k\}$$

式中，Sleaf_{I_i} 是服务器中第 i 个码块所对应的哈希值。服务器将 $VerS_1$ 与索引序列返回给用户，再由用户根据有序索引集 Sub 和本身存储的哈希值 $\text{Uleaf}_i=\text{Hash}(\text{Block}_i)$ 计算 $VerU_1=\text{Hash}(\text{Uleaf}_i)$（$i\in$ Sub）进行验证；当验证成功时用户发送指令要求服务器恢复被破坏的数据块。当用户再次验证失败时，服务器将通过本地验证的数据块的块号 i 对应的哈希值 Sleaf_i 发送给用户，用户再次验证做出应答。验证过程中用户将从服务器得到的数据与对应的哈希值进行异或并统计验证完整的码块，若统计正确的数量小于 k 则认为数据无法恢复，否则将索引号和编码矩阵发送给服务器；服务器利用从用户接收到的索引数据块进行译码并再

次编码，将计算编码后码元的哈希值发送给用户，如果协助校验正确则对数据进行更新，否则数据恢复失败。

数据修复过程中服务器随机产生新的随机矩阵 G，并编码 $C_{n+i}=DG_{n+i}$（其中 $1\leqslant i\leqslant n$），将 G_j 与 C_j 组成新数据块 $Block_j=\{G_j,C_j\}$（其中 $j>n+1$）代替被篡改数据，并重新计算数据块的哈希值更新对应的 $Sleaf(i)$。服务器将整个数据修复完毕后，将更新的数据块的哈希值发送给用户，用户同时也对哈希值进行更新。

5) 数据更新策略

由于系统采用喷泉码编码，第 i 行编码的数据仅与第 i 行有关，若以列为单位进行数据更新，则所有元素将全部重新编码。由此可知数据按行更新具有更低的计算复杂度，因此系统中数据以行为单位更新。

数据插入时用户和系统的操作步骤如下：首先由用户插入待更新的数据并计算插入数据长度和插入数据位置，如果插入数据长度不为 k 的整数倍，则填充数据使数据长为 k 的整数倍；然后对存在数据插入的行进行编码，并将编码后的数据重新插入码元 C 的第 i 行；紧接着计算各码块的哈希值和恢复校验码块；最后重新计算验证标签并将待插入数据和待插入位置及新的码块对应的哈希值和待验证标签上传至服务器。服务器根据从用户接收的数据，将待更新码元插入指定位置并更新各码块的哈希值和待验证标签。

删除数据时用户和服务器的操作步骤如下：首先由用户删除数据并计算删除数据长度和位置，如果删除第 i 行所有数据，那么只需将码元中的第 i 行数据删除；否则将待删除数据从第一个元素开始使用 0 填充，重新对第 i 行数据进行编码并插入码元的第 i 行。然后计算各码块的哈希值、待验证标签与恢复校验码块。最后将新的码块对应的哈希值和验证标签上传至服务器。服务器根据从用户接收的数据删除码块中第 i 行或者重新替换第 i 行中的数据，更新对应码块的哈希值和待验证标签。

该方案采用喷泉码对数据进行编码，采用数据自校验及哈希校验定位篡改位置并提高译码效率。但是该系统也存在不足，如公开审计和无限次验证，因此下一步工作是如何在较低计算度下支持公开审计和无限次验证。

5.4　本　章　小　结

本章首先分析了完整性的概念，对可信云存储中的数据完整性证明的机制、数据完整性证明的研究现状进行了总结和讨论。然后针对静态数据和动态数据的完整性证明问题，分别从 PDP 和 POR 两个方面，依据不同需求与场景讨论了私有验证、公开验证、多副本验证以及多用户验证方案等内容。

参 考 文 献

[1] 秦志光, 王士雨, 赵洋, 等. 云存储服务的动态数据完整性审计方案. 计算机研究与发展, 2015, 52: 2192-2199.

[2] 谭霜, 贾焰, 韩伟红. 云存储中的数据完整性证明研究及进展. 计算机学报, 2015, 38: 164-177.

[3] 秦志光, 吴世坤, 熊虎. 云存储服务中数据完整性审计方案综述. 信息网络安全, 2014, (7): 1-6.

[4] Deswarte Y, Quisquater J, Saidane A. Remote integrity checking//Integrity and Internal Control in Information Systems VI. Berlin: Springer-Verlag, 2003: 1-11.

[5] Oprea A, Reiter M, Yang K. Space-efficient block storage integrity//Network and Distributed System Security Symposium, San Diego, 2005.

[6] Filho D, Barreto P. Demonstrating data possession and uncheatable data transfer. IACR Cryptology, 2006: 150.

[7] Sebé F, Martínez-Ballesté A, Deswarte Y, et al. Time-bounded remote file integrity checking. Technical Report, LAAS-CNRS, 2004.

[8] Schwarz T, Miller E. Store, forget, and check: Using algebraic signatures to check remotely administered storage//The IEEE International Conference on Distributed Computing Systems, Lisboa, 2006: 12.

[9] Ateniese G, Burns R, Curtmola R, et al. Provable data possession at untrusted stores//The 14th ACM Conference on Computer and Communications Security, Alexandria, 2007: 598-609.

[10] Juels A, Jr Burton S K. PORs: Proof of retrievability for large files//The 14th ACM Conference on Computer and Communications Security, Alexandria, 2007: 584-597.

[11] Shacham H, Waters B. Compact proofs of retrievability//The 14th International Conference on the Theory and Application of Cryptology and Information Security, Melbourne, 2008: 90-107.

[12] Ateniese G, Pretio R, Mancini L, et al. Scalable and efficient provable data possession//The 4th International Conference on Security and Privacy in Communication Network, Istanbul, 2008: 1-10.

[13] Erway C, Küpcü A, Papamanthou C, et al. Dynamic provable data possession//The 16th ACM Conference on Computer and Communications Security, Chicago, 2009: 213-222.

[14] Wang C, Wang Q, Ren K, et al. Ensuring data storage security in cloud computing//The 17th International Workshop on Quality of Service, Charleston, 2009: 1-9.

[15] Wang Q, Wang C, Li J, et al. Enabling public verifiability and data dynamics for storage security in cloud computing//The 14th European Symposium on Research in Computer Security,

Saint-Malo, 2009: 355-370.

[16] Wang C, Wang Q, Ren K, et al. Privacy-preserving public auditing for data storage security in cloud computing//The IEEE International Conference on Computer Communications, San Diego, 2010: 362-375.

[17] Wang Q, Wang C, Ren K, et al. Enabling public auditability and data dynamics for storage security in cloud computing. IEEE Transactions on Parallel and Distributed Systems, 2011, 22: 847-859.

[18] Zhu Y, Hu H, Ahn G, et al. Cooperative provable data possession for integrity verification in multi-cloud storage. IEEE Transactions on Parallel and Distributed Systems, 2012, 23: 2231-2244.

[19] Zhu Y, Wang H, Hu Z, et al. Dynamic audit services for integrity verification of outsourced storages in clouds//The ACM Symposium on Applied Computing, Taichung, 2011: 1550-1557.

[20] Yang K, Jia X. An efficient and secure dynamic auditing protocol for data storage in cloud computing. IEEE Transactions on Parallel and Distributed Systems, 2013, 24: 1717-1726.

[21] Ni J, Yu Y, Mu Y, et al. On the security of an efficient dynamic auditing protocol in cloud storage. IEEE Transactions on Parallel and Distributed Systems, 2014, 25: 2760-2761.

[22] 谭霜. 面向云存储的数据完整性验证技术研究. 长沙: 国防科技大学, 2014.

[23] 陈龙, 肖敏, 罗文俊, 等. 云计算数据安全. 北京: 科学出版社, 2016.

[24] Boneh D, Lynn B, Shacham H. Short signatures from the Weil pairing//The 7th International Conference on the Theory and Application of Cryptology and Information Security, Gold Coast, 2001: 514-532.

[25] Boneh D, Gentry C, Lynn B, et al. A survey of two signature aggregation techniques. Crytobytes, 2003, 6: 1-10.

[26] 付安民, 秦宁元, 宋建业, 等. 云端多管理者群组共享数据中具有隐私保护的公开审计方案. 计算机研究与发展, 2015, 52: 2353-2362.

[27] 韩德志, 杜周杰, 毕坤. 云存储中数据持有性证明方法研究. 计算机研究与发展, 2015, 52: 35-42.

[28] 王宏远, 祝烈煌, 李龙一佳. 云存储中支持数据去重的群组数据持有性证明. 软件学报, 2016, 27: 1417-1431.

[29] Curtmola R, Khan O, Burns R. Robust remote data checking//The 4th ACM International Workshop on Storage Security and Survivability, Alexandria, 2008: 63-68.

[30] 王惠峰, 李战怀, 张晓, 等. 云存储中支持失效文件快速查询的批量审计方法. 计算机学报, 2017, 40: 1-15.

[31] Shacham H, Waters B. Compact proofs of retrievability. Journal of Cryptology, 2013, 26: 442-483.

[32] 付艳艳, 张敏, 陈开渠, 等. 面向云存储的多副本文件完整性验证方案. 计算机研究与发展, 2014, 51: 1410-1416.

[33] Gritti C, Susilo W, Plantard T. Efficient dynamic provable data possession with public verifiability and data privacy//The 20th Australian Conference on Information Security and Privacy, Brisbane, 2015: 395-412.

[34] 周恩光, 李舟军, 郭华, 等. 一个改进的云存储数据完整性验证方案. 电子学报, 2014, 42: 150-154.

[35] Bowers D, Juel A, Oprea A. HAIL: A high-availability and integrity layer for cloud storage//The 16th ACM Conference on Computer and Communications Security, Chicago, 2009: 187-198.

[36] Hao Z, Yu N. A multiple-replica remote data possession checking protocol with public verifiability//The 2nd International Symposium on Data, Privacy, and E-Commerce, Buffalo, 2010: 84-89.

[37] He J, Zhang Y, Huang G, et al. Distributed data possession check for securing multiple replicas in geographically-dispersed clouds. Journal of Computer and System Sciences, 2010, 78: 1345-1358.

[38] Barsoum A, Hasanm A. On verifying dynamic multiple data copies over cloud servers. IACR Cryptology, 2011.

[39] 付伟, 吴晓平, 叶清, 等. 一种基于公钥分割的多副本持有性证明方案. 计算机研究与发展, 2015, 52: 1672-1681.

[40] 查雅行, 罗守山, 卞建超, 等. 基于多分支认证树的多用户多副本数据持有性证明方案. 通信学报, 2015, 36: 80-91.

[41] Chen B, Curtmola R. Robust dynamic remote data checking for public clouds//The ACM Conference on Computer and Communications Security, Raleigh, 2012: 1043-1045.

[42] Sarkar S, Safavi-Naini R. Proofs of retrievability via fountain code//The 5th International Conference on Foundations and Practice of Security, Montreal, 2013: 18-32.

[43] 彭真, 陈兰香, 郭躬德. 云存储中基于喷泉码的数据恢复系统. 计算机应用, 2014, 34: 986-993.

第6章 可信云存储中的数据可用性保护

数据可用性是数据安全需求三元组之一，其目标是确保授权用户能够及时可靠地访问或使用数据信息。为了保护数据的可用性，一方面可信云存储服务提供商需要采取数据安全保障措施，防止由于系统漏洞、人为破坏等可控因素导致的数据丢失或服务器宕机；另一方面可信云存储服务提供商需要采取一定的技术手段，确保在由于自然灾害等不可控因素导致数据丢失或服务器宕机之后可以迅速地恢复用户数据和重新开始云服务。可信云存储中保护数据可用性的技术手段主要有多副本技术和灾难备份技术等。

6.1 多副本技术

多副本技术是预防由于硬件故障或者其他因素导致数据丢失的有效技术手段，其基本思想是将数据存储在不同的存储节点上。随着多副本技术的发展，现今多副本技术不仅仅是为了防止数据丢失，也是为了提高数据读写速度，为数据容灾做技术支撑，提升数据的可用性。在实施多副本技术时，需要考虑何时何地创建副本、怎样选择最佳副本并快速定位进行访问、哪些副本可以删除、如何保证副本之间的一致性等诸多问题。在传统的分布式系统中，已经有很多成熟的技术来应对上述问题，由于云存储具有多种部署方式，且不同的云用户对云数据安全有不同的需求，云存储中的多副本技术需要在传统技术的基础上，综合云平台特性和客户需求进行优化。

6.1.1 可信云存储中的多副本技术

多副本是利用物理存储资源对数据进行备份。云存储是将互联网上不同结构不同类型的存储设备通过应用软件集合起来，利用集群应用、网格技术或分布式文件系统等功能，提供对外数据存储和业务访问等服务。云存储可以指云计算的存储部分，即虚拟化的、易于扩展的存储资源池。云存储也意味着存储可以作为一种服务，通过网络提供给用户。换句话说，云存储并非传统意义上的硬件设备，而是一种基于硬件存储资源、网络设备、应用软件和接入口等一系列的复杂网络服务系统。

传统环境下实施多副本管理技术时，一般需要考虑运行系统负载、存储终端效率、网络状况、副本尺寸大小、副本放置位置、创建副本的最佳时机、创建副本的数量和副本一致性等因素。在云存储环境中实施多副本管理技术时，除了考虑上述因素之外，还需要考虑地理位置、用户的访问特征等因素。因此，云存储中的多副本管理不仅要依赖于传统的多副本管理技术，还要针对云中的不同应用来对相关技术进行优化。优秀的副本管理策略直接影响用户体验。海量数据云存储的环境下的多副本创建问题、选择策略、动态迁移技术和多副本一致性则成为重点方向。

云存储下的副本选择则比较复杂，而且是其他副本管理的基础。它的选择预测直接影响到副本创建时的放置策略，动态迁移时迁移哪个副本，副本一致性检测时使用哪些副本进行校验。和传统选择技术一样要考虑地域分布、网络负载均衡等综合因素对访问性能的限制，还要对访问历史记录进行分析决策[1]。

云存储下的多副本创建主要考虑创建粒度和放置位置。对于使用云端服务的用户，其数据量必然是大量的，甚至海量数据。最初创建副本时，结合副本选择预测算法预测出热点位置，并创建合理的副本数量。这可以保证大量的数据在多个数据中心的数据之间畅通传输。

目前关于如何保障云存储中多副本间的一致性问题还没有成熟的技术，但已经有了一些研究成果。Wang 等[2]提出了一种基于应用的多副本一致性方案，方案中根据应用程序的访问频率和更新频率，将应用一致性分为四类并设计出了对应的一致性策略；各个应用程序在运行时会自动选择最合适的策略，以实现一致性、可用性和高性能之间的动态平衡。评价结果表明，该机制在保证数据一致性的同时还降低了操作带来的负载消耗。Islam 和 Vrbsky[3]提出了一种基于树的多副本一致性方案，减小副本服务器对于引入云数据库的部分一致和完全一致的状态的依赖关系。保证从主服务器到所有副本服务器都在最可靠路径上。因此，事务失败的概率大大减少，这有助于提高不可靠的网络性能并使吞吐量均匀。

云存储下的动态迁移技术则更多的是结合虚拟化技术应用。动态迁移和多副本技术可以简单理解成计算机中的剪切与复制技术。如何选择合适的节点做数据的容灾备份或者热点迁移地址，并且在保证服务不中断的情况下迅速进行数据转移。尤其在云存储下，用户会产生不同的用户需求，如实时动态迁移、延迟删除与线下删除等。而且在云存储下的副本数据是海量存储的，分布式的文件系统将海量数据分割成较小的数据，但需要处理的数据量依然很大。如果立即删除会给系统突发地带来相当大的负载，可能会降低用户任务的响应速度，可将删除任务分割成很多很小的任务，分批地提交给系统定时线下处理。Elmore 等[4]提出一种弹性云平台下的动态迁移技术，有效地进行非共享事务实时数据库迁移。Gao 和 Diao[5]提出的一种懒惰更新算法是分隔云的数据复制和数据访问的过程，从而提高数据访问的吞吐量和缩短响应时间。多副本技术在云存储下应用也更多讨论的是副本动态迁移问题，充分利用了上述提到的几种技术策略，综合性较强。

6.1.2　多副本管理方案

1. 基于纠删码的动态副本方案

目前，云存储中数据冗余存储技术主要包括副本冗余和纠删码冗余两种技术。副本冗余存储设计简单，支持高并发访问，但消耗空间大；纠删码机制虽然能够节省存储开销，但造成了读数据性能的下降。郑志蕴等[6]在分析现有冗余存储方案的基础上，从存储开销和访问质量等方面考虑，提出一种基于纠删码的动态副本冗余存储(dynamic replication based on erasure codes，DRBEC)方案，将纠删码策略和副本策略合理结合，在尽量减小空间消耗的同时，提高系统的访问效率。

提出的基于纠删码的动态副本冗余存储方案，其基本设计思想如下。

(1)在未知文件使用热度的情况下，通过对纠删码和再生码(regenerating codes，RC)的比较，创新地使用 RC 对文件进行编码，实现文件的编码冗余存储。

(2)根据文件的访问记录，预测其访问热度，再结合系统当前的状态，在纠删码的基础上增加原文件的副本存在形式，并动态调整原文件的副本数量。

对于静态文件，系统将它们以纠删码的方式冗余存储，用较小的空间消耗保证了数据的可靠性；对于访问频繁的热点文件，系统根据其访问热度将文件还原后，适时调整原文件副本的数量，从而提高用户的访问质量。

1)基于 RC 的分组编码存储

在使用纠删码进行文件冗余存储时，通常是将整个文件分片后直接进行编码存储，导致文件更新时需要将整个文件还原更新后重新编码。为了降低用户更新数据引起的重新编码开销，该方案对文件进行 RC 编码时提出先分组后编码的思想：将文件分片后分为两组，最后一个分片作为单独一组进行多副本保存，其他分片作为另一组进行纠删码编码冗余保存。文件更新时，只需追加到最后一个分片上，对最后一个分片的各个副本进行更新，而无须对整个文件进行重新编码。

Rashmi 等[7]给出 RC 的最小存储量编码方案 PM_MSR：令 $\beta=t$，取 $d=2k-2$，则 $B=k(k-1)t$，$\alpha=(k-1)t$。基于 PM_MSR 方案的 RC 分组编码算法如下。

(1)将原文件分为 $k(k-1)+1$ 个分片：$b_1,b_2,\cdots,b_{k(k-1)},b_{k(k-1)+1}$，将前 $k(k-1)$ 个分片划分为组 B_1，最后一个分片 $b_{k(k-1)+1}$ 划分为组 B_2。

(2)将 B_1 组中各个分片进行条带化，用向量 $B=[b_1,b_2,\cdots,b_{k(k-1)}]$ 表示。取 B 的前 $k(k-1)/2$ 个分片构成的 $\alpha\times\alpha$ 矩阵 X 的上三角部分，且 $X^{\mathrm{T}}=X$。B_1 组剩余的分片构成 $\alpha\times\alpha$ 矩阵 Y 的上三角，且 $Y^{\mathrm{T}}=Y$。定义 $d\times\alpha$ 的数据矩阵为 $D(b)=\begin{bmatrix} X \\ Y \end{bmatrix}$。

(3)定义基于有限域 Fq 上运算的范德蒙德修复矩阵 $R=[\varPhi,\varLambda\varPhi]$，$\varPhi$ 为 $n\times\alpha$ 维矩阵，$\varLambda$ 为 $n\times n$ 的对角矩阵，其对角线元素互不相同，且矩阵 R 的任意 2α 行线性无

关、Λ 的任意 α 行线性无关。

(4) RC 编码矩阵为 $C(b)$，且有 $C(b)=R \cdot D(b)$。

第 i 行的编码向量 $C_i=R_i \cdot D(b)$，由节点 i 存储。当还原文件时，先还原组 B_1 数据。由任意 k 个节点得到 $C(b)$ 的 k 行向量，组成 $k×d$ 矩阵。$R_k \cdot D(b)=W_k \cdot X+Z_k \cdot Y$。由于矩阵 R 的任意 2α 行线性无关，且矩阵 X 和 Y 为对称矩阵，可以解出矩阵 X 和 Y，从而得到 $D(b)$ 并还原出 $B=[b_1,b_2,\cdots,b_{k×(k-1)}]$。得到 B_1 组数据后，将恢复出的 B_1 组数据与 B_2 组数据的副本结合，从而还原出整个原文件。而修复失效节点时，则从剩余有效节点中任选 d 个节点获取 $\gamma=d \cdot \beta$ 的有效数据来精确恢复失效节点。

2) 动态调整文件副本

文件上传后，如果单纯以纠删码方式存储文件，其提供访问的能力有限，并且用户访问延迟过大。因此当文件访问热度增加到一定程度后，本节通过调整原文件的副本数量来保证用户的访问质量。对于云存储这种特殊服务，在网络传输带宽和磁盘 I/O 带宽有限的情况下，通过预测来寻找合适的副本创建时机，可以提高系统的整体性能。

(1) 文件热度预测。将文件的周期访问量按时间排列后呈现时间序列，一份文件相近周期的访问量具有相似性，随着文件创建时间的推移，文件的访问热度呈现先上升后下降的趋势。因此采用基于多项式的非线性曲线拟合预测方法来预测文件的访问热度，根据历史记录对时间序列值进行多项式拟合，得到被测对象的发展趋势，从而预测下个序列值。多项式曲线拟合模型为

$$y=\beta_0+\beta_1 x+\beta_1 x^2+\cdots+\beta_n x^{n-1}$$

将访问量按观察周期 T 的先后列为时间序列，得到自变量和因变量的 n 个观察值为 $x_{T_1},x_{T_2},x_{T_3},\cdots,x_{T_n}$ 和 $y(T_1),y(T_2),y(T_3),\cdots,y(T_n)$，则输入矩阵 X 和 Y 如下：

$$X=\begin{bmatrix} 1 & x_{T_1} & x_{T_1}^2 & \dots & x_{T_1}^n \\ 1 & x_{T_2} & x_{T_2}^2 & \dots & x_{T_2}^n \\ \vdots & \vdots & \vdots & & \vdots \\ 1 & x_{T_n} & x_{T_n}^2 & \dots & x_{T_n}^n \end{bmatrix}, \quad Y=\begin{bmatrix} y(T_1) \\ y(T_2) \\ \vdots \\ y(T_n) \end{bmatrix}$$

系数矩阵 $\beta=[\beta_1 \quad \beta_2 \quad \cdots \quad \beta_n]$，由 $Y=X \cdot \beta T$，从而求出 β，得到时间序列的拟合曲线。不同时间段，用户对于数据的访问热度呈现波动现象。对文件周期访问量的时间序列，将 T_{n+1} 前的 n 个周期 $T_1,T_2,\cdots,T_n$ 的周期访问量进行 t 次曲线拟合，次数为 $t(t=2,3,4)$ 的拟合曲线的拟合误差为

$$\Delta_t = \sum_{i=1}^{n}(y_{T_i} - y_t(T_i))^2$$

式中，y_{T_i} 表示周期 T_i 的实际访问量；$y_t(T_i)$ 为 T_i 的拟合访问值。通过比较 Δ_t，得到拟合误差最小的 Δ_{t_s} 对应的拟合曲线为 y_{t_s}，则预测得到周期 T_{n+1} 的访问量为

$$y_{t_s}(T_{n+1}) = \beta_0 + \beta_1 x_{T_{n+1}} + \beta_2 x_{T_{n+1}}^2 + \cdots + \beta_n x_{T_{n+1}}^{t_s}$$

鉴于用户对文件访问的随机性，访问量在短期内随着时间呈现波动，如果仅仅通过 n 个观察周期拟合得到的整体趋势来进行预测，预测结果误差较大。对基于 n 个周期进行的简单曲线拟合预测方法进行改进，将预测周期 T_{n+1} 前的 3 个周期作为短周期进行小趋势预测，然后把该结果与基于 n 个周期的整体趋势得到的预测值进行加权平均，用近期小趋势预测值调整 n 个周期的大趋势预测结果，从而减小预测误差。近期小趋势预测采用二次曲线的预测，其模型为

$$z = a + bx + cx^2$$

选择周期 T_{n+1} 前的 3 个周期 T_n、T_{n-1}、T_{n-2}，通过 3 个周期的访问量观察值可以得到二次模型的参数值 a、b、c。则小趋势预测周期的访问量为

$$z_{T_{n+1}} = a + bx_{T_{n+1}} + cx_{T_{n+1}}^2$$

将得出的预测值进行加权平均计算，得出最后的预测值为

$$W_{T_{n+1}} = \omega_{\text{Long}} y_{T_{n+1}} + \omega_{\text{Short}} z_{T_{n+1}}$$

(2)副本的动态生成和删除。对于云中的文件资源 R，当实际访问量超过了云系统中 R 所能提供的访问上限时，增加资源 R 的副本数量，则可以增加 R 提供访问的能力；若文件访问量减少，减少副本以减少存储开销。为此，结合给出的文件访问热度预测结果，动态管理副本的生成和删除。

用户在周期 T_z 中对资源 R 访问总数 $W_R(T_z)$ 和文件当前的副本数量 $r(T_z)$ 由主节点 nameNode 记录保存。R 在服务器 i 上的副本或编码分片 R_i 的访问队列被记录在一张表中，由数据节点 dataNode 服务器 i 动态维护。将服务器 i 上 R_i 的周期访问量，即队列个数记为 $R_i(T_z)$。

令 η 为存储资源 R 编码分片的服务器节点集合，ε 为拥有资源 R 副本的服务器节点集合，$\delta_k(T_z)$ 为服务器 k 在周期 T_z 内可响应的访问次数。资源 R 以纠删码形式提供访问的上限为 $\zeta(T_z)$，并且对任意 i 都有 $\zeta(T_z) \leqslant \zeta_{i \in \eta}(T_z)$，则资源 R 的总访问上限为

$$\Psi_R(T_z) = \sum_{i \in \varepsilon} \delta_i(T_z) + \zeta(T_z)$$

当文件基于 $[n,k,d]$MSR 编码时，周期 T_z 中文件冗余度 M_R 定义为 $M_R(T_z) = n/k + r(T_z)$，其中 $r(T_z)$ 为当前周期中文件 R 的副本数量。资源 R 的副本价值系数为

$$S_R(T_z) = \frac{W_R(T_z)}{M_R(T_z)}$$

周期 T_z 中资源 R 的访问权重函数定义为

$$\Gamma_R(T_z) = \frac{1}{n} \sum_{j=0}^{n-1} R(T_{z-j}) \times e^{-j}$$

式中，最近 n 个周期，服务器 i 上资源 R 的副本 R_i 的访问权重为

$$\theta_{R_i}(T_z) = \frac{\Gamma_{R_i}(T_z)}{M_R(T_z)}$$

在判断副本的生成时机时，在周期 T_z 中预测得到资源 R 在周期 T_{z+1} 的访问总量 $W_R(T_{z+1})$，再计算出资源 R 当前的访问上限 $\Psi_R(T_z)$，如果有 $W_R(T_{z+1}) \geqslant \Psi_R(T_z)$，表示在 T_z 的下个周期 T_{z+1} 中，对资源 R 的访问量将大于系统当前所能提供的访问上限，则应该为资源 R 创建副本。用户可以选择访问新增副本服务器上的资源 R。

在定义删除副本的时机时，在周期 T_z 中，当计算出副本价值系数 $S_R(T_z) \leqslant 1$，即文件的访问量小于文件的冗余度，或者当系统检测到没有足够的存储空间时，需要选取适当的副本进行删除操作。计算各个副本资源的访问权重，按照最近最久不用（least recently used，LRU）置换算法进行资源选取，选择权重 $\theta_R(T_z)$ 最小的服务器上的副本资源对其进行懒惰删除，即仅将空间状态标为可用，但仍保留其数据信息。当系统需要该空间时，才将磁盘信息进行彻底删除并用新数据覆盖。

2. 云存储中一种自适应的副本一致性维护方案

副本更新一致性研究致力于解决两个或两个以上副本的数据同步问题，最具有代表性的副本更新策略是强一致性和最终一致性。强一致性保证所有副本都及时更新，每次访问都能获得最新数据，但操作代价高，会导致副本可用性和系统性能的降低。最终一致性允许副本之间存在一定的差异，所有副本在一个限定时刻收敛为同一视图，整个系统的操作代价低，但可能导致误操作从而造成更大的损失。

当副本结构从分解模式回归到整合模式时，需要使用副本归并一致性策略将所有分区的副本状态归并为一个最新的全局一致性状态。现有的归并算法趋于两个极端，或直接选取某一个分区的副本状态作为整个副本结构的最终状态，或将所有分区的副本操作日志重排序，全部重新执行。前者的重点在于如何选取最终副本，算法执行时间短，可用性高，操作量少，但忽略了各个分区更新操作的平衡，不能保证一致性；后者虽然保证了副本的一致性，但是操作量大，且算法执行时间长，导致系统性能和副本可用性严重下降。

因此，副本更新一致性和归并一致性都存在一致性、可用性和系统性能之间的平衡问题。在云存储环境下，应用的形式趋于多样化，对一致性的需求也各不相同。此外，同一应用对一致性的需求也与特定的应用场景和用户群有关。目前的研究鲜有将应用特性和用户需求考虑在内的，或者缺乏简洁而全面的形式化描述，或者不能动态地调整一致性策略来适应需求的变动。针对上述问题，王喜妹等[8]从应用特性和用户的一致性需求角度出发，研究自适应的副本一致性维护方案。该研究的出发点是：并非所有的应用都需要强一致性，当应用对文件数据的一致性需求不高时，

可以适当放松对一致性的要求以换取更高的可用性和系统性能。因此，可以根据应用和用户的需求，选取合适的更新机制和归并策略，达到副本一致性、可用性和系统性能的动态平衡。

1）形式化一致性需求

为了能够形式化描述应用和用户的一致性需求，需给出云存储中副本一致性水平的表述及其度量方式。

云存储环境下可能影响一致性水平的特征变量包括对副本的访问频率、更新频率、文件大小、副本数目、有效时限以及地理位置等。其中，访问频率代表副本文件的重要程度，更新频率代表应用对文件数据的操作量级，这两个指标能分别代表数据和应用两方面的特性。因此，该方案选取更新频率 P_w 和访问频率 P_r 作为应用的一致性需求指标，并对其形式化。在应用运行过程中，这两个指标的值会不断改变，应用所需要的一致性水平也相应地变换。除了上述两个指标之外，为了使用户在一致性机制的制定上拥有主动性，另外定义一个用户可以自行赋值的变量 Tailor 附加到一致性需求的形式化描述上。

综合考虑以上因素对副本一致性的影响方式和影响程度，给出云存储环境下应用和用户一致性需求的度量参数 a 和 b，$a=\alpha P_r + \beta \cdot \text{Tailor}$，$b=\gamma P_w + \lambda \cdot \text{Tailor}$。其中，$P_r$ 和 P_w 分别表示在固定的时间间隔 τ 内访问频率和更新频率的统计量。α、β 分别是 P_r、Tailor 对参数 a 的影响因子，γ、λ 分别是 P_w、Tailor 对参数 b 的影响因子。可以根据应用特性和用户需求动态调整这四个影响因子。

2）副本管理策略

该方案的副本管理采用集中式结构，管理区域是核心部分，包括一个管理节点和若干个副管理节点。

管理节点是管理区域的核心，维护所有节点的信息，包括节点的地理位置、更新频率等，并负责处理所有副本节点的更新请求。为保证副本的可靠性和可用性，引入若干个副管理节点作为管理节点的备份，它们拥有与管理节点所保存的相同信息和数据映像。当管理节点出现故障时，将根据地理位置和统计特性从副管理节点中选择一个作为新的管理节点。副本分布在各地的子节点上，可以根据需求动态增加或删除，以解决副本管理中的网络拥塞和可靠性低等问题。当有副管理节点出现故障或转换为管理节点时，相应数量的子节点会被选出顶替，选择时主要考虑各子节点处副本的更新频率。

在系统初始化阶段，文件源节点即管理节点，副管理节点则根据地理分布情况从子节点中选择。选取访问频率和更新频率作为一致性需求的特征变量，因此，在系统运行过程中，需要实时记录各副本节点的访问频率和更新频率，以计算 a 和 b。在此结构中，所有节点均可接收来自终端用户发起的更新，但只有管理节点能够处理这些更新。其他节点接收到更新请求时，必须将更新发送给管理节点统一处理。

当一个子节点收到一个终端用户的访问请求时，首先更新本地的访问统计频率，然后从本地或者最近的副管理节点处获取用户需要的数据返回给终端用户。

3）自适应更新一致性机制

更新一致性机制根据 a 和 b 将应用和用户对一致性的需求分为四种情况，并分别对其设定了相应的更新策略 C。在系统运行期间，每隔时间 τ，就根据在此期间所统计的 a 和 b 对需要的一致性水平重新进行判定。如果与目前的一致性水平不符，就在下一个时间间隔进行更改。为了确保应用的一致性，在应用运行初期，将一致性策略设置为第 1 种策略，即强一致性。下面分别介绍这四种一致性策略。

（1）$C=1:a \geqslant R \ \& \ b \leqslant W$。即访问频率高且更新频率低，采用强一致性。因访问频率高，所以应对数据及时更新，尽可能使每次访问都能获得最新数据。又因更新频率低，所以用"推"的方式传播更新，操作量不大。若更新发起节点是管理节点，则立即以"推"的形式向下传播；若更新发起节点是其他节点，则首先向管理节点发起请求，当管理节点接受更新后立即以"推"的形式向下扩散。当副本节点接收到访问请求时，立即返回当前的数据给用户。

（2）$C=2:a \geqslant R \ \& \ b>W$。即访问频率高且更新频率高。在这种情况下，由于更新频率高，频繁的更新会使操作代价增大，但因访问频率高，需要及时地更新以使更多的访问获得最新数据。因此，需要在操作代价和一致性之间寻求折中。此时，副本更新方式如下：当管理节点接受更新时，首先查看当前时刻 t 与上次传播更新的时刻 T_{i-1} 的间隔是否满足 $t-T_{i-1} \geqslant k$，其中 k 表示一个用户可以设置的时间阈值。如果满足，则以"推"的形式向下传播更新，并将时刻 t 保存为 T_i；否则，只向副管理节点传播更新。当副本节点接收到访问请求时，立刻返回当前的数据给用户。此策略虽然不能保证所有访问都能获得最新数据，但在一定程度上降低了因高更新频率带来的高操作代价，得到了一致性和性能之间的平衡。

（3）$C=3:a<R \ \& \ b>W$。即访问频率低且更新频率高。此时因访问频率低，实时更新不必要；另外，由于更新频率高，频繁的更新会使操作代价急剧增长。因此，选择弱一致性策略来进行一致性更新的维护。当子节点被访问时，以"拉"的方式从最近的副管理节点处获得最新数据。当管理节点接收到一个更新请求时，只将此更新传播给副管理节点。

（4）$C=4:a<R \ \& \ b \leqslant W$。即访问频率低且更新频率低。这种情况下采用第二种策略和第三种策略相结合的方式：管理节点接受的更新只传播给副管理节点。当子节点收到一个访问请求时，首先检查自己上一次的更新时间 Tw_{i-1} 距离当前时间 t 的间隔是否满足 $t-Tw_{i-1} \geqslant k$，如果满足，则在为用户返回数据之前先向最近的副管理节点请求获取最新数据，并将时刻 t 保存为 Tw_i；否则，直接将当前的副本数据返回给终端用户。

4）自适应的归并一致性策略

因网络故障等原因，原本连通的副本结构被分离为多个相互独立的分区，从整合模式转换为分解模式。在此阶段，各分区并行维护本分区的副本更新，副本状态不同步。当网络故障恢复后，需要合理的归并策略将副本结构各分区的副本状态进行有效的归并，回到整合模式。

一个系统不可能同时满足一致性、可用性和分区性，综合考虑分解模式和整合模式的优缺点，王喜妹等提出一种基于应用特性和用户需求的副本一致性归并策略，在副本一致性、可用性和系统性能之间寻求平衡：首先根据应用特性和用户需求为归并算法选取一个合适的操作恢复时间点 T 和一个基本分区，对 T 之后各分区的操作序列进行重排序，并在基本分区的主副本上重操作得到最新副本状态。

(1)选取操作恢复时间点 T。一旦副本结构的分解状态结束，归并算法即开始执行。将副本结构分离为多个分区的时刻记为 t_0，重新连通的时刻记为 t_1，操作恢复时间点 T 介于 t_0 和 t_1 之间。因发生越早的更新对副本的最终状态影响越小，为减少操作量，对时刻 T 之前的更新仅保留基本分区的，而时刻 T 至 t_1 的更新序列被重排序，并在基础副本上重操作，因此可以通过调整时刻 T 来平衡副本一致性、可用性和系统性能：时刻 T 越接近 t_0，需要重操作的序列 O_P 越长，最终的副本状态一致性就越高。此外，在分解模式下更新频率越高，O_P 也越长。但当访问频率较低时，为了保证较高的一致性而重做更长的更新序列是不值得的。此外，在归并算法执行过程中副本不可用，所以较长的重操作序列 O_P 会大大降低可用性。

根据以上讨论，当副本的更新频率较高或访问频率较低时，T 应该更接近 t_1；相反情况下，T 应该更接近 t_0。为简化计算，采用一个线性的算法来选择时刻 T：

$$T=\text{GetReconciliationStartTime}(t_0,t_1,a,b)=t_0+(t_1-t_0)\frac{\delta b}{\varepsilon a}$$

用户通过调节参数 δ 和 ε 来调整算法。此处的 a 和 b 与前面的定义略有不同，表示从网络出现故障时刻 t_0 至恢复时刻 t_1，访问频率 P_r 和更新频率 P_w 在 τ 时间段内的统计平均值与用户自定义变量 Tailor 的加权值，如下所示：

$$a=\sum_{t_0}^{t_1}\alpha\cdot P_r/\frac{t_1-t_0}{\tau}+\beta\cdot\text{Tailor}, \qquad b=\sum_{t_0}^{t_1}\gamma\cdot P_w/\frac{t_1-t_0}{\tau}+\lambda\cdot\text{Tailor}$$

较高的更新频率或者较低的访问频率都会使 T 更接近 t_1，从而一致性也就越低。当副本的访问频率较低时，可以适当放松对一致性的要求，而获得更高的副本可用性和系统性能；反之，副本的更新频率较低或访问频率较高时，选取的时刻 T 距 t_0 较近，获得的副本一致性较高。但因更新频率低，需要重新执行的操作序列并不长。因此，在基本保证副本一致性的前提下，操作量并没有明显增加。

(2)更新操作序列重排序。为使归并算法能够顺利执行，在分解模式阶段，每个独立分区都需要将执行的更新操作记录为单元，以时间为顺序保存在操作日志中。

每个记录 r 以<操作时间，操作类型(增添，删减，修改等)，操作参数，初始状态，最终状态>的格式保存。当分解模式结束时，要根据各分区的操作日志对整个副本结构在时刻 T 至 t_1 执行的更新操作重新进行排序，得到序列 O_P。其中更新操作的执行时间为主要排序因素；其次，综合考虑各分区的副本数目和操作的类型等因素，如下所示：

$$O_P = \text{GetOperationOrder}((r_{11}, r_{12}, \cdots), \cdots, (r_{n1}, r_{n2}, \cdots), t, \text{num}, \text{type})$$

(3)选择基础副本。为了获取最终的副本状态，需要从副本结构中选择一个基础副本节点，并在其上重新执行更新序列 O_P。采用最大效用值算法 GetPartitionWithMaxUtility $(p_1, p_2, \cdots, p_n)$，来选取基础分区，并将其管理节点作为基础副本节点。其中，p_i 代表分区 i 的综合特性。

选择算法为 GetPartition $((\text{sum}_1, \text{num}_1, a_1), (\text{sum}_2, \text{num}_2, a_2), \cdots, (\text{sum}_n, \text{num}_n, a_n))$，依次将 sum_i、num_i 和 a_i 作为选取基础分区的依据。其中，sum_i 表示分区 i 在时刻 t_0 至 T 接受的更新操作数目，num_i 表示分区 i 的副本个数，a_i 表示分区 i 的加权访问频率。若分区 i 被选为基础分区，则整个副本结构从时刻 t_0 至 T 的更新操作只保存了分区 i 的 sum_i 个。因此，为了尽可能提高一致性，选择 sum_i 最大的分区。如果有多个分区更新操作数目相同，则依次选择副本数目和平均访问频率作为参考因素。若存在参数全都相同的多个分区，则从中随机选取一个作为基础分区，并将其管理节点作为基础副本节点。

(4)重操作。归并算法在基础副本节点 T 时刻状态的基础上重新执行 O_P 来获得最新的副本状态。因此，需要根据基础分区的操作日志获取时刻 T 基础副本的状态，并在此基础上重操作 O_P。因为 O_P 是合并的更新操作序列，可能存在一些违反完整性约束的更新记录不能在基础副本上重新执行，因此在重操作的过程中需要检查序列 O_P 中的记录，只有符合完整性约束条件的记录才能被重新执行。O_P 执行完毕之后，基础节点的状态就是整个连通的副本结构的最新副本状态。同时基础节点也是新副本结构的管理节点，新的副本结构重新组织，并通过广播方式将最新副本状态传播到各个节点。至此，恢复正常的副本一致性维护机制。

6.2 容灾备份技术

容灾备份是针对可能发生的灾难，预防灾难发生和控制灾难带来的损害而做的备份工作，它是保障云服务和云数据可用性的关键技术。

6.2.1 可信云存储的容灾备份

1. 云灾备数据安全存储需求

目前大多数的研究成果和实用的分布式存储系统当中，都是将加密、门限容错技术、拜占庭容错技术等协议组合研究(例如,加密与纠删码相结合构造新的门限方案,秘密共享与拜占庭协议相结合的容错方案等)以达到保证数据安全性的目的。并且在现今的分布式存储系统的数据安全研究领域,大都是基于存储节点是不可信的而整体存储系统是可信的这一前提开展的[9]。许多研究人员仍然将云存储服务系统的数据安全归于传统的分布式存储系统的数据安全问题。

然而云存储环境安全的现状与这一假设不符,如果用户的数据安全完全依赖于云存储系统所采用的安全措施,云存储系统所使用的传统加密、身份认证、防火墙、虚拟隔离技术的有效性却无法被用户有效地考核。所以,对于云存储系统和云灾备服务用户来说,整体云灾备系统都是不可信的。目前云存储安全研究当中解决整体系统的可信问题的方法大都是利用第三方可信中心的方式构建云存储的信任机制。通过这种方式既能在数据读取时预先发现云存储环境提供错误数据,也能够在用户存储数据时进行数据验证,防止用户的欺诈行为。然而第三方可信中心的安全性同样成为云存储安全的一个关注点。

此外在传统的分布式存储系统中已经采取了多种多样的方式来通过编码冗余的方式保证数据的机密性、可靠性和可恢复性。但是云计算云存储环境使用这些方案时都存在着一些不足,不能够彻底满足用户对于云环境中数据安全存储的需求。这些方式仍然仅适合于云存储服务商提升存储平台的安全性,并且对于第三方云灾备的用户来说,这些方法仍然无法消除他们对云灾备服务的疑虑。

2. 架构设计

结合近年国内出现的大范围自然灾害,以同城双中心加异地灾备中心的"两地三中心"的灾备模式也随之出现,这一方案兼具高可用性和灾难备份的能力[10]。

"同城双中心"是指在同城或邻近城市建立两个可独立承担关键系统运行的数据中心。双中心具备基本等同的业务处理能力并通过高速链路实时同步数据,日常情况下可同时分担业务及管理系统的运行,并可切换运行;灾难情况下可在基本不丢失数据的情况下进行灾备应急切换,保持业务连续运行。"异地灾备中心"是指在距离双中心较远的异地建立一个备份的灾备中心,用于双中心的数据备份,当双中心出现自然灾害等原因而发生故障时,异地灾备中心可以用备份数据进行业务的恢复。

在"两地三中心"的灾备模式下,主要的业务流程如下。

1)数据备份

同城双中心之间采用光纤连接,数据采用同步复制方式,在同城灾备中心建立一个在线更新的数据副本。当有数据下发到生产中心阵列时,阵列间的同步复制都会同时将数据复制一份到同城灾备中心。同城灾备中心与异地灾备中心之间采用广域网(wide area network,WAN)连接,数据采用异步复制方式,定期将生产中心的数据复制备份到异地灾备中心；异步复制支持增量复制方式，可以节省数据备份的带宽占用，缩短数据的备份时间。

2) 容灾切换

当生产中心的某些节点出现故障时，需要停止灾难节点的部件服务、切断数据复制链路、建立数据容灾基线、启动容灾节点的部件服务、通知前端设备进行业务网络切换，进行容灾切换时一般先进行同城双中心之间的灾备应急切换，若双中心同时发生故障，则需将业务切换到异地灾备中心。进行容灾切换时，既可以采用自动切换，即系统在检测到故障和灾难后按照一定的流程自动进行容灾切换；也可以采用人工切换，即人为决定什么时候、采用何种方式进行容灾切换。

3) 恢复回切

生产中心的故障解决之后，要将相应的业务从灾备中心回切到生产中心。回切和容灾切换的流程大致相同。进行回切时推荐采用手动切换模式，即通过人工分析和确认，选择在对业务影响最小的情况下(如在业务流量非常小的时候)执行回切操作。

一方面，与异地灾备模式相比较，同城双中心具有投资成本低、建设速度快、运维管理相对简单等优点；另一方面，异地灾备中心的建立可有效防止双中心同时发生故障而导致业务和数据不可用的情况。因此"两地三中心"的灾备模式具有很高的可用性。这种灾备模式在云存储中同样适用。具体实施时，可根据云计算系统的规模、安全性需求等因素，适当地调整同城灾备中心和异地灾备中心的数量即可。

6.2.2　面向可信云存储的容灾备份方案

目前还没有高效且安全的数据异地容灾能力验证机制。所以，亟须一种数据的异地容灾验证方案，在损失未发生时，对云端的数据进行异地容灾验证。周洪丞等[11]提出了数据的异地容灾能力验证(data disaster-tolerant proving based on different location，DPBDL)方案。基本思路是：首先，利用数据可恢复性验证方案验证数据是否完整地存储在某个服务器上；其次，利用地标服务器对云端数据进行数据请求时记录数据请求和响应的时间，利用时间差计算云端数据与验证服务器的距离，并利用此距离判断数据是否来源于不同的地点。

1. 系统存储模型

考虑的应用场景包括如下四个角色，用户(user，U)、云存储服务提供商、云存储服务器(cloud storage server，S)、地标(landmark，L)。

用户是文件拥有者，他将要在云端存储的文件进行对称加密，并添加冗余码，为其指定分节数并生成文件标签，最后将文件及文件标签一起上传至云存储服务提供商。

云存储服务提供商接收到用户上传的文件和文件标签后，根据用户要求选择满足条件的云存储服务器，并根据云存储服务器特征码对文件标签进行重编码，最后将文件及重编码后的标签发送给对应的云存储服务器，将存储文件的存储服务器信息返回给用户。

云存储服务器接收云存储服务提供商发送来的文件及文件标签并对其进行存储，在接收到地标的数据请求时，按照指定参数对请求进行响应，并将响应结果返回给发送请求的地标。

地标为地理位置已知的可信服务器，其主要负责生成对云存储服务器的数据请求，向云存储服务器发送数据请求和接收云存储服务器的响应，并对收到的响应进行验证，判断云存储服务器是否确实按照协议要求在不同的地理位置完整存储用户的文件。

该方案的目的是要验证文件被存储在不同的地理位置，从而判断用户文件是否具有异地容灾能力。所以只需要判定数据是否存储在距离较远的多个云存储服务器即可，从而体现异地容灾能力。而将距离较近的服务器组合认为是一组整体的存储服务器，他们不具有异地容灾能力，也不需要进行异地性的区分。

2. DPBDL 方案特点

DPBDL 方案主要包括两个部分：云端数据异地性验证和云端数据完整性验证。云端数据异地性验证对数据中心是否位于不同地理位置进行验证；云端数据完整性验证主要完成对云端数据的完整存储进行验证和判断的功能，最终实现数据的异地容灾能力验证功能。DPBDL 方案特点如下。

(1) 利用比较成熟的 CPOR 方案，在存储文件的同时，存储文件的标签，在进行文件的数据可恢复性验证时只需要传输少量的数据，即可对文件的可恢复性进行验证。从而避免了传输大量数据对判断存储服务器位置操作的判断误差。

(2) 方案利用地理位置已知的地标对云存储服务器的地理位置进行判定，结合 CPOR 方案，能够较准确地利用时延判断存储服务器的距离，并区分不同的存储服务器。

3. 云端数据异地性验证子方案

假设云存储服务提供商提供的满足用户要求的存储位置为 S_1 和 S_2。首先，假设服务商并没有恶意，而只是为了节省费用而违反约定，从而没有按照约定在指定的不同位置进行数据存储。同时，做出如下假设。

假设 1：云存储服务提供商提供的存储服务器位置都是已知的，并且所有的数据都被存储在这些数据中心。

假设2：云存储服务提供商的不同数据中心之间没有专用的高速网络连接。

假设3：对于每一个存储服务器，都有一个已知地理位置的地标，且地标可以直接与所有数据中心进行相互通信以及存取数据。

位置确定具体方案如下。

(1)已知存储服务器 S_1 和 S_2 的大体方位，分别在 S_1 和 S_2 附近设置地标 L_1 和 L_2，两地标坐标分别为 (x_1,y_1) 和 (x_2,y_2)。L_1 和 L_2 之间距离为

$$S=\sqrt{(x_2-x_1)^2+(y_2-y_1)^2}$$

(2)测量两地标 L_1 和 L_2 之间的传输延迟，经过多次测量，得到延迟时间均值为 t。因此，传输延迟可由计算得到

$$v=\frac{S}{t}=\frac{\sqrt{(x_2-x_1)^2+(y_2-y_1)^2}}{t}$$

(3)从 L_1 向 S_1 和 S_2 请求数据，延迟时间为 t_{11} 和 t_{21}；从 L_2 向 S_1 和 S_2 请求数据，延迟时间为 t_{12} 和 t_{21}。根据这些时间，可以计算得到数据中心距离 L_1 和 L_2 的距离。

S_1 到 L_1 距离为

$$r_{11}=v\cdot t_{11}=\frac{t_{11}\sqrt{(x_2-x_1)^2+(y_2-y_1)^2}}{t}$$

S_2 到 L_1 距离为

$$r_{21}=v\cdot t_{21}=\frac{t_{21}\sqrt{(x_2-x_1)^2+(y_2-y_1)^2}}{t}$$

S_1 到 L_2 距离为

$$r_{12}=v\cdot t_{12}=\frac{t_{12}\sqrt{(x_2-x_1)^2+(y_2-y_1)^2}}{t}$$

S_2 到 L_2 距离为

$$r_{22}=v\cdot t_{22}=\frac{t_{22}\sqrt{(x_2-x_1)^2+(y_2-y_1)^2}}{t}$$

(4)通过测量的时间延迟得到 L_1、L_2 之间的距离，可以判断测得数据是否正常：

如果 $r_{11}+r_{22}>S$，可以判定最终画图结果得到的区域会有相交；

如果 $r_{11}+r_{12}<S$ 或 $r_{21}+r_{22}<S$，可以判定无法得到 S_1 或 S_2 的可能区域，因为会出现不相交区间；

其他情况，能得到两个不相交的区域，判定为 S_1 和 S_2 的可能区域。

(5) 由此可以得到四个圆形方程，分别为

$$(x-x_1)^2+(y-y_1)^2=r_{11}^2$$

$$(x-x_1)^2+(y-y_1)^2=r_{21}^2$$

$$(x-x_2)^2+(y-y_2)^2=r_{12}^2$$

$$(x-x_2)^2+(y-y_2)^2=r_{22}^2$$

(6) 首先考虑根据画图得到数据中心 S_1 的可能位置。计算两圆相交区域中心点距 L_1 距离应该为 $r_{11}-(r_{11}+r_{12}-S)/2=(S+r_{11}-r_{12})/2$。根据三角形相似原则得到

$$\frac{S+r_{11}-r_{12}}{2\sqrt{(x_2-x_1)^2+(y_2-y_1)^2}}=\frac{y_{c1}-y_1}{y_2-y_1}$$

以及

$$\frac{S+r_{11}-r_{12}}{2\sqrt{(x_2-x_1)^2+(y_2-y_1)^2}}=\frac{x_{c1}-x_1}{x_2-x_1}$$

计算其坐标为

$$(x_{c1},y_{c1})=\left(x_1+\frac{(S+r_{11}-r_{12})\times(x_2-x_1)}{2\sqrt{(x_2-x_1)^2+(y_2-y_1)^2}},\ y_1+\frac{(S+r_{11}-r_{12})\times(y_2-y_1)}{2\sqrt{(x_2-x_1)^2+(y_2-y_1)^2}}\right)$$

同理，可得到计算 S_2 中心位置的公式为

$$\frac{S+r_{21}-r_{22}}{2\sqrt{(x_2-x_1)^2+(y_2-y_1)^2}}=\frac{y_{c2}-y_1}{y_2-y_1}$$

以及

$$\frac{S+r_{21}-r_{22}}{2\sqrt{(x_2-x_1)^2+(y_2-y_1)^2}}=\frac{x_{c2}-x_1}{x_2-x_1}$$

计算其坐标为

$$(x_{c2},y_{c2})=\left(x_1+\frac{(S+r_{21}-r_{22})\times(x_2-x_1)}{2\sqrt{(x_2-x_1)^2+(y_2-y_1)^2}},\ y_1+\frac{(S+r_{21}-r_{22})\times(y_2-y_1)}{2\sqrt{(x_2-x_1)^2+(y_2-y_1)^2}}\right)$$

如果一组数据库在位置上彼此非常接近，可以将在某个地理区域内的数据中心分为一个组，并且验证在这个区域内至少存在一份数据备份，这也是用户想要达到的目的。

4. DPBDL 方案详细设计

其详细设计步骤如下。

(1) 利用加盐数据 $\{\alpha_1, \alpha_2, \cdots, \alpha_s\}$ 和加密后的文件 F'，分别计算密文文件 F'每一块文件对应的标签 σ_i，其计算公式为

$$\sigma_i \leftarrow f_{k_{prf}}(i) + \sum_{j=1}^{s} \alpha_j m_{i,j}$$

(2) 文件拥有者用户根据需求选择一个存储服务器集合 C，将密文文件 F'及其标签 σ_i 一起上传至云存储服务商，云存储服务商将密文文件 F'及其标签 σ_i 发送至服务器集合 C 中的每一个文件存储服务器。

(3) 云存储服务商为每个文件存储服务器分配一个唯一的服务器标记 ρ，并利用 ρ 对文件标签 σ_i 进行重编码，计算过程为

$$\sigma_{\rho,i} \leftarrow \sigma_i + h_{SK_r}(\rho)$$

式中，SK_r 是文件标签进行重编码时使用的密钥；ρ 是存储服务器的标签；$h_{SK_r}(\rho)$ 是以 ρ 为输入的哈希算法；σ_i 是文件上传者生成的第 i 块文件的文件标签；$\sigma_{\rho,i}$ 是存储服务器 ρ 对文件标签 σ_i 进行重编码后得到的新文件标签。

(4) 地标服务器对文件存储服务器进行数据请求。

① 用户根据文件存储服务器的位置，在每个存储服务器的最近位置设置一个地标服务器，根据两地标服务器之间的距离 Len，测量两个地标服务器之间的时延为 t，得到两地标服务器间数据传输速率 $V = \dfrac{\text{Len}}{t}$。

② 地标服务器使用伪随机数生成方案，生成一组数据请求 Q，发送给某个文件存储服务器，并由存储服务器计算标签响应值和文件块响应值，标签的响应值 σ_ρ 计算如下：

$$\sigma_\rho \leftarrow \sum_{(i,v_i)\in Q} v_i \sigma_{\rho,i}$$

文件块响应值的计算公式如下：

$$\mu_j \leftarrow \sum_{(i,v_i)\in Q} v_i m_{i,j}$$

文件存储服务器将计算得到的标签响应值 σ_ρ 和文件响应值 $\{\mu\}$ 发送给地标服务器，地标服务器接收响应并记录时间为 t_{re}。

(5) 地标服务器判断文件的完整性和地理位置。

① 地标服务器使用收到的文件响应值 $\{\mu\}$，得到结果标签 σ_L，其计算公式为

$$\sigma_L \leftarrow \sum_{j=1}^{s} \alpha_j \mu_j + \sum_{(i,v_i)\in Q} v_i(f_{k_{\text{prf}}}(i) + h_{\text{SK}_r}(\rho))$$

②地标服务器验证结果标签 σ_L 与收到的标签响应值 σ_ρ 是否相同,根据发送数据请求时间 t_{ch} 和接收响应的时间 t_{re},计算存储服务器与地标服务器的距离:$r = V(t_{\text{re}} - t_{\text{ch}})$。

③文件拥有者用户分别以所述的地标服务器 L、L' 的位置为圆心,以 r 与 r' 为半径作圆,用两圆的交汇区域作为存储服务器的测量位置。

(6)文件拥有者用户按照步骤(5),计算服务器集合 C 中所有存储服务器的测量位置,判断所有存储服务器测量位置是否满足用户对地理位置的要求。

6.3 本 章 小 结

为保护可信云存储中数据的可用性,可信云存储服务提供商既需要对传统的多副本技术进行应用和改进,以防范数据丢失;也需要构建容灾备份系统,以防范服务中断对数据的可用性造成威胁。本章首先介绍了面向可信云存储的多副本技术,然后介绍了面向可信云存储的容灾备份技术。

参 考 文 献

[1] 刘田甜, 李超, 胡庆成, 等. 云环境下多副本管理综述. 计算机研究与发展, 2011, 48: 254-260.

[2] Wang X, Yang S, Wang S, et al. An application-based adaptive replica consistency for cloud storage//The 9th International Conference on Grid and Cloud Computing, Nanjing, 2010: 13-17.

[3] Islam M, Vrbsky S. Tree-based consistency approach for cloud database//The 2nd IEEE International Conference on Cloud Computing Technology and Science, Indianapolis, 2010: 401-404.

[4] Elmore A, Das S, Agrawal D, et al. Zephyr: Live migration in shared nothing database for elastic cloud platforms//The ACM International Conference on Management of Data, Athens, 2011: 301-312.

[5] Gao A, Diao L. Lazzy update propagation for data replication in cloud computing//The 5th International Conference on Pervasive Computing and Applications, Maribor, 2010: 250-254.

[6] 郑志蕴, 孟慧平, 李纯, 等. 基于纠错码的动态副本冗余存储研究. 计算机工程与设计, 2014, 35: 3085-3090.

[7] Rashmi K, Shah N, Kumar P. Optimal exact-regenerating codes for distributed storage at the

MSR and MBR points via a product-matrix construction. IEEE Transactions on Information Theory, 2011, 57: 5227-5239.

[8]　王喜妹, 杨寿保, 王淑玲, 等. 云存储中一种自适应的副本一致性维护机制. 中国科学院研究生院学报, 2013, 30: 90-97.

[9]　陈钊. 基于云灾备的数据安全存储关键技术研究. 北京: 北京邮电大学, 2012.

[10]　陈驰, 于晶. 云计算安全体系. 北京: 科学出版社, 2014.

[11]　周洪丞, 杨超, 马建峰, 等. 云端数据异地容灾验证方案研究. 电子学报, 2016, 44: 2485-2494.

第7章 可信云存储中的数据删除

为切实保障可信云存储数据安全，需要采取全面有效的措施，维护可信云存储数据在生命周期中各个阶段的安全。数据删除是数据生命周期的最后一个阶段，云端数据面临着数据删除后可能会被重新恢复，以及云端的原数据及其所有备份数据可能没有被可信云存储服务提供商真正删除等安全风险，这都会导致数据残留问题。数据残留可能会在无意中泄露十分敏感的信息。为了保障数据的机密性，必须制定切实可行的数据删除策略，并使用技术手段解决数据残留问题。解决数据残留问题的主要技术有数据销毁和基于密码学的确定性删除等。

7.1 数 据 销 毁

数据销毁即彻底删除数据，也就是确保数据删除之后不能再被重新恢复。对云存储中的数据进行删除时，需要根据数据的敏感度等级确定删除策略。对敏感度比较高的数据需进行彻底删除，也就是在重用存储设备前根除设备中的数据，因此所有的内存、缓冲区或其他可重用的存储都需要被彻底删除，即进行数据销毁，从而有效地阻止对之前存储信息的访问；对不敏感的公共数据或者敏感度较低的数据需进行清除，也就是在重用存储设备前去除设备中的数据，对数据进行非彻底删除性质的清除后，很容易通过此技术手段恢复出被删除的数据，因此高敏感度信息不能用这种删除方式。

若可信云存储服务提供商是完全可信的，则当云用户需要删除敏感度较高的数据时，可信云存储服务提供商需要采用适当的数据销毁技术来彻底删除数据。数据销毁方式可以分为软销毁和硬销毁两种[1]。

数据软销毁又称为逻辑销毁，指通过数据覆盖等软件方法销毁数据。软销毁通常采用数据覆写法，即把非保密数据写入以前存有敏感数据的硬盘簇，以达到销毁敏感数据的目的。我们都知道，硬盘上的数据都是以二进制的"1"和"0"的形式存储的，如果使用预先设定的无意义、无规律的信息反复多次覆盖硬盘上原来存储的数据，就无法获知相应的位置原来是"1"还是"0"，因而无法获知原来的数据信息，这就是数据软销毁的原理。根据数据覆写时的具体顺序，数据软销毁技术分为逐位覆写、跳位覆写、随机覆写等模式，可综合考虑数据销毁时间、被销毁数据的密级等不同因素，组合使用这几种模式。使用数据覆写法进行处理后的存储介质可以循环使用，因此该方法适用于对敏感程度不是特别高的数据进行销毁。当需要对某一个文件进行销毁而不能破坏在同一个存储介质上的其他文件时，这种方法非常可取。

数据硬销毁是指采用物理破坏或化学腐蚀的方法把记录高敏感数据的物理载体完全破坏掉，从而从根本上解决数据泄露问题。数据硬销毁可分为物理销毁和化学销毁两种方式。物理销毁有消磁、熔炉中焚化、熔炼、借助外力粉碎、研磨磁盘表面等几种方法。消磁是磁介质被擦除的过程，消磁之后磁盘就失去了数据记录功能。如果整个硬盘上的数据需要不加选择地全部销毁，那么消磁是一种有效的方法。但对于一些经消磁后仍达不到保密要求的磁盘或已损坏需废弃的涉密磁盘，以及曾记载过绝密信息的硬盘，就必须送到专门机构进行焚烧、熔炼或粉碎处理。物理销毁方法费时、费力，一般只适用于保密要求较高的场合。化学销毁是指采用化学药品腐蚀、溶解、活化、剥离磁盘，该方法只能由专业人员在通风良好的环境中进行。

7.2　确定性删除

考虑到可信云存储服务提供商是不可信的，数据属主为了保护数据的机密性，最直接的方法是运用密码学技术先对敏感数据进行加密，然后将密文数据外包给云存储服务提供商，数据密钥则由自己保存或者托管至第三方密钥管理机构。然而，即使数据以密文形式保存于云存储平台，也可能会存在一些安全隐患。例如，为了提高云存储服务的容错能力，云存储服务提供商可能会对数据做多个备份，并且将这些备份数据分布在不同的在线或者离线的服务器上。在此条件下，当数据过期了，数据属主要求云存储服务提供商删除其数据时，云存储服务提供商可能并没有完全删除所有的数据及其备份。那么，一旦攻击者获取到加密密钥，并从不可信的云存储服务提供商处获取到了未被删除的密文数据或备份，进而恢复敏感数据，将导致数据的机密性受到破坏。

所以，如何实现云端数据的确定性删除，使过期或备份的敏感数据被彻底删除或者设置为永远不可解密和访问的，以保证云端数据的高度机密性是目前云存储场景亟须解决的问题。

7.2.1　研究现状

早先，Perlman[2]提出了一种数据自销毁的模型 Ephemerizer，其基本思想是利用数据密钥加密原始数据，用基于时间(time-based)的控制密钥进一步加密数据密钥。由第三方密钥管理机构管理控制密钥，当到达数据指定的过期时间时，销毁控制密钥即实现了数据的确定性删除。遗憾的是，此方案只是提出一种理论模型，未进行具体实现，而且没有进行性能的分析评估，说服力不够强。

随后，Geambasu 等[3]设计了基于时间的数据确定性删除(time-based file assured

deletion)的原型系统 Vanish，该系统采用分布式密钥管理的方法，将数据密钥经门限秘密共享算法处理得到多份密钥共享，然后随机分发至采用分布式哈希表(DHT)技术的 P2P 网络中，当用户指定的授权时间到达后，密钥将被网络删除，导致加密数据不能被解密，实现了数据的确定性删除。但此方案的不足之处有以下几点。

(1)密钥管理方法粒度不够细，仅仅依赖于时间有效期来实现数据的确定性删除，没有引入更加细粒度的控制。

(2)无法实现数据的即时删除。密钥的销毁高度依赖于 P2P 网络的动态特性，无法获得对网络节点的绝对控制权，无法即时清除网络节点缓存的共享密钥。

(3)密钥的后向安全性问题。若用户成功获取过一次密钥，进而备份密钥副本，那么即使 P2P 网络中的密钥共享被过期删除，用户仍然可以利用备份的密钥解密出机密数据，因此无法保证密钥的后向安全性，未达到数据确定性删除的效果。

Yue 等[4]认为只销毁密钥而不销毁存储在云端的密文数据存在着被攻击者利用密码学分析或者暴力破解的安全隐患，因此在 Vanish 的基础上将密钥和部分密文数据一起分发至 DHT 网络中，从而增加攻击的难度和代价。即使这样，该方案依旧没能够解决上面提到的密钥后向安全性问题，而且该方案依赖于 DHT 网络无法实现数据的即时删除。

接下来，Tang 等[5]提出了一种基于策略(policy-based)的文件确定性删除系统 FADE，其基本思想是由数据密钥对文件加密，再由与策略相关联的控制密钥加密数据密钥，通过回收策略来删除控制密钥，最终实现数据的确定性删除。该方案通过将文件与多个策略进行关联，提高了访问控制的细粒度。但方案中的密钥管理方式为集中式管理，存在密钥管理者不可信或者泄露密钥的安全隐患。同时，若用户始终本地保留密钥副本，即使密钥管理者回收控制策略、删除与其相关联的控制密钥，未来数据访问者依旧可以根据数据密钥副本来恢复明文数据，因此也未能解决密钥后向安全性问题。

关于数据的确定性删除问题，其他研究人员也进行了相关的研究。例如，王丽娜等根据云存储系统中数据海量的特点，借鉴结构化层次密钥管理的思想，提出基于密钥派生树和 DHT 网络的云端海量数据确定性删除方法。Reardon 等[6]和 Lee 等[7]针对闪存无法保证存储数据的删除这一缺陷，研究了如何在闪存文件系统中实现数据的确定性删除。Pöpper 等[8]将问题引入攻击者恶意控制通信系统后，在如何保护机密数据的场景下，提出利用"密钥删除"和"前向安全协议"来保护数据的机密性和隐私。Kirkpatrick 等[9]寻求一种硬件上的高效安全的途径去生成 ROK(read-once key)，即密钥只允许被读取一次后随机被销毁，以保障加密数据的安全。Cachin 等[10]提出了一种基于策略的安全删除方法，将数据划分为不同的保护等级，通过删除关联密钥来实现数据的确定性删除。Mo 等[11]基于一种新型的密钥调制函数，提出了不依赖于第三方机构的两方之间高细粒度的确定性删除(two-party fine-grained assured deletion)方案。

7.2.2　面向可信云存储的确定性删除方案

1. 基于密钥派生树和 DHT 网络的数据确定性删除方案

王丽娜等[12]基于密钥派生树和 DHT 网络,提出了一种适用于可信云存储系统的数据确定性删除方案。该方案首先根据可信云存储系统中数据海量的特点,借鉴结构化层次密钥管理的思想,采用基于哈希函数的密钥派生树生成和管理密钥,从而有效减少了数据属主所需维护的密钥数量及暴露给外部的密钥数量,并且通过数据块级的加密方式对数据提供细粒度的管理和操作。通过密钥派生树生成密钥后,将密钥分发到 DHT 网络中,利用 DHT 网络的动态变化特性确保密钥在授权时间到达后自动从网络中消失,使密文数据不能被解密和访问,从而实现云存储系统中数据的确定性删除。为了减少网络的动态变化对系统可用性的影响,采用秘密共享方案对密钥处理后,将多个密钥分片分发到网络中以提高系统的可用性。

1)密钥派生树

为保护数据的机密性,并且支持数据的细粒度管理和操作,数据属主先在本地对数据进行分块后加密,再将密文数据块外包给 CSP。假设数据 M 被分成 n 个数据块 $\{M_1, M_2, \cdots, M_n\}$,每个 M_i 用一个随机密钥加密,则数据属主所需存储和维护的密钥量将随着 n 线性增长。若用户需要访问 l 个数据块,数据属主和用户之间传递的密钥量也与 l 呈线性关系,增加了系统维护密钥的开销。针对该问题,采用层次密钥及密钥派生树的方法来生成和管理密钥。

该方法通过二叉树生成并组织密钥,将密钥表示为 $k_{i,j}$,其中 i 表示 $k_{i,j}$ 在树中的层次,j 表示 $k_{i,j}$ 在第 i 层中的序号。除了根密钥 $k_{0,1}$,其他密钥都是由其父节点通过左(右)孩子派生规则 $f_L(f_R)$ 生成的。

考虑到直接将叶子节点作为加密密钥分发到网络中易受到嗅探攻击和跳跃攻击,降低系统的安全性。将叶子节点值进行某种变换后得到加密密钥 k_i,变换过程为 $k_i = f(k_{p,i})$ $(1 \leq i \leq n)$,其中,$p(p \geq 0)$ 为树的高度,f 为变换函数。为简便起见,下面将密钥派生树中的所有密钥 $k_{i,j}$ 统称为树密钥,以与加密密钥 k_i 相区别。

通过该方法,数据属主只需维护根密钥 $k_{0,1}$、派生规则 f_L 和 f_R、变换函数 f、常量参数 n 和 p,就可以生成所有密钥,大大减少了数据属主所需维护和存储的密钥数量。并且由于每个数据块都采用不同的密钥加密,所以只需分发被请求访问的数据块的密钥,从而减少了密钥泄露的可能性。例如,当 $n=8$ 时,对于数据块 M_5、M_6、M_7,分发的密钥集合为 $\{k_{2,3}, k_{3,7}\}$,而不是 $\{k_{1,2}\}$,从而避免 $k_{3,8}$ 暴露给外部。

2) DHT 网络

DHT 网络是指利用 DHT 存储数据和实现节点路由的 P2P 网络。DHT 网络的以下三个重要特性使其可以应用在数据确定性删除方法中。

(1) 可用性。DHT 网络可以提供可靠的分布式存储功能，很多 DHT 网络如 Vuze 等都已应用到实际系统中。该特性使得被保护的数据在授权时间内是可用的，是 DHT 网络能够应用到该方案研究中的基础。

(2) 大规模且地理分布广。研究表明在 Vuze 网络中同时并发存在的活动节点超过了一百万个，并且地理分布超过了 190 个国家。这种完全非集中的分布方式能够提供很健壮的抗攻击能力。

(3) 动态性。由于不断有节点加入和离开，DHT 网络会随着时间动态地变化，存储在 DHT 网络中的信息也会定期被清除，使被保护的数据在时限到达后不可用。例如，在 Vuze 网络中，一旦某个节点的 IP 地址或者端口号发生改变，它在 DHT 网络中的位置就会改变，研究表明超过 80 % 的 IP 地址在 7 天内会发生改变。DHT 网络的这种动态和定期清除数据的特性，为数据的确定性删除提供了实现思路。

3) 秘密共享方案

秘密共享方案 (secret sharing scheme，SSS) 的基本思想是，将秘密 k 以某种方式分成 n 份 (shares) $k_1,k_2,\cdots,k_n$，并且满足：①通过任意 t 或 t 个以上 k_i 能够计算出 k；②通过任意 $t-1$ 个或更少的 k_i 不能计算出 k。

这种方法也称为 (t,n) 门限方法，称 t 为门限阈值，n 为门限值，t/n 为门限率。

通过 SSS 将任意秘密 k 拆分成 n 份，且重构 k 需要至少知道任意 t 或 t 个以上 k_i，故泄露 $s<t$ 个共享也不会暴露秘密 k，而丢失 $s \leq n-t$ 个共享仍然可以重构出 k。SSS 是解决 DHT 网络因为动态性使密钥丢失而不可用的一种有效方法。

4) 模型描述

系统模型由七个算法描述：DataKeyGen、Encryption、MixTrKeySet、TrKeyDis、TrKeyExtract、DataKeyRecover、Decryption。

(1) DataKeyGen $(\kappa,n,p,k_{0,1},f_L,f_R,f) \to \{k_i\}$，加密密钥生成算法。$\kappa$ 为系统安全参数，n 为数据块数，p 为树的高度，$k_{0,1}$ 为树根密钥，f_L 和 f_R 分别为左右孩子派生规则，f 为变换函数。算法根据上述参数，生成 n 个加密密钥 $\{k_i\}$。

(2) Encryption $(\{M_i\},\{k_i\}) \to \{C_i\}$，加密算法。通过密钥 $\{k_i\}$ 加密明文数据 $\{M_i\}$，得到密文数据 $\{C_i\}$，即 $C_i = E_{k_i}(M_i)$ $(1 \leq i \leq n)$。

(3) MixTrKeySet $(\{index\},c) \to \{K\}_{mix}$，最小树密钥集生成算法。根据数据块索引集合 $\{index\}$ 和数据块数 c 计算访问这些数据块所需的最小树密钥集合 $\{K\}_{mix}$。

(4) TrKeyDis $(R,\{L\},\varphi,t,m,\{K\}_{mix}) \to \{Node\}$，树密钥分发算法。$R$ 为伪随机数发生器，$\{L\}$ 为随机种子集合，φ 为映射函数，t 为门限阈值，m 为门限值，$\{Node\}$ 为

DHT 网络的节点集合。算法根据上述参数，将最小树密钥集中的树密钥经秘密共享算法处理后分发到 DHT 网络的节点上。

(5) TrKeyExtract $(R, \{L\}, t, m) \rightarrow \{K\}_{\text{mix}}$，树密钥提取算法。根据输入参数从 DHT 网络中提取并重构出最小树密钥集 $\{K\}_{\text{mix}}$。

(6) DataKeyRecover $(f_L, f_R, f, \{K\}_{\text{mix}}) \rightarrow \{k_{i_s}\}$，加密密钥恢复算法。根据输入参数将最小树密钥集 $\{K\}_{\text{mix}}$ 中的树密钥转换为加密密钥 $\{k_{i_s}\}$。

(7) Decryption $(\{C_{i_s}\}, \{k_{i_s}\}) \rightarrow \{M_{i_s}\}$，解密算法。根据密钥 $\{k_{i_s}\}$ 解密密文数据 $\{C_{i_s}\}$，得到明文数据 $\{M_{i_s}\}$，即 $M_{i_s} = D_{k_{i_s}}(C_{i_s})$。

5) 安全假设

对于上述模型，有如下安全假设。

(1) CSP 是不可信的，在向数据属主和用户提供服务的同时，可能利用其所知道的信息查看存储于其中的数据的内容，并且泄露给其他非授权实体。

(2) 用户是可信的，即用户为授权用户，会遵守和数据属主的协议，不会主动泄露明文数据(使用完明文数据后就删除)，也不会主动泄露其获得的密钥和密文数据块。但是用户可能因受法律干预或误操作等而导致密钥泄露。事实上，对于用户的截屏、拍照等恶意泄露行为从技术上是很难防范的，因此该假设是合理的。

(3) 攻击者的攻击行为不是实时的，而是一种事后行为，因为攻击者不能实时知道哪些数据对其是有攻击价值的，只有在数据被使用后攻击者才会确定是否要发起攻击获取该数据。

(4) 数据属主与 CSP，数据属主与用户，用户与 CSP 之间都有安全信道，其安全信道可以通过相互之间的密钥协商获得的共享密钥建立，也可以基于相互之间的公私钥加解密的方式建立。

6) 算法描述

(1) DataKeyGen $(\kappa, n, p, k_{0,1}, f_L, f_R, f) \rightarrow \{k_i\}$。首先根据 κ 随机选取一个 $k_{0,1}$ 作为树根密钥。n 个数据块对应着 n 个叶子节点，根据二叉树的性质，树的最小高度 p 应满足 $2^{p-1} < n \leqslant 2^p$。当 $k_{i,j}$ 不是叶子节点时，其左、右孩子分别为 $k_{(i+1),(2j-1)}$ 和 $k_{(i+1),(2j)}$，并且 $k_{(i+1),(2j-1)} = f_L(k_{i,j})$，$k_{(i+1),(2j)} = f_R(k_{i,j})$。其中，$f_L(k_{i,j}) = h(k_{i,j} \| (2j-1))$，$f_R(k_{i,j}) = h(k_{i,j} \| (2j))$，$h$ 为哈希函数 SHA-1，$\|$ 表示串联。不断重复该过程，就可由 $k_{0,1}$ 计算出所有叶子节点 $k_{p,i}$。最后，根据变换 $k_i = f(k_{p,i}) = [h([k_{p,i}]_{\text{pre80}}) \| h([k_{p,i}]_{\text{pos80}})]_{\text{pre256}}$ 将所有的 $k_{p,i}$ 变换为加密密钥 k_i，其中，$[X]_{\text{pre}M}$ 表示截取 X 的前 M 位，$[X]_{\text{pos}N}$ 表示截取 X 的后 N 位，即 k_i 是通过将 $k_{p,i}$ 的前 80 位 SHA-1 值和后 80 位的 SHA-1 值串联后截取前 256 位得到的。

(2) Encryption $(\{M_i\}, \{k_i\}) \rightarrow \{C_i\}$。通过对称加密算法，对每一个明文数据块 M_i 用 256 位的密钥 k_i 加密，得到密文数据块 C_i。

(3) MixTrKeySet $(\{\text{index}\}, c) \rightarrow \{K\}_{\text{mix}}$。对于两个树密钥 $k_{a,b}$ 和 $k_{c,d}$，若其父节点

相同，即其下标满足条件：$a=c$，$d=b+1$，$b\equiv1(\mathrm{mod}2)$，$d\equiv0(\mathrm{mod}2)$，或者 $a=c$，$b=d+1$，$d\equiv1(\mathrm{mod}2)$，$b\equiv0(\mathrm{mod}2)$，则用其父节点代替这两个树密钥，称该过程为树密钥的合并。将由 {index} 和 c 指定的数据块所对应的树密钥逐一合并，生成最小树密钥集合 $\{K\}_{\mathrm{mix}}$。

（4）$\mathrm{TrKeyDis}(R,\{L\},\varphi,t,m,\{K\}_{\mathrm{mix}})\to\{\mathrm{Node}\}$。以 random 函数作为 R，取系统当前时间为随机种子 L_i，共取 $\{K\}_{\mathrm{mix}}$ 次系统当前时间得到 $\{L\}$（设 $|\{X\}|$ 表示集合 $\{X\}$ 中元素的个数）。通过映射 $\varphi:L_i\to k_{i,j}$ 按顺序将 L_i 与 $\{K\}_{\mathrm{mix}}$ 中的 $k_{i,j}$ 一一对应。再通过 Shamir 秘密共享方案将 $\{K\}_{\mathrm{mix}}$ 中的每个 $k_{i,j}$ 及其下标 i 和 j 分为 m 个分片，以 L_i 作为 R 的输入，产生 m 个随机值，通过这 m 个随机值将每个 $k_{i,j}$ 及 i 和 j 的 m 个分片分发到 DHT 网络的 m 个节点上。

（5）$\mathrm{TrKeyExtract}(R,\{L\},t,m)\to\{K\}_{\mathrm{mix}}$。以 L_i 作为 R 的输入，产生 m 个随机值，根据这 m 个随机值从 DHT 网络中提取 $k_{i,j}$ 及 i 和 j 的分片，再根据 Shamir 秘密共享方案恢复出 $k_{i,j}$，得到 $\{K\}_{\mathrm{mix}}$。

（6）$\mathrm{DataKeyRecover}(f_L,f_R,f,\{K\}_{\mathrm{mix}})\to\{k_{i_s}\}$。首先通过 f_L 和 f_R 将 $\{K\}_{\mathrm{mix}}$ 中的所有非叶子节点转换为叶子节点，再通过 f 将所有的叶子节点转换为加密密钥 $\{k_{i_s}\}$（$1\leqslant s\leqslant c$）。

（7）$\mathrm{Decryption}(\{C_{i_s}\},\{k_{i_s}\})\to\{M_{i_s}\}$。用对称加密算法，对每一个密文数据块 C_{i_s}，通过 256 位的密钥 k_{i_s} 解密，得到明文数据块 M_{i_s}。

7）数据访问流程

数据的访问过程分为 Initial、KeyDistribution 和 DataAccess 三个阶段。

在 Initial 阶段，数据属主通过 DataKeyGen 生成加密密钥，用 Encryption 加密数据块，并将密文数据 $\{C_i\}$ 及用户的访问控制信息一起存储到 CSP 处。之后，数据属主保留 $(\kappa,k_{0,1},f_L,f_R,f,n,p)$，删除明文数据 $\{M_i\}$ 和密钥派生树以节省存储空间。

在 KeyDistribution 阶段，数据属主根据用户的访问请求，执行 MixTrKeySet 计算访问数据所需的最小树密钥集合，通过 TrKeyDis 将树密钥分发到 DHT 网络中，并将 R、$\{L\}$、φ、(t,m) 及其他附加信息（如授权证书及授权时间等）发送给用户，将用户的最新访问控制信息发送给 CSP。

在 DataAccess 阶段，用户将从数据属主处获得的证书和期望访问的数据块的索引信息发送给 CSP。经 CSP 验证后，从 CSP 处获得密文数据块。然后用户执行 TrKeyExtract 从 DHT 网络中提取并重构出最小树密钥集合，执行 DataKeyRecover 恢复出加密密钥，最后通过 Decryption 解密密文数据块，得到明文数据，实现数据的访问。

值得注意的是，该方案中用户可以在本地保留 $\{L\}$，以实现对数据的多次访问而无须多次向数据属主提出访问请求。但是算法 TrKeyExtract 和 DataKeyRecover 是通过后台处理程序执行的，对用户是透明的，因此树密钥 $k_{i,j}(k_{p,i})$ 和加密密钥 k_i 的计算对用户也是透明的。

8) 数据确定性删除方法

对于某一数据块 M_i 的删除分为如下两种情况。

(1) 未被用户访问过的数据块 M_i，其对应的树密钥 $k_{p,i}$ 和加密密钥 k_i 都未暴露。若 M_i 过期了，需要被删除，数据属主只需对 M_i 作标记，之后不计算也不分发 $k_{p,i}$。没有 $k_{p,i}$ 将不能计算 k_i，就不能解密和访问 M_i，即实现了 M_i 的确定性删除。

(2) 已经被用户访问过的数据块 M_i，其对应的树密钥 $k_{i,j}(k_{p,i})$ 的分片在时限到达前存于 DHT 网络中，用户和攻击者都可以通过网络中的密钥分片重构出 $k_{i,j}(k_{p,i})$。经过授权的用户虽是可信的，但算法 TrKeyExtract 和 DataKeyRecover 的执行对用户是透明的，即树密钥 $k_{i,j}$、叶子节点 $k_{p,i}$ 及加密密钥 k_i 的计算都是由后台处理程序进行的。因此，用户不知道只存在于内存中的 $k_{i,j}(k_{p,i})$ 和 k_i，只知道有时效限制的随机种子 L_i。当授权时间时限到达后，DHT 网络的动态特性会使网络节点中存储的密钥分片被确定性地清除。这时通过 M_i 定位到的网络节点上将不再存有密钥分片信息，因而不能重构 $k_{i,j}(k_{p,i})$ 和计算 k_i，不能解密和访问 L_i。在用户看来，M_i 是不可解密和访问的，是被确定性删除了的。若 M_i 过期了，需要删除，数据属主只需标记 M_i 是被删除了的，不再计算和分发 $k_{p,i}$，就能实现 M_i 的确定性删除。

攻击者不是授权用户，没有实现 f_L、f_R 和 f 的算法及后台处理程序。因此，即使攻击者通过嗅探攻击或跳跃攻击获取到了 $k_{i,j}(k_{p,i})$，也无法计算出加密密钥 k_i，不能解密和访问 M_i，即 M_i 对于攻击者而言被确定性删除了。

因此，对于某一数据块 M_i，无论其是否被访问过，通过该方法都可以实现其确定性删除。当所有数据都过期了，需要删除时，数据属主只需要删除其保存的根密钥 $k_{0,1}$，就能删除所有的树密钥，没有树密钥就不能计算加密密钥，密文数据对于任何一方都是不可恢复和访问的，即实现了数据的确定性删除。

为了保护云存储系统数据的机密性，在密钥派生树和 DHT 网络的基础上，提出了一种适用于云存储系统的数据确定性删除方法。该方法首先通过基于 SHA-1 的密钥派生树组织和管理密钥，能够支持云存储系统中数据块级的加密和操作。然后，将密钥经 Shamir 秘密共享方法处理后随机分发到 DHT 网络中，利用 DHT 网络的动态特性使密钥在特定的授权时间到达后自动从网络中消失，从而确保在非授权时间内不能解密和访问数据，即实现了云存储模式下的数据确定性删除。

2. 基于密文采样分片的云端数据确定性删除方法

现有的云端数据确定性删除方案中，数据删除都仅仅只是销毁密钥，云端的完整密文数据能被轻松获得。而密钥能被用户保存副本，这样会导致密钥被窃取泄露，所以，云端保留的完整数据依旧面临极大的安全威胁，也就是说，数据并没有被"真正"地确定性删除。

张坤等[13]设计了基于密文采样分片的云端数据确定性删除(assured deletion based on ciphertext sample slice,ADCSS)方案。解决如何在密钥被用户缓存而导致泄露的情况下,依旧保证过期数据及其备份的确定性删除,提高数据的隐私性。首先,利用 CP-ABE 加密机制实现云端数据在多用户之间的灵活的、高细粒度的安全共享,通过将用户属性与其私钥相关联的思想,可以避免密钥的集中式管理,降低密钥被泄露的风险。其次,对原始密文进行采样分片拆分成剩余密文和采样密文两部分,"残缺"的剩余密文上传至云端,使不可信的云存储服务提供商无法获得完整密文数据,并且引入可信第三方来保存采样密文部分,通过销毁采样密文,可即时地实现云端数据的确定性删除。这样,即使云存储服务提供商未删除全部的数据备份,而且用户保留了密钥副本,恶意用户也无法获得完整的密文数据,进而解密恢复机密数据。此方法使确定性删除的数据不可访问或不可恢复,有效防止了用户对过期数据的持续访问,保障了数据的安全性,实现了数据的确定性删除。

1) 系统模型

基于密文采样分片的云端数据确定性删除方案考虑的应用场景包含如下五种角色:可信授权机构(trusted authorized party,TAP)、CSP、第三方可信机构(trusted third party,TTP)、DO 和授权用户(authorized user,AU)。

TAP 是一个可信实体,负责生成系统公钥、主密钥以及为授权用户颁发私钥。CSP 向用户提供数据的外包存储服务,负责存储数据属主加密之后的机密数据。CSP 是不可信的,CSP 会忠实地执行数据的存储操作,但是同时又对敏感数据充满好奇,期望获得真实的敏感数据信息。TTP 负责采样密文的存储以及销毁工作,将剩余密文和采样密文进行合成,最终生成完整密文分发至授权用户。

DO 是机密数据的拥有者,首先加密共享数据,其次对其进行采样分片处理,并将密文数据外包给云服务提供商,实现云端数据在多用户之间的共享。AU 访问 DO 在云端共享的敏感数据,利用其私钥解密完整密文,恢复出完整的原始数据。

2) 敌手模型

对于上述系统模型对应的敌手模型,定义了如下五个假设条件。

(1) CSP 是不可信的,在向用户提供存储服务的同时,可能会未经用户授权窃取存储于其中的数据内容,或者与恶意用户及机构串谋泄露数据。

(2) TTP 是可信的,忠实地执行采样密文的保存以及销毁工作,并且不会泄露采样密文数据。

(3) TTP 是不可破的,该方案中密钥泄露的唯一原因在于用户缓存了密钥副本,进而导致密钥被窃取。

(4) AU 是可信的,即 AU 会遵守与 DO 的约定,不会主动泄露明文数据,使用完明文数据后就删除。

(5) AU 可能会保存密钥副本，并进行传播。但是不会保存明文数据，毕竟保存明文数据的开销比保存密钥大很多，作者认为该假设合理。

3）设计思想

CSP 是不可信的，即在存储数据的同时保持对数据的"好奇心"，甚至 CSP 可能和恶意用户或机构串谋，窃取用户的机密数据。

因此，若 CSP 没有忠实地删除用户数据及其所有备份，而且数据密钥被攻击者窃取，最终数据的隐私性将遭到破坏。即使无法获得密钥，在云计算高速发展的今天，超级计算机强大的计算和存储能力使通过传统的密码学分析或者暴力破解来攻击密文成为可能。例如，密钥长度为 56bit 的 DES 加密算法无法抵抗暴力破解。

该方案的设计思路是，允许密钥被主动或者被动地泄露，但是需要对密文进行采样分片处理，使 CSP 存储的是不完整的密文。这样，即使密钥泄露，数据依然是安全的。

基于密文采样分片的云端数据确定性删除方法有如下特点。

(1) 利用 CP-ABE 加密机制，将密文与访问控制结构关联，同时将用户私钥与用户自身的属性相关联，在实现云端数据共享以及高细粒度访问权限控制的同时，避免了使用密钥集中式管理这一安全性低的密钥管理方法。

(2) 将原始密文拆分成剩余密文和采样密文两部分，其中剩余密文上传至 CSP，而采样密文则分发至 TTP。当 DO 执行数据确定性删除时，TTP 销毁采样密文，即使数据访问者保留文件密钥副本，存储在云端的文件密文也是不完整的，无法恢复出明文数据。此方法有效防止了用户对过期数据的持续访问，保障了数据的安全性，实现了数据的确定性删除。

4）详细设计

(1) 系统初始化。为了加密原始外包数据，可信授权机构需要先根据系统安全系数进行初始化，生成公钥 PK 以及主密钥 MSK。可信授权机构的系统初始化过程定义如下。

设 G_0 是阶为 p 的乘法循环群，g 是群 G_0 的一个生成元，G_1 是阶为 q 的乘法循环群，e 是双线性对 $G_0 \times G_0 \rightarrow G_1$，$e(g,g)^{\alpha}$ 为双线性映射，单向函数 $H:\{0,1\}^* \rightarrow G_0$ 是一个语言机，Z_p 是阶为 p 的整数域，α、β 均为 Z_p 中的随机选取值，随机选择一个 $t_j \in Z_p$，算法输出系统公钥：

$$PK=(g, g^{\beta}, y=e(g,g)^{\alpha}, \{g^{t_j}\}_{j=1}^n)$$

主密钥计算公式为

$$MSK=(\beta, \{t_j\}_{j=1}^n)$$

(2) 数据加密。DO 利用 CP-ABE 机制加密原始文件 M，生成文件密文 C，按照如下步骤进行。Encrypt$(PK,M,T) \rightarrow C$：算法输入系统公钥 PK、访问控制结构 T 以及明文 M，首先计算中间变量 $c_0 = (g^\beta)^s$，$c_1 = My^s = Me(g,g)^{\alpha s}$，$c_{j,i} = (g^{t_j})^{s_i}$，然后根据中间变量计算文件密文 $C = (T, c_0, c_1, \{c_{j,i}\}_{a_j, i \in T})$。

(3) 密文的采样分片。为保护数据的机密性，DO 先在本地对数据进行加密。为进一步保障数据的隐私性，不能将完整的密文数据外包给 CSP，需首先对密文进行采样分片处理，然后将完整密文拆分成剩余密文和采样密文两部分。

该方法通过对加密后的密文数据的比特流信息进行随机采样，抽离出采样密文，包括采样获得的比特数据以及各比特在原始密文中所对应的位置信息。考虑到文件流 I/O 操作的效率偏低的因素，并未真正意义上对原始密文实行拆分操作，而是对原始密文相应位置上的比特信息进行混淆处理，这样就实现了密文的采样分片过程，从而避免了 CSP 获得完整的密文数据。同理，完整密文的合成过程需要根据采样密文 ED 中的比特信息以及位置信息，复原剩余密文中相应位置的比特数据，即实现了密文的合成。

ADCSS 方案中密文采样步骤的算法描述如下所示。

DataExtract$(C,m,n) \rightarrow (ED,LD)$：设 C 为文件密文，m 为每次采样的比特数，n 为采样的次数。令 $i = 1, 2, \cdots, n$，算法随机生成整数 p_i，需满足 $0 \leqslant p_i \leqslant \text{Len}(C^i) - m$，$\text{Len}(C^i)$ 表示当前文件密文 C^i 的长度，单位为 bit，则采样的比特信息在密文 C^i 中位于区间 $[p_i, p_i + m]$。D_i 表示第 i 次采样获得的数据，C^{i+1} 表示第 i 次采样之后的密文数据，则有 $C_1 = C$。

整个过程采样的全部比特数据用元组 $EB = (b_1, \cdots, b_i, \cdots, b_n)$ 来表示，相关的采样位置信息定义为元组 $EP = (p_1, \cdots, p_i, \cdots, p_n)$，则完整的采样密文 $ED = (EB, EP)$，LD 为采样之后的剩余密文，$LD = (C, m, n, ED)$。

(4) 私钥分发。为保证云端数据在多用户之间的共享，可信授权机构根据授权用户 U 的属性集 A_u 生成该用户的私钥 SK_u，按如下步骤进行。

KeyGen$(MSK, A_u) \rightarrow SK_u$：首先算法执行流程如下。

①随机从 Z_p 中选取 α、β、r，计算用户私钥的公共数值 D_0，$D_0 = g^{\frac{\alpha + r}{\beta}}$。

②然后计算用户私钥的属性数值 D_j，$D_j = \left\{ g^{\frac{r_j}{t_j}} \right\}_{a_j \in A_u}$。

其中，A_u 是 DO 分配给授权用户的属性集合，$r_j \in Z_p$，对每一个属性 $a_j \in A_u$，都选择一个随机数 t_j 为 Z_p 中随机选取的值，j 表示系统属性集合 Ω 中属性的下标值，最后，算法输出完整的私钥 $SK_u = (D_0, D_i)$。

(5)完整密文的合成。授权用户访问云端数据时，CSP 将剩余密文发送至第三方可信机构，由其进行完整密文的合成，具体过程描述如下。

Recover(ED,LD)→C：Recover 为密文合成函数，ED 为采样密文，包含比特数据元组 $EB=(b_1,\cdots,b_i,\cdots,b_n)$ 以及相关的采样位置信息元组 $EP=(p_1,\cdots,p_i,\cdots,p_n)$，LD 为剩余密文，依据此，算法输出文件密文 $C=Recover(ED,LD)$。

(6)数据解密。授权用户接收来自第三方可信机构的完整密文，利用私钥 SK_u 解密恢复文件明文 M，按如下步骤进行。

Decrypt(PK,C,SK_u)→M 算法的计算过程如下。

①计算中间变量 m_1：

$$m_1=\prod_{a_j\in A_u} e(g^{t_j s_i}, g^{\frac{r}{t_j}})=e(g,g)^{\sum_{a_j\in A_u} rs_i}=e(g,\ g)^{rs}$$

式中，g 是群 G_0 的一个生成元；r 是 Z_p 中的随机选取值；A_u 是 DO 分配给授权用户 U 的属性集合，对每一个属性 $a_j\in A_u$ 选择一个随机数 $s_i\in Z_p$，且满足 $\sum_{a_j\in A_u} S_i=S$，i 表示访问控制结构 T 中属性的序号，t_j 为 Z_p 中随机选取的值，j 表示系统属性集合 Ω 中属性的下标值，系统属性集合 $\Omega=(a_1,a_2,\cdots,a_j)$，属性 a_j 为系统属性集合 Ω 中的一个元素，$e(g,g)$ 为双线性映射。

②计算中间变量 m_2：

$$m_2=\frac{e(c_0,D_0)}{m_1}=\frac{e(g,g)^{\alpha s+rs}}{e(g,g)^{rs}}=e(g,g)^{\alpha s}$$

式中，c_0 是文件密文 C 的组成部分；D_0 是上述计算的用户私钥的公共数值；m_1 是上述计算的中间变量；Z_p 是阶为 p 的整数域；s、α、β、r 均是 Z_p 中的随机选取值；$e((g^\beta)^s,g^{\frac{\alpha+r}{\beta}})$、$e(g,g)^{rs}$ 和 $e(g,g)$ 为双线性映射。

③根据中间变量 m_2，计算文件 M：

$$M=\frac{c_1}{m_2}=\frac{Me(g,g)^{\alpha s}}{e(g,g)^{\alpha s}}$$

式中，c_1 是文件密文 C 的组成部分；m_2 是上述计算的中间变量；Z_p 是阶为 p 的整数域；s 和 α 是 Z_p 中的随机选取值；$e(g,g)$ 是双线性映射。

(7)云端数据的确定性删除。云端数据的确定性删除操作由第三方可信机构来实施，第三方可信机构删除密文的采样部分，使其无法合成完整的密文，授权用户无法利用私钥解密出明文数据，最终实现了云端数据的即时确定性删除。

该方案在文件上传共享以及访问方面具有较高的性能，仅仅增加了很小的开销代价就可以实现确定性删除功能。同时提高了机密数据的安全性，即使在密钥被窃取的情况下依然能够保证数据的隐私性，"真正"意义上实现了云端数据的即时确定性删除，提高了数据的安全等级，具有很高的应用价值。

7.3 本 章 小 结

数据残留是指数据删除后的残留形式(逻辑上已被删除，物理上依然存在)。数据残留可能无意中透露敏感信息，所以即便是删除了数据的存储介质也不应该被释放到不受控制的环境，如扔到垃圾堆或者交给其他第三方。在可信云存储中，数据残留有可能导致一个用户的数据被无意透露给未授权的一方。为了保障数据的机密性，必须制定切实可行的数据删除策略，并使用技术手段解决数据残留问题。本章主要介绍了解决可信云存储中数据残留问题的主要技术，即数据销毁技术和基于密码学的确定性删除技术。

参 考 文 献

[1] 陈驰, 于晶. 云计算安全体系. 北京: 科学出版社, 2014.

[2] Perlman R. File system design with assured delete//The 3rd IEEE International Security in Storage Workshop, San Francisco, 2005: 83-88.

[3] Geambasu R, Kohno T, Levy A, et al. Vanish: Increasing data privacy with self-destructing data//Proceedings of USENIX Security'09, Berkeley, 2009: 299-350.

[4] Yue F, Wang G, Liu Q. A secure self-destructing scheme for electronic data//The International Conference on Embeded and Ubiquitous Computing, HongKong , 2010: 651-658.

[5] Tang Y, Lee P, Lui J, et al. FADE: Secure overlay cloud storage with file assured deletion//The 6th International Conference on Security and Privacy in Communication Systems, Singapore, 2010: 380-397.

[6] Reardon J, Capkun S, Basin D. Data node encrypted file system: Efficient secure deletion for flash memory//The 21st USENIX Conference on Security Symposium, Bellevue, 2012: 17.

[7] Lee J, Yi S, Heo J, et al. An efficient secure deletion scheme for flash file systems. Journal of Information Science & Engineering, 2010, 26: 27-38.

[8] Pöpper C, Basin D, Čapkun S, et al. Keeping data secret under full compromise using porter devices//The 26th Annual Computer Security Applications Conference, Austin, 2010: 241-250.

[9] Kirkpatrick M, Kerr S, Bertino E. PUF ROKs: A hardware approach to read-once keys//The 6th ACM Sysposium on Information, Computer and Communications Security, HongKong, 2011: 155-164.

[10] Cachin C, Haambiev K, Hsiao H, et al. Policy-based secure deletion//The ACM Conference on Computer and Communications Security, Berlin, 2013: 259-270.

[11] Mo Z, Qiao Y, Chen S. Two-party fine-grained assured deletion of outsourced data in cloud systems//The 34th IEEE International Conference on Distributed Computing Systems, Madrid, 2014: 308-317.

[12] 王丽娜, 任正伟, 余荣伟, 等. 一种适于云存储的数据确定性删除方法. 电子学报, 2012, 40: 266-272.

[13] 张坤, 杨超, 马建峰, 等. 基于密文采样分片的云端数据确定性删除方法. 通信学报, 2015, 36: 108-117.